U0283869

Unreal Engine 4

特效设计必修课

UEGOOD　舒辉　编著

清华大学出版社

北 京

内容简介

本书共8章,循序渐进地介绍了 Unreal Engine 4 游戏特效的制作方法。第1章共3节,从零开始,引导读者学会基本的操作,包含 Unreal Engine 4 的启动界面布局、主界面和 Unreal Engine 4 的常用操作,使读者对软件有一个基本的认识;第2章共8节,介绍了材质的节点、材质的创建、常用函数的表达式,以及各类材质在特效中的运用,加强读者对各类效果的理解;第3章共6节,主要对粒子系统各种类型进行了概括,并使用具体案例来说明常用粒子类型的使用方法以及常用发射器模块的功能;第4章共2节,主要以案例为主,一步步解析火堆和火球的制作,读者将对用 Photoshop 制作常用贴图有一个基本的认识;第5章共2节,通过实战案例一步步解析爆炸特效的制作,读者将掌握基础粒子系统的应用;第6章共11节,通过实战案例了解使用 Unreal Engine 4 的粒子系统制作一些简单的特效;第7章共4节,通过制作流星雨的案例,学习使用粒子的碰撞与行为生成模块;第8章共4节,通过案例了解如何使用特效与角色动画融合。

本书提供了多媒体教学视频及学习素材,可帮助缺乏基础的新人快速入门,素材内容包括相关案例的工程文件。

本书适合广大游戏美术人员、游戏特效爱好者阅读使用,也可以作为高等院校游戏设计相关专业的教辅图书及相关教师的参考图书,还可作为各类培训机构的培训用书。

图书在版编目(CIP)数据

Unreal Engine 4特效设计必修课 / UEGOOD, 舒辉编著. —北京:清华大学出版社,2019
(2023.7重印)

ISBN 978-7-302-52992-7

Ⅰ.①U… Ⅱ.①U… ②舒… Ⅲ.①虚拟现实—程序设计 Ⅳ.①TP391.98

中国版本图书馆CIP数据核字(2019)第093910号

责任编辑:张 敏 薛 阳
封面设计:杨玉兰
责任校对:胡伟民
责任印制:丛怀宇

出版发行:清华大学出版社
　　　　　网　　　址:http://www.tup.com.cn,http://www.wqbook.com
　　　　　地　　　址:北京清华大学学研大厦A座　　　邮　　编:100084
　　　　　社 总 机:010-83470000　　　　　　　　　　邮　　购:010-62786544
　　　　　投稿与读者服务:010-62776969,c-service@tup.tsinghua.edu.cn
　　　　　质量反馈:010-62772015,zhiliang@tup.tsinghua.edu.cn
印 装 者:三河市龙大印装有限公司
经　　销:全国新华书店
开　　本:170mm×240mm　　　印　　张:24.25　　字　　数:605千字
版　　次:2019年10月第1版　　　印　　次:2023年7月第2次印刷
定　　价:145.00元

产品编号:083712-02

编委会

前言
PREFACE

读者们好，很荣幸能为读者编著这本学习 Unreal Engine 4 特效制作的书。

本书从 Unreal Engine 4 简介，到材质的认知，简单材质的制作，以及使用各种特效实例等方面来对现阶段主流的技能制作方法进行实际操作，在案例的制作过程中，读者将学习游戏特效的制作流程与具体操作的经验技巧，掌握主流 3D 引擎制作游戏特效的方法。

如今的网络游戏市场，各种大作层出不穷，近几年上市的新游戏更是多达数百款，其中不乏经典之作让人回味无穷。

一款好的作品，无论是游戏的耐玩性，程序的稳定性，面画的唯美性，还是人物角色与华丽技能都是不可或缺的。我们熟知的网络游戏如《上古世纪》《剑灵》《洛奇英雄传》《怪物猎人》等，还有经典的单机游戏如《刺客信条》《街头霸王 5》《细胞分裂》《合金装备》等，这些游戏无论是在游戏性上，还是游戏程序的各种功能，以及强大的画面表现力上都做到淋漓尽致，而更重要的是，它们选择了一款优秀的"发动机"——Unreal Engine（虚幻引擎）。

游戏引擎就像是汽车的发动机，有了优秀的发动机，汽车才能够跑得更快、更稳。游戏制作也是一样，应挑选一款优秀的引擎，在此引擎基础上进行项目开发。功能强大的引擎能缩短项目开发周期，画面的处理上也比普通的引擎更快速、更精致。

在 2015 年以前，Unreal Engine 一年几十万美金的使用费让很多中小型研发团队望而却步，只有少数的大公司用其制作各种"虚幻大作"。而现在，Unreal Engine 的开发公司 EPIC 宣布大部分功能可以免费使用了，这个消息无疑给很多中小团队带来使用 Unreal Engine 进行游戏制作的机会，也使这款强大的引擎在市场上占有了一席之地。

由于 VR 技术开始普及，现在也有越来越多的团队使用这款强大的引擎进行 VR 项目开发，在未来会有更多的团队使用它，Unreal Engine 已经成为一种趋势。

本教材暂时撇开游戏性与程序方面的赘述，单从美术上利用 Unreal Engine 最新一代版本 Unreal Engine 4 强大的画面处理能力来制作游戏特效。以经典案例的解析制作帮助读者从掌握基础知识，到制作完整的实例，一步一步揭开游戏特效背后的玄机，其强大的画面处理配合华丽的特效将为读者呈现视觉盛宴。

本书的案例制作使用 Unreal Engine 4 的版本为 4.7 编译版，如果读者使用的引擎版本过低，可能因为版本差异性导致引擎的某些功能与案例中不同，例如低版本引擎的参数数值限制在 1 以下没办法把数值加大，材质表达式节点位置不一样等，读者应尽量使用与编者相同的引擎编辑器，或更高的版本进行案例制作。

随书提供了案例制作视频及案例中使用的各种资源，以更直观地表现特效动态效果。书中文字以理论原理为主，辅以案例制作的各项参数，视频详细介绍了案例制作流程以及特效动态。随视频学习制作流程，随书学习基础原理，二者结合能够更快地学习虚幻引擎特效制作。

上海 UEGOOD 是百度大 UE 讲堂在上海地区的授权培训中心，也是上海优蝶教育科技有限公司重金打造的教育品牌。在国内具有相当大的知名度和口碑，被二百多个互联网企业和数万名 UI 设计师高度认可。

UEGOOD 致力于互联网 UI 设计、VR、AR、动漫艺术设计相关的技术服务与教育咨询，将线上教学、线下教学完美结合，线下课程开设有"UI 设计必修班""UI 设计高级精品班""VR 项目实训就业班"；线上课程开设有"UI 设计基础班""UI 插画三合一班""UI 交互动效 VR 三合一班""平面设计必修班""HTML5 前端设计工程师班""游戏原画美术必修班""漫画极训班""VR 技术学前班"等。

研发高效从基础到岗位技能全掌握的独特教学方法，UEGOOD 本着"授人以鱼，不如授之以渔"的教育核心，不仅做一个传道授业解惑的老师，更愿做你人生事业资源的组织者、促进者、导师，点燃你心中那一把梦想之火！

UEGOOD：帮助每一个人实现梦想！

/ 附 赠 资 源 说 明 /

本书提供了多媒体教学视频，视频包括书中大部分内容的具体讲解，以及案例的制作过程。学习素材内容包括案例的工程文件。请扫描下方二维码进行浏览、下载。

/ 视 频 导 读 /

/ 视 频 导 读 /

目录
CONTENTS

第

1

章

界面与基本操作

Unreal Engine 4 简称 UE4,国内也叫"虚幻 4"。这一章主要了解虚幻 4 的界面布局和一些常用操作。

1.1 虚幻 4 的启动界面布局

双击启动虚幻 4，正常启动时会出现如图 1-1 所示的项目建立框架，如果是全新安装的引擎，将不会出现 Projects 选项卡，出现标记 A 处的 Projects 选项卡是因为之前使用虚幻 4 做过其他项目，有其他项目的文件存在，所以在 Projects 栏中可以选择其他项目继续进行制作。如果从未制作过其他工程项目，那么标记 A 是不会出现在此面板上的。

图 1-1

01 标记 B 是工程类型，由 Blueprint（蓝图）和 C++ 这两个选项卡组成，由于本书不涉及 C++ 程序方面的内容，故此处省略介绍。在 Blueprint 选项卡中，要建立一个完全空白的工程，那么选择第一个 Blank 选项就可以了。后面有一些类型，如 First Person（第一人称）、Flying（飞行）、2D Side Scroller（2D 横版卷轴过关）等初始模式，如果选择这些模式，在建立工程文件时引擎会自动在场景中建立一些和这些类型有关的初始模型与初始脚本，在需要制作这些相应类型工程的时候会节约不少时间。

02 标记 C 是工程类型预览窗口，能够在此窗口中看到该工程类型在场景中的初始状态。

03 标记 D 是项目的工程平台，单击该图标会弹出如图 1-2 所示的窗口，提示需要建立的工程是在台式计算机还是在移动设备上运行，引擎会根据用户的选择自动建立相应的运行平台。

图 1-2

04 标记 E 是工程画面质量，单击该图标会弹出如图 1-3 所示的窗口。其中，左边是最好的画面质量，当然显卡得够强，内存得够大才能完全扛得住虚幻 4 精致的图形表现力。右边是普通纸片化 2D 或者像素化 3D 的项目质量，可实现如《我的世界》这种像素风格的游戏。

图 1-3

05 标记 F 可以选择在建立项目时是建立完全空白（只剩块地面）还是附带一些初始场景元素。单击该图标会弹出如图 1-4 所示的窗口。其中，左边的是空白场景，在右边建立时会在场景中多出两条板凳和一个桌子。

图 1-4

06 标记 G 是工程项目存储路径，而标记 H 则是存放该工程文件的文件夹名称。最好能够自己建立一个文件夹放在想存放的路径下，然后在 G 标记的路径中选择这个工程根目录。文件路径、文件夹和文件的命名中不要使用中文，虽然虚幻 4 也支持部分中文，但是中文支持做得并不是很好，有可能出现乱码，所以应尽量使用英文或拼音来进行命名。

当工程选项都选择完毕以后，就直接单击 I 标记处 Create Project 按钮，建立一个工程文件。

◐ 1.2　虚幻 4 的主界面

进入 Unreal Engine 4 以后，会看到编辑器整体窗口，每个窗口都可以作为单独的元件进行拖放、扩大、缩小，或者关闭。布局也可以随自己的喜好进行重新分布。如图 1-5 所示，是单击最下面资源窗口的标题栏并将其拖到左侧，从而最大化场景预览窗口的界面状态。使用鼠标左键单击拖动窗口的标题栏可以拖动并改变窗口位置。

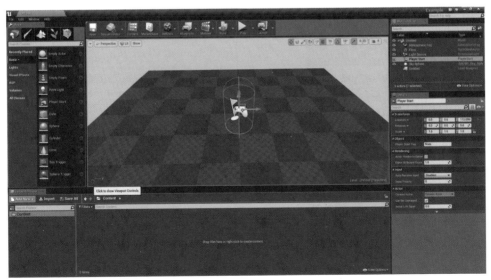

图 1-5

如图 1-6 所示，整个编辑器的活动窗口除菜单栏以外默认分为六个部分，现在来逐一介绍这些部分。

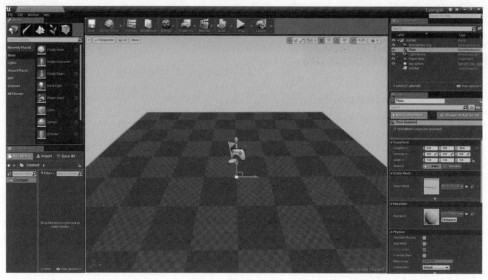

图 1-6

01 样式窗口（Modes）

样式窗口（Modes）如图 1-7 所示。在样式窗口中包含创建物体栏、笔刷栏、地形栏、树木栏和多边形编辑栏，如图 1-8 所示。可以在样式窗口中使用一些基础物体来搭建简单的模型。

图 1-7

图 1-8

因为样式窗口多半是与建模有关，而本书是以技能特效为主，所以会省掉一些和本书目标并无多少交集的内容，将篇幅的重点放在案例上，偶有涉及其他专业性的操作会在案例中进行解析。

02 资源浏览窗口（Content Browser）

资源浏览窗口下所有的资源会归类到项目根目录 Content 文件夹里，所以在这个文件夹下面新建的所有文件与文件夹会以虚幻 4 格式保存至用户所建立的工程文件夹路径中，如图 1-9 所示。

03 工具栏（Tools）

如图 1-10 所示，包含一些常用的工具，例如保存、资源控制、设置、蓝图、动画编辑器、灯光构建、Play 游戏模式等工具。

04 编辑器场景窗口（Scene Window）

如图 1-11 所示，窗口为完全可视化的操作环境，可以在此窗口中对各个物体进行直接操作。该窗口中能看到的效果接近于最后 Play 模式渲染的最终效果。

图 1-9

图 1-10

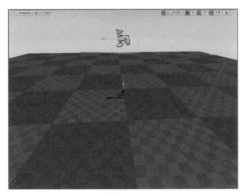

图 1-11

05 对象选择窗口（World Outliner）

在对象选择窗口中可以方便地选择所需要的对象，隐藏其他对象，以及改变对象层级关系。查找对象的时候可以在此窗口直接选中或者在 Search 栏中搜索文件名，如图 1-12 所示。

图 1-12

06 对象属性窗口（Details）

如图 1-13 所示，此窗口也叫细节窗口，图 1-13 中是选中天空球（Sky Sphere）以后，天空球的属性。选择不同的物体，显示在其中的属性选项也会不同。在属性中除了能够改变基本位置、旋转和缩放以外，还有其他属性可供设置。

图 1-13

● 1.3 虚幻 4 的常用操作

Unreal Engine 4 编辑器的场景窗口中，使用鼠标左键单击可以选中物体，选中的物体会显示一层黄色外框，按 F 键可以对选中物体（以该物体为中心）聚焦显示，如图 1-14 所示。

图 1-14

鼠标右键单击选中的物体，会弹出右键菜单，对选择的物体进行一些常规操作，如聚焦、编辑、移动、旋转、隐藏、添加行为等，如图 1-15 所示。鼠标左键单击选中物体，然后按住 Alt 键，此时再按住鼠标左键拖曳可以以物体为中心视角旋转，全方位对物体进行观察。

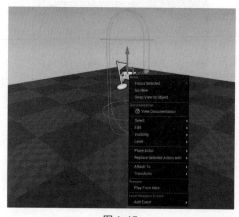

图 1-15

在场景编辑预览窗口右上角有如图 1-16 所示的一排图标，它们的功能是什么呢？

图 1-16

01 这三个图标分别代表对选中物体移动、旋转和缩放。对应的快捷键与三维软件 3ds Max 一样，W 键是移动，E 键是旋转，R 键是缩放。

选中物体后按住 Ctrl 键，鼠标左键单击拖曳物体，如果此时是移动工具，那么物体会沿 X 轴锁定轴向移动；如果是旋转工具，物体会沿 X 轴锁定轴旋转；如果按住 Ctrl 键后单击鼠标右键移动或旋转物体，那么物体会沿 Y 轴方向锁定轴移动或是旋转。Ctrl+ 鼠标左键关联 X 轴，Ctrl+ 鼠标右键关联 Y 轴。

选中物体后按住 Alt 键，然后单击鼠标左键移动或者旋转物体，进行复制操作。

选中物体后按住 Alt 键，单击鼠标右键拖拉可调整镜头距离。

按住鼠标中键拖动整体可移动视图。

按住 Shift 键并使用鼠标左键对目标物体进行拖动，可以以目标物体为视图中心移动，摄像机会跟随物体移动。

02 图标代表选中的物体以何种坐标进行移动、旋转和缩放操作。图例是地球的图标，代表现在是以世界坐标轴为参照操作。再次单击这个图标会变成正方体图标，此时是以物体自身的坐标轴为参照进行操作。

03 图标代表选中的目标会锁定 10 个单位的长度移动，如果不需要锁定单位移动，单击中间黄色网格图标，取消锁定单位后就可以对物体进行非锁定单位的移动了。单击 10 这个数字图标可以设置锁定移动的长度单位。

04 图标代表以 10° 为单位锁定角度旋转，如果不需要锁定角度旋转，单击黄色角度图标取消锁定角度即可。单击 10° 可以自定义锁定角度，例如选择常用的 45°。

05 图标代表锁定缩放倍数，默认是以 0.25 倍进行物体的锁定缩放，不需要锁定缩放倍数的话，单击黄色箭头图标取消锁定倍数即可。单击 0.25 图标可自行设置以多少倍作为锁定缩放的倍数。

06 图标是设置在播放模式下摄像机的移动速度。数值越大移动速度越快。该设置只在 Play 模式下有效。

07 最后有一个窗口重叠按钮，单击以后场景编辑窗口中会呈四视图样式显示。

四视图分别是俯视图、侧视图、前视图与透视图，类似 3ds Max 与 Maya 的四视图。在四视图中可以对齐物体到想要的位置，不用担心在透视图中由于透视关系，移动物体或旋转物体的时候对应的轴向方位出错，如图 1-17 所示。

图 1-17

在编辑窗口的左上角，有 这样几个按钮，它们用来调整视图效果。鼠标左键单击最左侧第一个向下的倒三角形按钮，弹出如图 1-18 所示菜单。

图 1-18

在此菜单中可以设置是否让编辑器实时播放动画（Realtime），是否显示元素（Show Stats），是否显示当前画面的刷新值（Show FPS），更改视图透视角度等。读者可以自行进行设置并观察效果。

单击 Perspective 按钮，弹出如图 1-19 所示菜单，设置当前窗口中显示的是透视图、俯视图、侧视图还是前视图。有对应的快捷键可进行更为快捷的操作，来达到节约时间的目的。

图 1-19

Lit 设置中，可以调整场景编辑窗口中所有物体的显示方式。默认是光照模式，支持实时显示灯光和阴影，也可以设置为无光模式、边框模式等，节约更多的系统资源，如图 1-20 所示。

　　Show 按钮下是调整编辑器所支持的效果开关，常用的如自动抗锯齿、显示雾效、显示网格、显示带骨骼的物体等，读者可以根据自己的需要对各项开关进行开启与关闭设定，如图 1-21 所示。值得推荐的是，关闭第一行 Anti-aliasing 选项，这个是自带的抗锯齿效果，会把画面处理得比较模糊，默认是开启的。如果需要清晰表现细节的话，将这个选项前的小勾取消。

图 1-22

　　引擎默认在新关卡创建的时候，是打开自动保存的，每过十分钟会在右下角弹出一个自动保存的提示框。如果觉得这个功能无用的话，可以单击引擎最上方菜单中的 Edit，选择 Editor Preferences，打开编辑器属性设置，在编辑器属性设置里选择左侧 General 属性下 Loading & Saving 选项卡，在右边属性栏中取消 Enable Autosave 右边的小勾，关闭自动保存，如图 1-23 所示。如果觉得自动保存对于经常忘了存盘的你来说很有用的话，可以忽略这一步。

　　Unreal Engine 4 支持部分中文，在编辑器设置 General 属性中选择 Region & Language 选项，右侧窗口 Language 选项中选择"中文"，如图 1-24 所示。然后重新启动一次虚幻引擎即可将界面转换为中文。由于提供的中文界面多半是机翻（机器翻译）界面，词不达意或者与实际功能解释偏差过大，所以并不推荐使用中文，但可作为部分参考，对英文不好的用户也有一定的帮助。

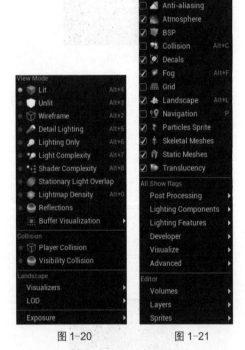

图 1-20　　　　　　图 1-21

　　另外，可以在菜单栏的 Edit 菜单下，选择 Editor Preferences，可进入编辑器喜好设置，如图 1-22 所示。

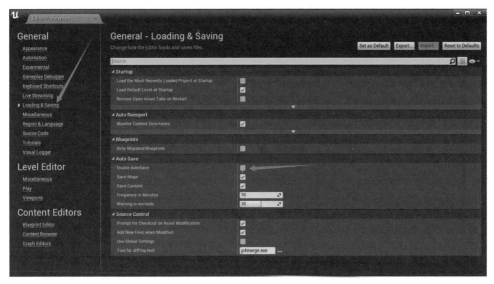

图 1-23

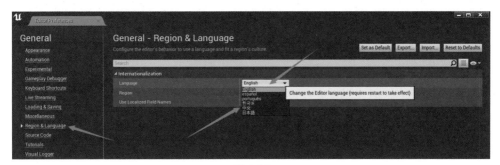

图 1-24

第

2

章

材质基础

这一章将学习材质系统。虚幻引擎在材质的表现上是非常强大的，单单是使用材质便能完成一些特效。本章从创建材质开始，讲解材质的常用函数表达，再到不同材质的制作，最后综合起来讲解特效的制作。

◐ 2.1　材质节点简介

从这一章开始，将学习整个课程中最为核心的部分材质系统。虚幻引擎在材质的表现上是非常强大的，单单是使用材质便能完成一些特效，而材质的制作也是在研发制作过程中必不可少的环节。重复利用也好，单独制作也好，每个物体都有它对应的材质。没有材质的话，物体是没有生命的。

如图 2-1 所示的两个球体，红色球体有自发光效果，能够在球体外部生成红色的辉光与光晕；蓝色球体有透明与折射效果，透过蓝色球体可以观察到地面模型部分发生了折射扭曲，犹如透过水体观察物体，而这些特殊的效果仅仅是使用了材质来表现。

图 2-1

在特效制作中，很多高级、炫丽的效果都是由特效材质表现的，材质的制作在特效元素中是非常重要的，很多高级特效都需要大量的材质节点支持。

如图 2-2 所示的机器人，除了使用模型原有的贴图以外，贴图导入到虚幻引擎的材质编辑器后，笔者在原始贴图纹理之上进行了更为精细的材质调节。例如，在身体部分的纹理贴图上增加金属泛光质感，模拟真实的光照效果以及金属反光效果；在眼睛与胸部高亮部分模拟机器人身体能量供给等。无须进行复杂的光影调节与贴图绘制，直接使用材质节点制作，最后利用引擎自身所提供的强大画面处理能力进行图像解算，即可表现如同真实金属反射、实时光影等影视级的效果。

图 2-2

如图 2-3 所示是一个材质编辑窗口中的节点映射图，图中电路图似的连线就是各个表达式之间的关系节点图。材质节点的多少与应用函数的复杂程度对计算机的处理性能有较大影响，尽量简化节点与表达式来实现想要达到的效果。

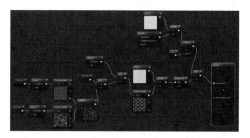

图 2-3

材质编辑窗口中，每个单独的模块就是一个材质表达式，在需要选择的表达式上单击鼠标左键可以选中该表达式，在表达式上按住鼠标左键并拖动可以移动一个表达式的位置。在编辑窗口空白处单击鼠标左键然后拖动，可以框选多个表达式进行操作。按住 Shift 键，然后鼠标左键单击可以加选选中的表达式。鼠标中键（滚轮）的滚动可以扩大和缩小编辑面板的显示区域。按住鼠标右键并拖动，可以移动编辑窗口显示位置。在编辑面板空白处单击鼠标右键可以调出材质表达式选择菜单来选择并添加一个表达式到编辑面板中。按 Delete 键，可以删除表达式。

2.2 创建一个材质

现在来创建一个材质球。首先在资源浏览窗口左侧，鼠标右键单击 Content 项目根目录，如图 2-4 所示，选择 New Folder 建立一个新文件夹。如图 2-5 所示，给该文件夹命名为 Materials 或者 Caizhi，尽量不要用中文名来命名。工欲善其事，必先利其器，先把文件夹归类建立好，在以后的工作中才能不至于混乱地到处找东西。

图 2-4   图 2-5

如图 2-6 所示，单击刚刚建立的文件夹并在资源浏览器右边窗口空白处单击鼠标右键，选择 Material 创建一个材质球，并且给这个新材质球命名，如图 2-7 所示。按功能键 F2 可以对选中的物件重新命名。双击这个新建的材质球，会弹出材质编辑窗口，如图 2-8 所示。

图 2-6   图 2-7

A：菜单栏。

B：工具栏。

C：预览窗口。

D：表达式属性。

E：材质编辑视图。

F：表达式列表。

材质窗口的菜单栏中有一些常用菜单，如保存、撤销操作等，可针对当前材质窗口进行。

工具栏中放置了一些常用按钮，如保存、资源管理器中查找该材质球、Apply 应用材质、搜索、材质主体、清除无用节点、显示连线、实时更新预览、活动节点、实时更新节点状态等。在计算机配置比较好的情况下，推荐把 这四个按钮全部激活，可以实时在预览窗口中看到材质表达式当前的动态。

在 Live Preview 按钮激活的状态下，可以在物体预览窗口中看到材质当前的形态，更可以在预览窗口右上 这些按钮中选择不同的模型状态来进行全方位查看。

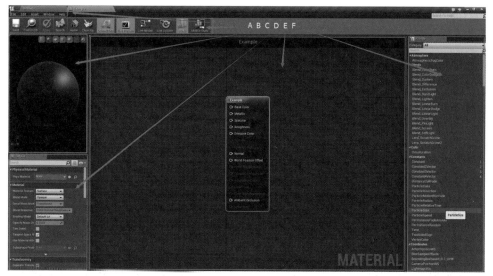

图 2-8

当我们在材质编辑窗口中什么都不选择时，此时左侧属性窗口便显示出该材质的基础属性，在一般的特效制作过程中，能够用到的选项只有这样几个。如图 2-9 所示为 Blend Mode（混合模式），可以在混合模式的选择栏中选择材质是普通、透明，还是高亮叠加。Shading Model（光照样式）类型栏中可以选择材质是默认、无光（最常用），还是其他的光照效果。另外就是 Two Sided（双面显示），一般没什么特殊需求的时候，建议把"双面显示"开启。在实例的讲解中会涉及更改混合模式和光照样式的操作，会说明什么样的材质需要什么样的模式应对。

图 2-10 是材质的中英文版本对比，Normal（法线纹理）的翻译不正确。材质输入节点有些是灰色不可用状态，这个和材质的混合模式与光照模式有关，所以暂时显示的是不可用状态。不同的混合模式类型与光照模式类型可以启用其他输入节点。推荐读者使用英文版本

进行制作，中文版有些功能翻译实在是让人尴尬。

图 2-9

材质编辑窗口右侧的表达式列表，可以很方便地把需要的表达式用鼠标拖到编辑窗口中来应用。

了解完材质编辑窗口，来做一些实际操作。首先需要往虚幻引擎编辑器中添加一张纹理贴图。在虚幻 4 主界面下面的资源浏览器 Content 根目录下，建立

一个名为 Textures 的文件夹，专门用于存放贴图，如图 2-11 所示。

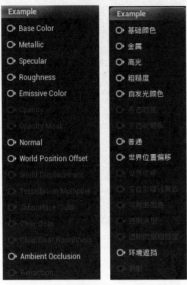

图 2-10

建立新文件夹的方式和之前一样，鼠标右键单击 Content 根目录，然后在弹出的菜单栏中选择 New Folder，随后把新文件夹改名为 Textures 或者 Tietu 或者任意你想起的名字，如图 2-12 所示。

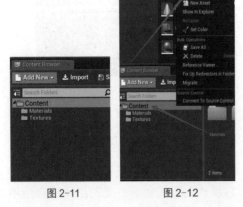

图 2-11　　　　　图 2-12

如图 2-13 所示，鼠标右键单击新建的贴图文件夹，并在弹出的菜单中选择

New Asset 选项中的 Import to 这个选项，接着选择要导入的贴图文件路径，选中需要的纹理贴图导入到引擎中。可以使用 Shift 或 Ctrl 键进行多选。导入对象最好在文件类型上保持一致，例如第一批导入的都是贴图，第二批都是模型文件等。纹理贴图和模型一起导入的话可能会导致引擎的崩溃。

图 2-13

🔔 提示

可以像平时在 Windows 系统中对文件进行操作一样，直接把需要的文件从计算机文件夹里拖动到虚幻 4 的 Content Browser 窗口对应文件夹中，也能实现对文件的导入操作。

将贴图导入到资源管理器中以后，就能在相应的文件夹中对它进行查看了。本案例导入的是一张黑白网格贴图，如图 2-14 所示，在资源图标的左下方有五角星形，说明该图片还未被保存，按 Ctrl+S 组合键保存项目就不会再出现提示星形了。

如图 2-15 所示，找到 Materials 文件夹中刚才建立的材质球，双击材质球打开材质编辑窗口。在材质编辑窗口中按住 T 键，在空白处单击鼠标左键建立纹理贴图表达式，或者在表达式选择栏找到 Texture Sample 以后，把它拖到左边的编辑窗口中，如图 2-16 所示。

材质之间的连接。

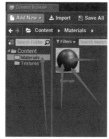

图 2-14　　　　　　图 2-15

图 2-16

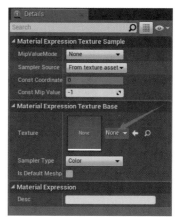

图 2-17

此时已经将 Texture Sample 表达式加入到材质编辑器中，选中 Texture Sample 表达式，此时左边属性窗口中会出现表达式的各项参数。如图 2-17 所示，单击箭头处的 None 按钮，然后选择一个贴图。案例中选择的是刚才导入的黑白线条纹理贴图，如图 2-18 所示。

此时在节点编辑窗口中，该节点窗口已经出现贴图预览▦。如图 2-19 所示，鼠标左键单击并拖动右边五个通道（五个圆形键分别代表 RGB、R、G、B、Alpha 这五个通道）中最上方的 RGB 混合通道，如图 2-20 所示，将拉出的线连接到材质输入节点中的 Base Color 基本颜色上再放开鼠标左键，建立表达式与

图 2-18

图 2-19

图 2-20

如果连错线了怎么办呢？这个也简单，按住 Alt 键，然后鼠标左键单击任意一头已经连接好线的圆形节点，就可以把它们断开了；也可以在连好线的任意一个圆形连接点处单击鼠标右键，在弹出的菜单上选择 ██████，同样能够断开已经连好的线。

△提示

需要牢记：无论编辑窗口中表达式连线有多少，最后输入到材质节点位置的连线只能有唯一的一条。

在材质编辑完成以后，可以在编辑窗口左侧的材质预览窗口中看见当前材质的形态。最后最关键的一步是单击工具栏中的 Apply 按钮，应用材质设置，如果不单击 Apply 按钮应用材质的话，是不能应用材质编辑结果的。

如图 2-21 所示，回到虚幻 4 主界面，把新建的材质球直接从资源浏览窗口的材质文件夹中拖动到场景中想赋予这个材质的物体上，或者是拖动到选定物体属性栏中的材质球上，这个材质效果便会在选中的物体上出现了。

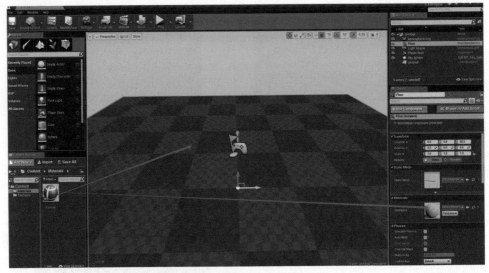

图 2-21

● 2.3 常用函数表达式的功能

在这一节，我们来熟悉一下在游戏特效制作中的一些常用的表达式功能，熟悉了这些常用的表达式功能以后，可以自行组合搭配出很多复杂的材质效果。

如图 2-22 所示，每个表达式都是一个独立计算单元，它们以单独的框体显示。现在来学习一些常用的材质表达式功能，请一定要认真学习本节，材质系统是基础中的重点。

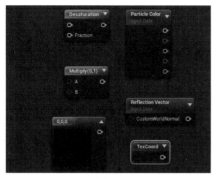

图 2-22

2.3.1　常用常量表达式

Constant（常量）表达式输出单个数值。这是最常用的表达式之一，它可以连接到任何表达式的属性输入节点，而不必考虑目标表达式通道需求。按住键盘上的数字 1（大键盘区域的数字），然后在材质编辑窗口空白处单击鼠标左键可以添加表达式。鼠标单击表达式右上角的小三角形按钮可以折叠节点，预览当前表达式状态。如图 2-23 所示，选中表达式，材质编辑窗口左下侧属性窗口中会出现表达式对应的属性，通过改变 Value 中的数值来调节表达式的数值。还可以在 Desc 栏里添加说明文字来注释这个常量表达式的作用，在 Desc 栏中输入的文字会出现在表达式上方以小窗口表示，如图 2-24 所示。

图 2-23

图 2-24

在下面的实例中，如图 2-25 所示，用该表达式连接了材质输入点中的基本颜色（Base Color）、金属高光（Metallic）以及粗糙程度（Roughness）这三个节点，预览窗口中的球体已经能够反射天空球的状态了。在这个实例中，常量默认数值 0，改为 1，此时连接到基本颜色的 Constant 常量，就变成了白色。颜色表现中，0 代表黑色，1 代表白色。虚幻引擎的计算中，颜色与数值之间是可以相互转换的。数值为 1 的 Constant 连入金属高光输入点，代表此时金属反光全部开启；如果数值是 0 的话，代表金属反光被关闭；当然，如果数值是 0.5，可以代表金属反光强度只开启一半。数值越靠近 1，金属反光程度就越高。在粗糙程度中，数值 0 代表表面完全光滑，数值 1 代表表面完全粗糙，输入的数值越靠近 0，表示反射面越是光滑，完全反射图案也就越清晰；输入数值越靠近 1 的话，反射面就越粗糙，反射强度也会变弱了。

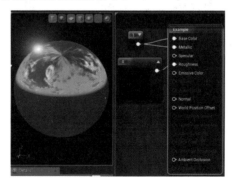

图 2-25

01 Constant 2Vector（二维矢量）表达式可以通过按住键盘数字键 2，然后在材质编辑窗口单击鼠标左键创建。如图 2-26 所示，这是一个二维矢量，它的属性中比上面的一维常量多出一个参数，并且数值名称处也变成了 R 和 G，它代表了颜色中的 R（Red，红色）和 G（Green，绿色）通道，因为在虚幻 4 中颜色与数值有相通性，R 和 G 也可以代表坐标轴中的 X 轴和 Y 轴。在此案例中，只作颜色使用。

图 2-26

此时，我们来给它的 R 值和 G 值分别调整到 1，并且打开该常量表达式的预览窗口（数值右边的倒三角形按钮）。

如图 2-27 所示，我们看到此时 R 值为 1 而 G 值为 0，预览窗口变成了一片红色，说明现在红色所占比例为 100%。如图 2-28 所示，当 G 值为 1，R 值为 0 时，预览窗口变成了纯正的绿色，说明现在绿色所占比例是 100%。

图 2-27

图 2-28

如图 2-29 所示，此时，若将 R 值与 G 值都设置为 1，表达式变成了黄色，此时的 R 值和 G 值完全融合了。如图 2-30 所示，尝试将红色数值调整到 0.8，使红色占有率为 80%，绿色数值调整到 0.2，绿色占有率为 20%，我们能在预览窗中看到颜色变为橙色。在二维矢量中，可以任意使用红色和绿色比率进行颜色的调配。

当然读者会奇怪为什么只有红色和绿色进行搭配，那么三原色中的蓝色呢？这个会涉及三维矢量的应用，也就是我们需要来了解的下面一个常量。

图 2-29

图 2-30

02 Constant 3Vector（三维矢量）
表达式可以通过按住键盘数字键 3，然后在材质编辑窗口单击鼠标左键创建，如图 2-31 所示。

图 2-31

在三维矢量表达式中，可以对 R、G、B 这三个通道进行操作，如图 2-32 所示。R 和 G 通道的作用已经在上面的二维矢量中有说明，三维矢量表达式的应用与二维矢量表达式的区别只是它多出一个 B（Blue，蓝色）通道，此时可以使用 R、G、B 三个道通进行颜色的自由搭配，使用三通道数值的占有比例调出自己需要的颜色。

图 2-32

03 Constant 4Vector（四维矢量）
表达式可以通过按住键盘数字键 4，然后在材质编辑窗口单击鼠标左键创建，如

图 2-33 所示。

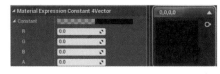

图 2-33

四维矢量表达式中，除了和三维矢量一样的 R、G、B 三个颜色通道以外，增加了一个 A（Alpha）透明通道。如图 2-34 所示，设置了 R、G、B、A 四个通道的数值分别为 0、0.5、0.35、0.5，然后利用 Mask（Component Mask）表达式将其中的 RGB 通道和单独的 Alpha 通道进行分离，分别使用两个 Mask 表达式过滤以后连接到材质基本颜色（Base Color）和透明通道（Opacity）处。这时候在材质球的预览窗口中能见到一个半透明的蓝绿色球体了，自己动手试试其他颜色和透明度的搭配吧。（Shift+C 可以调出 Mask 表达式，属性窗口可以启用需要的通道。）

如图 2-35 所示，Particle Color（粒子颜色）表达式无快捷键，可以在编辑窗口空白处单击鼠标右键，查找输入 particle color，或是在表达式列表中找到这个表达式并拖动到编辑窗口中。这个表达式的作用是在粒子系统中，能够使用粒子发射器中的颜色模块改变材质的基础颜色。表达式有五个通道：RGB、R、G、B、Alpha，可以分别输出五个通道的不同参数。其中，RGB 通道是 R、G 和 B 通道三者的集合休，也称为混合通道，其余四个通道（R、G、B、Alpha）是单通道形式。

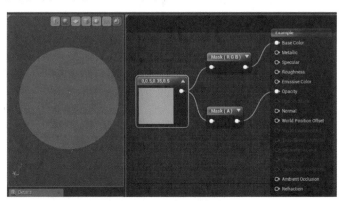

图 2-34

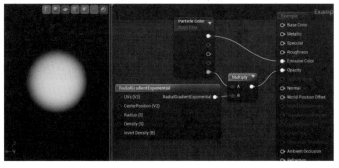

图 2-35

如图 2-36 所示，图例中制作了一个基础圆形粒子纹理的材质球，然后使用粒子系统制作了这样的粒子喷射形态。关于粒子系统会在后面章节中详细讲解，这里只给出一个基础表达式的应用案例。

Time（时间）表达式无快捷键，可以在编辑窗口空白处单击鼠标右键，然后查找输入 time，或者在表达式列表中找到该表达式并拖动到编辑窗口中。这个表达式的作用是开始计时，一般用来配合 Sine 或者 Cosine 这两个表达式一起使用。

如图 2-37 所示，示例中使用了 Time 连接 Sine 正弦表达式与一个一维常量进行乘法运算，计算结果连接到材质的基本颜色输入（Base Color），此时可以看到预览窗口中材质球开始进行明暗变化了。调整 Time 表达式左侧属性窗口中的数值可以加快或减慢变化速度。

Desaturation（去色）表达式无快捷键，可以在编辑窗口空白处单击鼠标右键，然后查找输入 desaturation，或者在表达式列表中找到它并拖动到编辑窗口中。

如图 2-38 所示，三维矢量是纯绿色，连接到 Desaturation 节点"过滤"，有数值为 0.85 的一维常量连接到去色表达式的 Fraction 节点，预览窗口中看见材质球只有一点点淡淡的绿色。这里常量参数的值为 0.85，是指去掉 85% 的颜色。

图 2-36

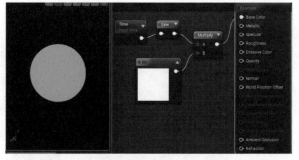

图 2-37

调节数值为 0 ～ 1，参数 0 代表不丢失任何颜色（表达式无意义），参数 1 或者缺省代表完全去色，只保留黑白二色。赋予的数值越靠近 1，色彩饱和度就越低。

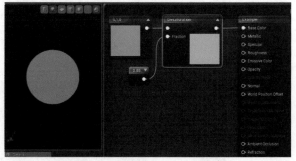

图 2-38

2.3.2 常用坐标表达式

Panner（坐标平移）表达式的创建是按住 P 键，在材质编辑窗口空白处单击鼠标左键。也可使用鼠标右键在菜单栏中查找，或在表达式列表中查找。

如图 2-39 所示，使用 Panner 表达式让 Texture Sample 纹理贴图沿 X 轴做 0.5 个速度单位的平移滚动，连接完成可以在材质预览窗口中看到贴图向左开始滚动。如果想将贴图滚动方向改为向右，可把 Speed X 的值改为 -0.5 或者其他负数，数值越大，纹理滚动速度越快。同理，如果要让纹理从上至下，或从下至上进行平移，在 Speed Y 的参数栏里填上数值就可以了，正值是从下往上，负值是从上往下。在 X 和 Y 轴参数里都填上数值的话，纹理会向设定的两个方向同时进行滚动。

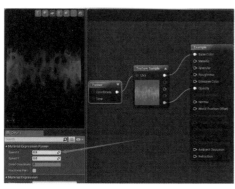

图 2-39

Rotator（旋转）表达式无快捷键，可以在编辑窗口空白处单击鼠标右键，然后查找输入 rotator，或者在表达式列表找到并拖动到编辑窗口中。看名字可以理解，这个表达式的作用是对纹理进行旋转操作。

如图 2-40 所示，使用这个节点对一个漩涡型贴图进行旋转，参数中 Center 坐标轴 X 和 Y 的数值给的是 0.5，这是将 X 和 Y 轴方向从开始到结束定义为 0～1，默认取值 0.5 代表将这两条坐标轴的中心原点▉的位置设定为旋转中心。

Speed 参数是控制旋转的速度，数值越大，旋转速度就会越快。参数为正数时做逆时针旋转；参数为负数（如图中的 -0.25）时做顺时针旋转。

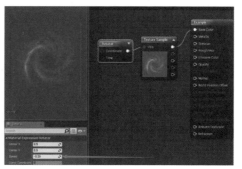

图 2-40

Texture Coordinate（纹理坐标）表达式的快捷键为 U。按住 U 键，在材质编辑窗口空白处单击鼠标左键创建。这个表达式的作用是对纹理进行 UV 坐标的调整。

如图 2-41 所示，使用 Texture Coordinate 连接了纹理表达式。然后在 TexCoord 表达式属性栏把 U 坐标系与 V 坐标系数值设置为 2，意思是把纹理表达式中的图案在横向坐标与竖向坐标中各重复两次，能看到预览窗口中的纹理变成了四个漩涡图案，纹理被分成了 2×2 的结构。如图 2-42 所示，如果将 U 系坐标参数改为 3，V 系坐标不做设置（默认为 1），出现图中所示的纹理，此时的纹理变成了通常所说的 1×3 结构，原始纹理的竖向数量不变，横向数量为之前的三倍。这个表达式能轻易将纹理图案变成需要的阵列结构。例如 4×4、8×8 等，在如地面、墙壁等一些需要重复利用纹理的元素对象上应用较多。

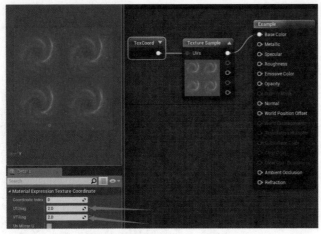

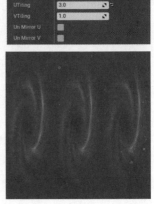

图 2-41　　　　　　　　　　　　　　　　　图 2-42

2.3.3　常用数学表达式

从这一节开始，将学习材质节点中用得最多的部分：函数的计算表达式，即 Math（数学）类表达式。

Add（加法）表达式快捷键为 A，按住 A 键，然后在材质编辑窗口空白处单击鼠标左键创建这个表达式。这个表达式的作用是将两个输入数值的结果相加。

如图 2-43 所示，使用了两个纹理图案。第一个纹理上的图案是数字 1，第二个纹理上的图案是数字 2，把这两个纹理分别连接到 Add 表达式的 A 与 B 节点，打开加法表达式的预览，能看到加法表达式中出现了两个纹理图案。看到这里，有的初学者会认为是不是加法出错了？1 加上 2 为什么会是 12？并不是计算出错，计算是正确的。在这个示例中，提供的元素并不是两个数字，而是两张纹理贴图，只不过纹理贴图上画着数字1 和数字 2 而已，即使把这两个数字换成其他图案或颜色也是可以的。Add 表达式是把这两个纹理上的图案合并到了一起。

如图 2-44 所示，使用多个 Add 表达式进行计算。在第一个 Add 表达式的输出结果之后，再次添加了一个 Add 节点，同时新建了一个有 3 号数字的纹理图案，然后把第一个 Add 表达式的结果，与第三个纹理的表达式进行相加，结果是在后面一个 Add 表达式中出现了三个图案。它的意义便是将所有输入的数据全部进行相加合并。可以使用多个不同的计算表达式进行混合运算。

Subtract（减法）表达式没有快捷键，可以在编辑窗口空白处单击鼠标右键，然后查找输入 Subtract，或者在表达式列表找到并拖动到编辑窗口中。它的作用是将两个输入的数据进行减法计算。

看到如图 2-45 所示的这个结果不要奇怪，这并不是印刷出现问题，而是两个纹理图案经过减法表达式处理以后的结果。为什么会这样呢？连接减法表达式 A 节点的纹理图案 3，与连接表达式 B 节点的圆形纹理，经过减法表达式的处理，两个纹理图案的交汇处被减掉了，显示的结果是两个纹理没有叠加的地方，也就是纹理 3 的下半部分。 图中画上红框的部分，就是两个纹理叠加的地方，此处会被 Subtract 表达式减掉，输出结果是两个纹理没有叠加的地方。

如图 2-46 所示，这是一个简单的加减法混合运算，将纹理 1 号和纹理 2 号这两张贴图添加到 Add 表达式，然后再次添加一个 Add 表达式并连接纹理 3，它们运算的结果使用 Subtract 表达式减去一个圆形纹理，再次添加一个 Subtract 表达式减去一个 3 号纹理，剩下的图案就是这组表达式的结果了。

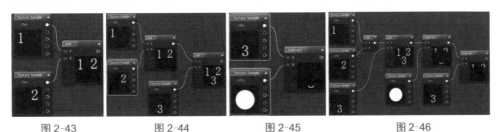

图 2-43　　　　　　图 2-44　　　　　　图 2-45　　　　　　图 2-46

Multiply（乘法）表达式快捷键为 M， 按住 M 键，在材质编辑窗口空白处单击鼠标左键创建这个表达式，作用是将两个输入数据进行乘法运算。

如图 2-47 所示，Multiply 表达式 A 节点连接的是一个写有"乘"字的纹理图案，B 节点连接的是边缘羽化的圆形纹理，两个纹理表达式输入到乘法表达式中计算，输出的是羽化圆形纹理与汉字纹理叠加的结果。我们来看这两个图案在 Photoshop 中合到一起的效果 ，再对比在虚幻引擎中两个纹理相乘的结果，有类似使用圆形遮罩应用在 A 纹理图案上的效果。这个表达式是最常用的。下面使用更为直观的表达式应用来说明乘法表达式的作用。

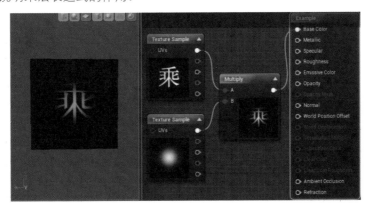

图 2-47

如图 2-48 所示，乘法表达式的 A 节点连接画有白色横线的纹理表达式，B 节点连接画有红色竖线的纹理表达式，连接到乘法表达式以后的输出结果是一个红色的小长方形，颜色也比正常的红色要暗一些。为什么结果是这样呢？原理是乘法表达式取了白色线条纹理和红色线条纹理相交的位置，颜色的数值也会取两个输入纹理颜色的中间值。如果把纹理也看作一连串数字结构的话，那么在乘法表达式中，0 乘以任何数都等于 0，也就是说纹理中黑色（黑色是 0）的部分与任何纹理叠加，都不会显示黑色部分叠加的纹理，通常乘法表达式作为遮罩使用。

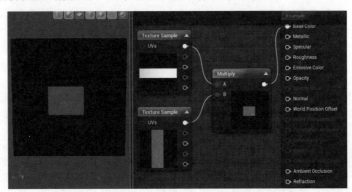

图 2-48

Divide（除法）表达式快捷键为 D，按住 D 键，在材质编辑窗口空白处单击鼠标左键创建这个表达式。除法表达式接收 A、B 两个输入数据，输出 A 除以 B 的结果。请不要用零作为除数。

如图 2-49 所示，示例中除法表达式输入的数据是两个一维常量，A 节点连接的常量值为 2，B 节点连接的常量值为 1，那么通过这个节点输出的结果仍然是 2，因为 2 除以 1，结果还是 2。如果 A 节点输入值为 4，B 节点输入值为 2 的话，结果是 2，因为 4 除以 2 得到结果为 2。

除法表达式在特效制作的材质中用得比较少，一般作颜色曝光调整使用，在这里了解一下它的原理与大概使用方式就可以了。

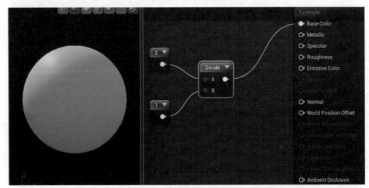

图 2-49

Abs（Absolute Value，绝对值）表达式没有快捷键，在编辑窗口空白处单击鼠标右键，查找输入 abs，或者在表达式列表找到并拖动到编辑窗口中。这个表达式的作用是将输入的数据做绝对值计算，结果是负数值就把它换算成正数值。

如图 2-50 所示，使用了一个一维向量（键盘数字 1），给它一个 -0.5 的值，连接到 Abs 表达式，在材质预览窗口中看到的结果和赋予一维向量正数值 0.5 的时候是一样的。如果向这个表达式输入 1、2、3 等正数时，它输出的结果也会是 1、2、3。向它输入 -1、-3、-5 时，它输出的结果为 1、3、5。输入数值为 0 时，表达式不处理结果。

图 2-50

Sine（正弦）表达式无快捷键，在编辑窗口空白处单击鼠标右键查找输入 sine，或者在表达式列表拖动到编辑窗口中。Sine 表达式的作用是将输入的数据以正弦波动数值推进。如图 2-51 所示，表达式反复输出 -1 ～ 1 的正弦波数值，通常和 Time（时间）节点配合使用。

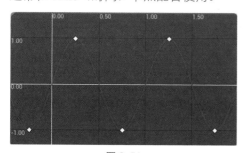

图 2-51

如图 2-52 所示，将 Sine 表达式连接 Time，通过 Abs（绝对值）使取值范围在 0 ～ 1，忽略 0 ～ -1 的数值，此时材质预览窗口中可以看到忽明忽暗闪动的效果了。输出结果连接到材质的基本颜色节点，材质的取值一直都在发生变化（0 为黑，1 为白）。Sine 节点唯一的属性是 Period（循环周期），也就是发生一次波形震荡的长度，取值越大，它波动一次的时间越长。

图 2-52

Cosine（余弦）表达式无快捷键，在编辑窗口空白处单击鼠标右键，然后查找输入 cosine，或者在表达式列表找到并拖动到编辑窗口中。它和 Sine 不同，Cosine 输出与 Sine 相反的余弦波动，如图 2-53 所示。

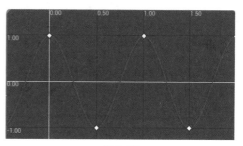

图 2-53

Cosine 用法与 Sine 一样，作为正弦的镜像，在具体应用的时候可以视情况，将它作为正弦波的反向应用，Cosine 与 Sine 一起使用会有意想不到的效果。

Clamp（限制）无快捷键，在编辑窗口空白处单击鼠标右键查找输入 clamp，或者在表达式列表找到并拖动到编辑窗口中。Clamp 的作用是限制数值的取值范围。

如图 2-54 所示，示例中输出常量值为 10，连接 Clamp 表达式输入到材质 Base Color 节点的结果只有 1。在 Clamp 节点的属性中，默认限制最小取值（Min Default）是 0，最大取值（Max Default）是 1，也就是说，无论输入的数值是小于零的，还是大于零的，连接 Clamp 后结果取最大值与最小值中的数值。例如数值是 0、0.25、-1、3 的四个常量，分别通过默认数值的 Clamp 表达式，输出的结果为 0、0.25、0、1。因为 -1 是小于零的负数，表达式最小值为 0，所以不会取负数值，而是输出最小值 0。第四个数值是 3，它大于 Clamp 默认最大值 1，输出结果时数值 3 便被强制改写为 Clamp 最大值 1。

数值为 1，B 蓝色数值为 1，两个数值融合，红色加蓝色也就变成了黄色。而选取 R 和 G 通道的 Mask 表达式，结果为红色，三维矢量的 R 和 G 通道数值分别是 1 和 0，所以表达式中提取红色（R 通道）通道的数值 1， G 通道的数值 0。将取 R、B 通道的 Mask 表达式连接材质 Base Color 节点，取值 R、G 通道的 Mask 表达式连接 Emissive Color（自发光颜色），最后在预览窗口中看到的是偏向橙色的颜色，表面呈黄色，但是阴影处又有些许红色作其补色。

图 2-54

Component Mask（分量蒙版）表达式快捷键为 Shift+C，也能在编辑窗口空白处单击鼠标右键查找输入 component mask，或者在表达式列表的数学类中找到并拖动到编辑窗口中。表达式的作用是将输入的颜色通道选择性地输出。属性中勾选输出的通道会显示在表达式的标题栏内。

如图 2-55 所示，建立了三维矢量（键盘数字键 3），将 R、G、B 值分别设置为 1、0、1。打开三维矢量的预览，可以看到红色值 1 和蓝色值 1，让这个三维矢量变成一个粉红色。新建两个 Mask 表达式，一个提取 R 通道和 B 通道，一个提取 R 通道和 G 通道，将三维矢量分别连接到两个 Mask 表达式中，可以看到，取值通道为 R 和 B 的表达式，打开预览以后变为黄色，在三维矢量的属性中，R 红色

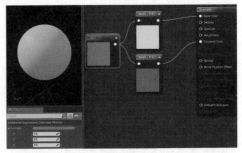

图 2-55

Append Vector（追加矢量）表达式无快捷键，在编辑窗口空白处单击鼠标右键查找输入 append vector，或是在表达式列表的数学类中找到并拖动到编辑窗口中。这个表达式的作用是将单个常量组合在一起，建立多维矢量。

我们将两个常量值（Constant）进行追加，让其变为一个双通道二维矢量（Constant 2Vector），利用这个特性，可以使用这个表达式对多个常量进行追加，让其变为 RGB 三通道矢量，或者 RGBA 四通道矢量。

如图 2-56 所示使用了三个常量进行 Append 表达式追加，左边第一个常量值为 1，第二个常量值为 -1，追加到表达式中显示了红色。此时的 Append 表达

式在追加这两个一维常量后，变成了二维矢量（Constant 2Vector）。一个基本的二维矢量是带有 R 通道与 G 通道的，此时第一个常量的数值在此变为二维矢量 R 通道数值，第二个常量的数值变为二维矢量 G 通道数值，但由于第二个常量的数值是负数，被忽略掉，所以第一个 Append 表达式的预览是红色。

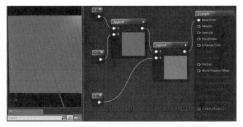

图 2-56

在此基础上追加第三个常量并赋值为 1，增加一个 Append 表达式，连接前一个 Append 表达式的结果到 A 节点，连接新常量的结果到 B 节点，表达式预览变成了紫色。在上一个二维矢量（Append 表达式添加两个一维常量的结果）的结果中再次添加一维常量，这个时候 Append 已经成为一个三维矢量，拥有 R、G、B 三个通道。已知之前的 R 和 G 通道数值分别为 1、-1，追加数值为 1 的常量表达式之后，最后的 Append 表达式是数值 1、-1、1 的三维常量，输出的结果为紫色。一般使用这个表达式来凑齐所需要的通道数量，但极限是四通道（RGBA）。

One Minus（1-x）表达式快捷键为 O，按住 O 键在编辑窗口单击鼠标左键创建。也可以在编辑窗口空白处单击鼠标右键，然后查找输入 oneminus，或在表达式列表的数学类中找到并拖动到编辑窗口中。这个表达式节点接收一个输入值计算"1-

输入值"的结果，然后按通道进行输出。

如图 2-57 所示，使用了一个三维矢量，数值分别设置为 0.25、0.5、0.75，预览为浅蓝色。此时把结果数值连接到 One Minus 表达式，变成了 0.75、0.5、0.25，原因是经过 1-x 时，表达式会接收三通道的数值信息，分别计算 1-0.25 的结果、1-0.5 的结果和 1-0.75 的结果，把计算完成的数值作为表达式自身数值，所以表达式预览中的结果为黄色（用这个表达式做补色很方便）。

图 2-57

这个表达式用得最多的地方，还是用于做"反向"计算。如图 2-58 所示，纹理表达式的 R 通道连接去色（Desaturation）表达式，输出的结果连接 1-x（One Minus）表达式，预览窗口中白色变成了黑色，而黑色处变成了白色，完成纹理的颜色反向。

图 2-58

Power（幂）表达式的快捷键为 E，按住 E 键在编辑窗口单击鼠标左键创建。也可以在编辑窗口空白处单击鼠标右键，然后查找输入 power，或在表达式列表的 Math 类中也能找到这个表达式。它的作用是保留亮色。

如图 2-59 所示，输入数据是一个 Noise 表达式，连接到 Power 表达式以后，纹理变得更为丰富了，在 2 倍 Exp 的计算下，有纹理的部分被提升了亮度，对比细节丰富了。可以把这个表达式节点看作 Photoshop 中的色阶，保留较亮部分的值。

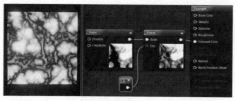

图 2-59

If（条件判断）表达式的快捷键为 I，按住 I 键在编辑窗口单击鼠标左键创建。也可以在编辑窗口空白处单击鼠标右键，然后查找输入 if，或是在表达式列表 Math 类中找到并拖动到编辑窗口中。这个表达式是对两个输入数据进行比较，对比输入数据，对满足条件的数据进行输出。在游戏特效制作中，它常用来制作物体的溶解效果。

如图 2-60 所示，If 表达式的 A 节点连接常量表达式，常量表达式的数值为 0.2，If 表达式的 B 节点连接数值为 0.5 的常量表达式。在 If 表达式条件判断 A>=B 的节点连接三维矢量并把三维矢量的 R 通道数值设置为 1，让它输出红色；A<B 判断节点连接另一个三维矢量，把这个三维矢量的 G 通道数值设置为 1，输出绿色。此时示例图中 A 点输入处值为 0.2，B 点数值为 0.5，因为 0.2 比 0.5 小，A<B 的条件判断成立，此时 If 表达式输出的是绿色的。如果把 A 输入点数值改为 0.5 或者比 0.5 的数值更大的数，If 表达式会输出红色，因为条件满足 A>=B。

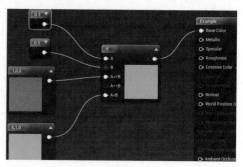

图 2-60

我们来看这个示例，如图 2-61 所示，添加了 Noise 表达式作为 If 表达式的 A 节点判断条件。前面讲过，在虚幻引擎中，图案可以和数值相互转换，白色代表 1，黑色代表 0，A 条件输入点的纹理可以看作数值 0 与 1 组成的矩阵。B 节点连接的是一个常量数值，给它赋予 0.5 的数值。在判断条件 A>=B 节点，添加一个常量并赋值为 1。这里的常量 1 代表的是白色，当满足 A>=B 条件时输出白色；判断条件 A<B 节点连接一个常量并赋值为 0。这里常量 0 代表的是黑色，当条件满足 A<B 时，输出黑色。打开 If 表达式的预览，可以看到图案被抹去了一部分，由于纹理与数值转换的原理，纹理中小于 0.5 的地方被黑色填充。如图 2-62 所示，如果修改输入点 B 的数值，将常量数值改为 1.5，此时在 If 判断表达式中，数值小于 1.5 的纹理颜色全部被填充为黑色。

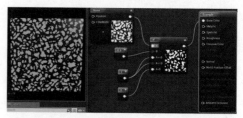

图 2-61

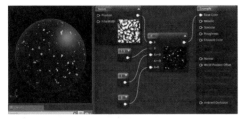

图 2-62

预览窗口中仅剩下了一点点的白色纹理，在 If 条件判断中，1.5 这个数值已经超过了大部分 A 节点纹理的亮度，剩下的白色，是在 A、B 条件对比中大于数值 1.5 的部分。如果将 B 节点的常量数值修改超过 1.5，那么 If 表达式输出的颜色将只有黑色。特效制作中的"溶解"效果，就是以 If 表达式为核心，让 A 与 B 输入点数值进行动态对比，完成物体动态消融的效果。后面的案例中会有应用。

Linear Interpolate（Lerp 线性插值）表达式的快捷键为 L，按住 L 键，然后在编辑窗口单击鼠标左键创建。也可以在编辑窗口空白处单击鼠标右键，然后查找输入 linear interpolate 或者 lerp，或在表达式列表中找到并拖动到编辑窗口中。这个表达式的功能是将 A 与 B 节点的输入数据使用 Alpha 节点的参数按比例混合。可以把 A 与 B 输入点看作两张图片，通过 Alpha 的数值来混合图片。Alpha 数值为 0（黑色）的时候，显示的是 A 节点的图片；Alpha 数值为 1（白色）的时候，显示 B 节点的图片；Alpha 数值为 0.5 时，A 与 B 各显示 50%。

如图 2-63 所示，使用了两个三维矢量作为输入数据，颜色为红色的表达式连接 A 节点，颜色为蓝色的表达式连接 B 节点。在属性窗口中设置 Alpha 节点的数值为 0.75，输出结果预览是紫色。

表达式 Alpha 数值为 0 时，输出 A 节点红色；Alpha 数值为 1 时，输出 B 节点蓝色。案例中 Alpha 的数值为 0.75，表示红色占比 25%，蓝色占比 75%，结果显示为紫色。举个通俗点的例子，A 节点是糖，B 节点是盐，Alpha 是厨师，当 Alpha 数值是 0 的时候，全部放糖，Alpha 数值是 1 的时候全部放盐，Alpha 数值是 0.5 的时候一半放糖一半放盐，Alpha 数值是 0.9 的时候放 10% 糖，90% 盐，这样应该很好懂了。

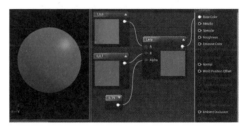

图 2-63

2.3.4　常用纹理与深度表达式

Texture Sample（贴图纹理）表达式的快捷键为 T，按住 T 键，然后在编辑窗口单击鼠标左键创建。也可以在编辑窗口空白处单击鼠标右键查找输入 texture sample 找到这个表达式。

如图 2-64 所示，这个表达式的作用，在上面介绍函数表达式时很多图例中都出现了，通常使用它来导入纹理图案。

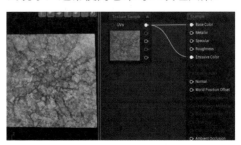

图 2-64

将纹理贴图素材导入 Unreal Engine 4，单击 Texture 栏下拉箭头按钮，弹出的纹理浏览菜单栏中选择想添加到 Texture Sample 中的纹理图案，如图 2-65 所示。

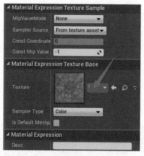

图 2-65

Particle SubUV（粒子 UV）表达式无快捷键，可以在编辑窗口空白处单击鼠标右键查找输入 particle subuv，或者在表达式列表纹理类型合集中找到并拖动到编辑窗口中。它的作用是使粒子系统支持序列纹理。使用方法与 Texture Sample 表达式一样。

如图 2-66 所示，是一组 4×4 的序列纹理，使用的序列纹理只可使用规律排列的图案，例如案例中的纹理素材是 512×512 像素的图，其中集合了 128×128 像素的图案 16 张，这种以规律横向竖向排列的纹理图才可以使用。

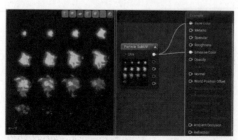

图 2-66

Depth Fade（深度衰减）表达式无快捷键，在编辑窗口空白处单击鼠标右

键查找输入 depth fade，或者在表达式列表 Depth 类型合集中找到并拖动到编辑窗口中。这个表达式用来降低两个物体之间交叉处的尖锐程度，如图 2-67 所示。

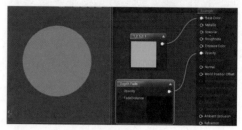

图 2-67

深度衰减表达式一般是用来连接透明通道（Opacity）使用的，属性窗口中参数默认 Opacity Default 为 1，Fade Distance Default 衰减值为 100  ，用于调节物体之间融合衰减的距离。

案例中给一个球形物体制作了一个材质并加上深度衰减表达式。如图 2-68 所示，是球体材质中 Depth Fade 的衰减值（Fade Distance Default）为默认 100 时，球体与地面发生交叉时的效果；如图 2-69 所示，是衰减值为 10 时，球体与默认地面交叉时的效果。二者角度、位置一致，只是虚化的距离不一样。

图 2-68

图 2-69

2.4　高亮材质制作

从这一节开始，学习制作一些常用的材质。配合前面的常用函数来表现材质上的特殊效果。

何谓高亮材质呢？虚幻引擎中，允许材质自身高亮发光。这种材质自身发光只是单纯的高亮效果，并不能将其作为光源用来照亮其他物体，如图 2-70 所示。

我们将为两个球体制作两个材质。如图 2-71 所示，材质是使用数值为 1 的一维常量连接材质自发光通道；如图 2-72 所示，材质是使用数值为 5 的一维常量连接自发光，意思是五倍的自发光效果。分别制作成两个不同的材质球，然后把这两个材质球分别赋予两个不同的球体。每次调整材质参数以后，记得单击工具栏处的 来应用设置，否则是无法实时看到材质的改动更新效果的。单击 Apply 按钮后引擎开始解算材质，窗口右下角会出现 Shader 进度条窗口，其间不要再次对材质进行改动，进度条数值变为 0 的时候，材质就应用完成了。

图 2-70

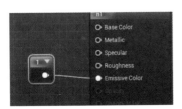

图 2-71

图 2-72

如图 2-73 所示，是对材质进行调色的方法，用到了一个三维矢量（Constant 3Vector，快捷键 3），一个一维常量（Constant，快捷键 1），一个乘法表达式（Multiply，快捷键 M）。我们把三维矢量属性窗口 R、G、B 通道数值分别设置为 1、0.25、0.1，单击三维矢量表达式右上角的小箭头观察预览图，现在这个表达式的颜色为橙色，这是 R、G、B 通道三个数值混合的结果。然后把属性值为 5 的一维常量表达式加入材质编辑窗口，把三维矢量与一维常量连接到乘法表达式的 A 与 B 节点，乘法表达式的结果连接到材质自发光节点中。一维常量赋值 5，表示 5 倍的基础亮度，用来控制三维矢量颜色的亮度倍数。如果把常量数值设置为 10 的话，材质会输出 10 倍亮度的橙色。常量表达式用来控制亮度，三维矢量用来控制颜色，读者可以尝试自己搭配一下。

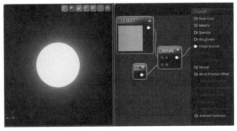

图 2-73

如图 2-74 所示，有圆柱体、圆锥体和球体，三个物体形态不一样却有相同的边缘发光属性。在这里会接触到一个新的表达式 Fresnel，俗称菲涅耳，它的作用是使物体边缘发光，无论这个物体外观如何，通常使用它来制作半透明的幽灵材质。下面再来看一个案例。

图 2-74

如图 2-75 所示，观察材质案例，我们来对各个部分的表达式进行解析。

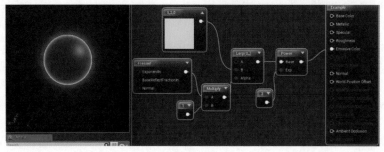

图 2-75

添加一个 Fresnel 表达式，与赋值为 1 的常量进行乘法运算，如图 2-76 所示。菲涅耳表达式为一倍（自身）发光，此处的常量作用是调整菲涅耳发光的强度倍数。可以尝试自行调整这个常量数值以达到想要的效果。

我们需要黑色来填充 Fresnel 表达式的内部颜色，所以保留 Const A 的默认数值不做修改。

图 2-77

图 2-76

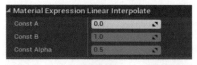

图 2-78

在 Lerp（Linear Interpolate）的 B 节点添加一个三维矢量，如图 2-77 所示，在三维矢量表达式属性窗口中把 R、G、B 数值分别设置 5、2、1，使表达式为高亮橙色。此时 Lerp 表达式 B 节点和 Alpha 节点有数据输入，所以在 Lerp 属性窗口中，Const B 和 Const Alpha 栏为不可输入状态，只有 Const A 栏能够输入数值，如图 2-78 所示。Const A 默认数值为 0，说明 Const A 默认输出颜色是黑色，刚好

在 Lerp 表达式的后面，我们加入一个 Power 表达式用来调节整体对比度。在 Power 的 Exp 节点连接一个数值为 3 的一维常量，意思是使经过 Power 输出的亮度提升三倍。

鼠标单击材质窗口工具栏 Apply（应用）按钮，回到 Unreal Engine 4 主面板，选择界面左侧 Modes 窗口中的 Basic 类型，选择一个物体，选中以后，按住鼠

标左键，拖动到编辑窗口中放开鼠标，
就能在场景中添加一个模型了，如图 2-79
所示。

　　把刚才制作完成的材质球在资源浏
览窗口中找到后，鼠标左键按住材质球
拖到编辑窗口中创建的物体上放开鼠标，
就能看到材质应用的效果了，如图 2-80
所示。

图 2-79

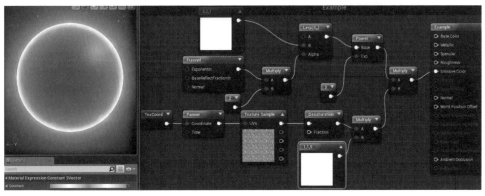

图 2-80

　　以上一个案例的材质节点为基础，
制作一个物体边缘带有纹理变化的动态
效果。保留之前实例的部分，添加了一
些新的表达式：

　　TexCoord（全称 Texture Coordinate，
纹理坐标，快捷键 U）， Panner（坐标平
移，快捷键 P），Texture Sample（贴图
纹理，快捷键 T），Desaturation（去色），
Constant 3Vector（三维矢量，快捷键 3），
Multiply（乘法计算，快捷键 M）。

　　如 图 2-81 所示，将 TexCoord 连 入
Panner，然后把 Panner 连接 Texture Sample
纹理节点。这里要对 Texture Sample 纹理
表达式做 Panner 坐标平移动画。如图 2-82

所示，单击鼠标左键选中 Panner 表达式，
左侧属性窗口中调整 Speed Y 的数值为
0.5，使 Panner 表达式对连接的纹理表达
式做 Y 轴坐标滚动。

　　TexCoord 连 接 到 Panner 表 达 式 的
Coordinate 节点，选中 TexCoord 表达式，
如图 2-83 所示，左侧属性窗口中把 UV
坐标切分数量分别设置为 3，使纹理横向
坐标与竖向坐标重复显示三次。此时的
纹理表达式中图案已经变为一个 3×3 的
图案样式。案例中使用的纹理是无缝贴
图。这种方式可以很方便地制作流水、
熔岩等一系列不间断动画。

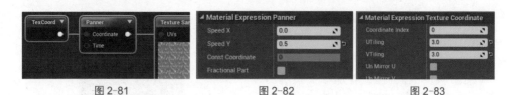

图 2-81   图 2-82   图 2-83

接着将调整好的纹理表达式的 RGB 通道连接 Desaturation（去色）表达式，此时的纹理已经变成了黑白二色，如图 2-84 所示。

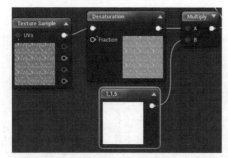

图 2-84

将贴图做去色处理后，能更方便地在材质中使用三维矢量为纹理重新上色，而且不会出现偏色。Desaturation 表达式的结果连接到乘法 Multiply 表达式 A 节点，添加一个三维矢量，R、G、B 通道数值分别设置为 1、1、5，连接到乘法表达式的 B 节点。纹理部分的预览效果是淡蓝色 。因为三维矢量 R、G、B 通道中 B（Blue，蓝色）数值为 5，是三个通道数值之中最大的，此时的三维矢量以蓝色为主要颜色，R 和 G 通道数值为 1，这两个数值会让整体颜色偏白，所以表现为淡蓝色。与去色处理的纹理表达式进行乘法运算，输出结果既有纹理样式，又保留了颜色。

最后，把添加的纹理部分与边缘发光部分进行关联。因为最终的材质输入点只能有唯一一个连接，所以需要将它们用一个表达式进行关联，输出最后的结果。案例中，如图 2-85 所示，使用了乘法表达式对它们进行连接。想想乘法表达式的作用是什么呢？输出两个数据的交集。这里既需要保留物体边缘发光，又需要在发光的部分有着纹理滚动，Multiply 乘法表达式是最适合的。

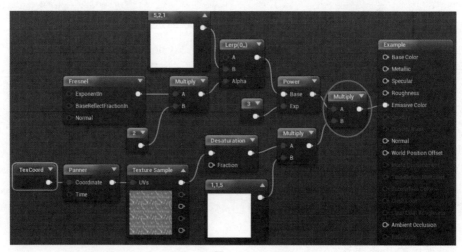

图 2-85

尝试将连接到材质的最后一个 Multiply 乘法节点更换为 Add 加法、Subtract 减法以及 Divide 除法表达式，分别尝试看看最后的输出效果有什么不同。

● 2.5　变色材质制作

本案例中发光小球是同一个球体在不同时段的截图，如图 2-86 所示，它的颜色会随着时间推移而进行变化，类似呼吸灯一样进行指定颜色的交替变化。

图 2-86

如图 2-87 所示，使用了三维矢量 Constant 3Vector（快捷键 3）表达式指定颜色，使用了线性插值 Lerp（快捷键 L）来融合颜色，Time、Sine 和 Abs 这三个表达式中，Time 时间一直向前推进，Sine 以时间推进为前提，在 1、0、-1、0、1 这五个数值中进行曲线变化，最后使用 Abs 表达式提取参数的绝对值，把 Sine 生成的数值曲线全部转换为正数，输入数值被转换为 1、0、1、0、1。线性插值 Lerp 的 Alpha 节点只接收 0 ～ 1 之间的数值，小于 0 或大于 1 的数值无效。案例中由于 Alpha 节点接收的数值是不断变化的，因此 Lerp 表达式会不断地在两个三维矢量（黄色与青色）表达式间进行颜色融合变化，结果会呈呼吸灯的样式表现出来。如图 2-88 所示，颜色转换速度可以找到 Sine 表达式属性窗口中的 Period（正弦波长度）数值进行调整，数值越大，转换一次的时间就越长。

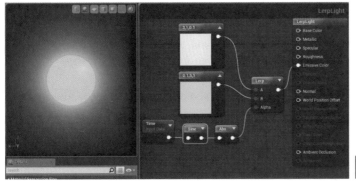

图 2-87　　　　　　　　　　　　图 2-88

接下来制作一个进阶案例，要使用三种颜色进行融合，使材质在三种颜色中转换。

以上一个示例为基础，如图 2-89 所示，在材质编辑窗口中再次添加一个 Lerp 表达式，给它的 B 节点连接一个数值为 5、0.1、1 的三维矢量，A 节点连接第一个 Lerp 表达式输出的结果。靠左的 Lerp 表达式 Alpha 节点接收来自 Time 和 Sine 的输出数据，靠右的 Lerp 表达式 Alpha 节点连接 Abs 表达式的输出数据。最后把融合了三种颜色的 Lerp 表达式连接到材质的 Emissive Color 自发光节点。预览窗口中可以看到材质融合三种颜色开始变换了。

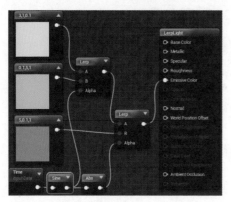

图 2-89

再来解析如图 2-90 所示的这个效果。示例中应用了本节前面的案例以及制作高亮材质的原理，表现一个循环变色而且内部透明，边缘有动态纹理变化的球体。

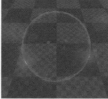

图 2-90

这里将前面制作三个颜色融合变化的部分，完整地保留在了这个案例中，如图 2-91 所示。

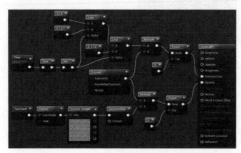

图 2-91

如图 2-92 所示，这部分的表达式和变色材质案例一样，不过连接两个 Lerp 表达式 Alpha 节点的是 Abs 函数表达式输出的结果。

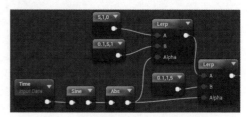

图 2-92

如图 2-93 所示，在纹理部分，沿用了高亮材质小节的部分纹理控制表达式节点，使用 TexCoord 与 Panner 表达式对 Texture Sample 纹理表达式进行纹理位移。如图 2-94 所示，TexCoord 属性面板里将 UTiling 与 VTiling 的数值设置为 3，把 Texture Sample 的纹理分成横向与竖向各 3 组。如图 2-95 所示，Panner 表达式属性中将 Y 轴数值设置为 0.5，经过去色（Desaturation）处理使纹理图案能被重新赋予颜色而不出现偏色。

图 2-93

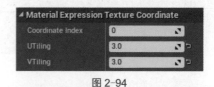

图 2-94

图 2-95

处理完颜色与纹理部分，如图 2-96 所示，创建 Fresnel（菲涅耳）表达式与两个乘法表达式，一个乘法表达式连接 Fresnel 与 Lerp 表达式，另一个乘法表达式连接 Fresnel 与 Desaturation 表达式。将两个乘法表达式输出的结果分别连接两个 Power 表达式，在 Power 表达式的 Exp 节点连接属性数值为 5 的一维常量。这里使用两个 Power 表达式是为了使颜色与纹理的表现更为清晰，剔除颜色过于暗淡的纹理。最后将处理颜色变化部分的 Power 表达式连接到材质自发光（Emissive Color）节点，处理纹理部分的 Power 表达式连接到材质透明度（Opacity）节点。

图 2-97

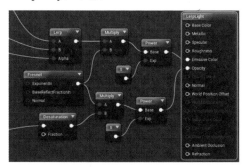

图 2-96

读者们可能会说，为什么我的材质节点接口处的 Opacity 是灰色不能连接的？原因是材质的基础属性设置不对。我们选择材质，或者什么都不选中，属性窗口显示的就是这个材质的基础属性了，把材质的混合方式改为 Translucent 透明类型，这个模式支持材质的透明通道，此时材质的 Opacity 节点就启用了。勾上 Two Sided（双面显示）复选框，如图 2-97 所示。

2.6　折射纹理制作

在一些大型 3D 游戏中经常会看到场景中漂亮的水面，水面材质有比较高端的表现，可以对周围环境进行光影折射，透过这种折射材质能看到背面物体形状发生扭曲。如图 2-98 所示，现在有越来越多的技能特效也利用这种扭曲可视环境的特性，表现技能巨大威力使周围空间发生扭曲。

图 2-98

在这一节，将接触并解析折射材质，将它应用到案例制作中。如图 2-99 所示是一个最基础的折射连接方式，它可以应用在所有的实体模型中。

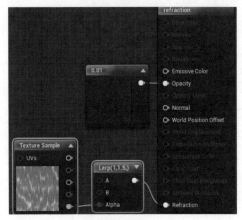

图 2-99

这种形态是最为常用的一种表达式连接方式，利用这种最简单的连接方式可以轻松制作出示例中的效果。如图 2-100 所示，我们发现材质面板上很多输入节点都变成了灰色，这些输入节点被停用了，只启用了几个输入节点，原因是在材质的属性中，把混合模式（Blend Mode）修改成了 Translucent（透明）类型，光影模式（Shading Model）修改为 Unlit（无光）类型，最后勾选 Two Sided（材质双面显示）。

图 2-100

如图 2-101 所示是基础折射材质的制作，使用了一张带有红黄二色纹理的 Texture Sample 表达式，将表达式的

Alpha 节点连接到 Lerp 表达式的 Alpha 节点。

图 2-101

为什么在这个案例中要将 Texture Sample 贴图纹理的 Alpha 通道提出来连接，而不像之前案例中使用 RGB 混合通道呢？制作用于折射效果的纹理，只需要黑白二色与单通道就可以了。

案例中使用的贴图纹理是带有 Alpha 通道的 TGA 贴图，所以可以将 Alpha 通道提取出来进行连接，如果是一张不带 Alpha 通道的 JPG 或者 BMP 纹理，应该如何去处理它呢？

如图 2-102 所示，如果纹理贴图没有 Alpha 通道，可以使用纹理表达式的任意通道连接一个去色（Desaturation）表达式把纹理变成黑白，再连接到 Lerp 表达式。

图 2-102

案例中的 Lerp 表达式属性如图 2-103 所示，Const Alpha 属性有连接其他表达式，所以已经变为灰色不可编辑状态，Const A 与 Const B 数值分别修改为 1 和 1.5，A 与 B 两个数值之间的间隔越大，折射率就越高。读者可以自己试试数值设置为 1 和 3，1 和 5，1 和 10 等，观察数值间隔大小不同会出现什么样的效果。

图 2-103

如图 2-104 所示，在材质 Opacity 输入处添加了一个一维常量（Constant，快捷键 1），材质自发光（Emissive Color）节点放空缺省。在折射材质中，可以不对材质的基础颜色进行定义，但是不能不给材质的透明通道连接输入数据，即使只是图例中 0.01 的输入参数，也可以让材质正常显示。毕竟折射扭曲后是要看到物体背后的效果，物体不透明是看不到背后扭曲效果的。如果材质的

Opacity 节点不连接输入数据，材质就会变得漆黑一片什么都看不到了。

图 2-104

再来做一个进阶示例，了解了折射效果基础的表达式应用，在上一节的基础之上做一些细节完善。

如图 2-105 所示，这个示例中给球体添加了一个蓝色高亮边缘发光，球体内部空间有变化的扭曲纹理。我们来解析这个新示例中的材质结构，如图 2-106 所示。

图 2-105

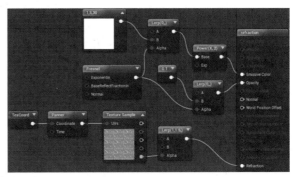

图 2-106

首先来解析材质的自发光（Emissive Color）部分，如图 2-107 所示，用到的表达式有四个：三维矢量、菲涅耳、线性插值与幂。这里的三维矢量是用来调整颜色与亮度，R、G、B 通道分别赋值 1、5、30，意义是 1 倍的红色，5 倍的绿色与 30 倍的蓝色。三维矢量连接到 Lerp 表达式 B 输入节点，使 Lerp 的 A 输入节点数值默认为 0，Fresnel 表达式连接 Lerp 的 Alpha 节点。把 Lerp 表达式的结果连接到 Power 表达式，提升边缘蓝色的亮度。最后连接 Power 表达式到材质自发光通道。

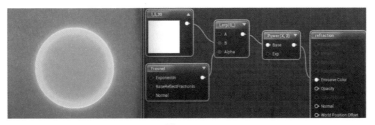

图 2-107

接下来处理透明通道（Opacity）。如图 2-108 所示，新建一个 Lerp 表达式，B 节点连接一个数值为 0.1 的一维常量，A 节点保持数值 0，使 Lerp 的输出数值在 0 ～ 0.1 融合，把 Fresnel 连接到新 Lerp 表达式的 Alpha 节点，把 Lerp 表达式的结果连接到材质 Opacity 透明通道。

最后在材质编辑窗口加入折射效果。上个示例中解析了简单的纹理折射材质制作，这里需要让这部分纹理动起来。如图 2-109 所示，给 Texture Sample 纹理表达式连接 TexCoord 与 Panner 两个表达式，TexCoord 属性中将纹理划分为 3×3 的图案，也就是 U 坐标系和 V 坐标系参数中数值分别设置为 3，在 Panner 坐标平移表达式的属性中，仍然是将 Y 轴以 0.5 的速度进行滚动，把 Panner 连接到 Texture Sample 表达式 UVs 节点。纹理表达式的 Alpha 通道连接到 Lerp 表达式 Alpha 节点，最后连接 Lerp 到材质 Refraction 折射通道。

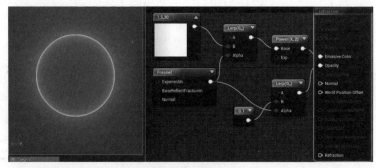

图 2-108

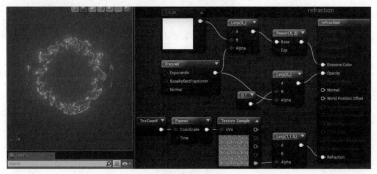

图 2-109

思考题：综合运用前几章节所学知识点来解释图 2-109 各材质表达式之间的联系、功能与最后的输出效果。

● 2.7 遮罩纹理制作

在材质制作中，很多时候会用到遮罩效果，例如制作熔岩地型时，熔岩周围的石头不动，石缝中有熔岩会缓慢流动，有灼热的火焰，有高温引起的空气扭曲。这一节将学习遮罩材质简单的应用。

如图 2-110 所示，整个球体被一层云状纹理覆盖，球体上有线条在发光，其余部分保持原有的纹理亮度。

图 2-110

如图 2-111 所示是这个球体的材质的节点图，我们使用了两张不同图案的贴图纹理（Texture Sample）来进行纹理的叠加（Add）。先来看第一个纹理材质部分。

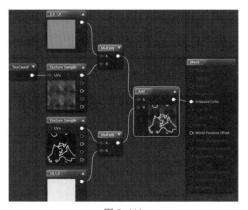

图 2-111

如图 2-112 所示，在这个部分，我们使用 TexCoord 表达式对贴图纹理进行 UV 划分，表达式的 UTiling 与 VTiling 数值为 2，意思是将 Texture Sample 表达式中的纹理重复两次。三维矢量的 RGB

通道数值分别设置为 2、0.1、0，使表达式输出的颜色为橙色。然后将纹理表达式与三维矢量进行乘法运算，得到如图 2-112 所示的纹理。

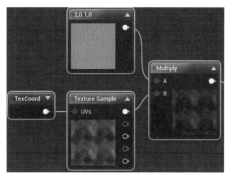

图 2-112

再来解析高亮线条部分，如图 2-113 所示，我们使用的纹理是黑白线条，三维矢量表达式的 RGB 通道参数分别是 10、1、0，颜色为高亮金黄色，颜色倍数超过 2 倍，材质就会开始高亮并外发光。把纹理表达式与三维矢量进行乘法运算，得到金黄色的线条纹理。乘法表达式只对有颜色的部分进行计算，黑色部分是不进行计算的，因为白色的数值是 1，而黑色的数值是 0，零乘以任何数都是零，所以黑色部分仍然会输出为黑色。

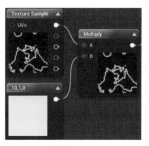

图 2-113

如图 2-114 所示，最后将云状纹理表达式与线条纹理表达式的乘法结果使用 Add 表达式进行加法运算，得到最后的结果。

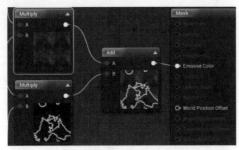

图 2-114

利用这个示例的材质原型，我们进一步制作材质细节。在线条纹理部分加上另一个遮罩，使高亮线条纹理的细节更为丰富。

如图 2-115 所示，保留了之前球体的材质表达式连接结构（只是关闭了表达式预览），添加了一个 Panner（坐标平移表达式），一个渐变的纹理表达式和一个乘法表达式。

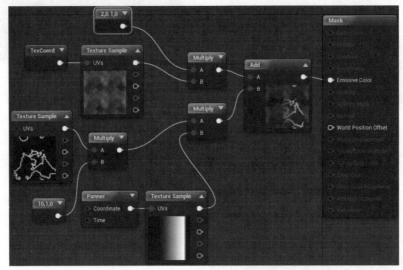

图 2-115

如图 2-116 所示，Panner 属性窗口中 Speed X 数值设置为 -0.1，使连接的纹理表达式图案沿 X 轴平移。将渐变纹理表达式与黑白线条的纹理表达式进行乘法运算，可以在乘法表达式的预览中看到黑白线条纹理有了渐变形态变化。这里只是调节线条与渐变纹理，没有对基础噪波纹理部分造成影响，预览效果中只是物体高亮线条部分有了渐变变化。

如图 2-117 所示高光部分会像心电图一样从左至右产生渐变变化，淡入淡出。接下来的示例会在此基础上进一步提升应用技巧。

图 2-116

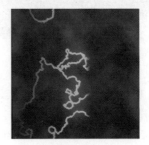

图 2-117

图 2-118 示例中，我们对球体高亮线条部分进行紊乱处理，使材质中的纹理贴图产生动态紊乱，让纹理有更多的变化。

在这个示例中，如图 2-119 所示，保留了上一个球体的材质结构，只是对线条纹理的这个表达式做动态处理。

图 2-118

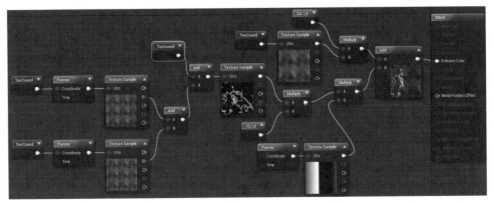

图 2-119

这一节的重点在于如何制作纹理表达式的动态效果。我们选中云状纹理表达式复制（Ctrl+C），然后粘贴（Ctrl+V）出来，添加一个 Panner 表达式连接刚刚复制的纹理表达式，在 Panner 表达式的属性窗口中，设置 Speed X 的数值为 0.1，添加一个 TexCoord 表达式，在它的属性窗口中将横向与竖向数量分别设置为 3。调整完毕后把 TexCoord、Panner 与 Texture Sample 这三个表达式进行连接，然后把这三个表达式复制一份并粘贴，调整粘贴出来的这组表达式的 Panner 属性，把 Speed Y 数值设定为 0.05，使两组贴图朝向不同的方向进行 UV 滚动，形成交错移动。随后添加 Add 表达式连接两个纹理表达式的任意单通道，如图 2-120 所示。

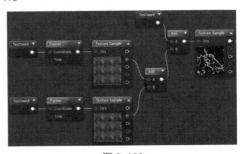

图 2-120

⏰ 注意

输入纹理贴图的数据只支持单通道！如果使用纹理表达式的 RGB 混合通道进行连接，会出现如图 2-121 所示的报错情况。

将连接了两个纹理表达式的 Add 加法表达式，与一个新建的 TexCoord 表达式进行加法计算，结果连接到线条纹理的 Texture Sample 表达式中。打开表达式的预览,能够看到白色线条纹理有了类似水波样的效果,这是由两组向不同方向平移的噪波纹理输入而形成的。

如图 2-121 所示,图中箭头处添加一维常量与乘法表达式,常量表达式数值越靠近 0,紊乱效果越弱;数值越大,紊乱效果就越明显。增加的这两个表达式有调节紊乱强度的效果,类似控制开关。

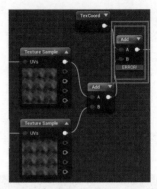

图 2-121

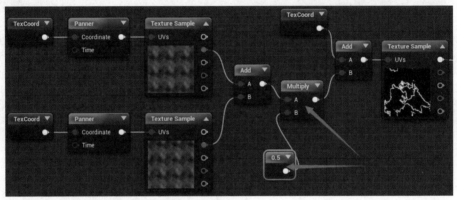

图 2-122

● 2.8 溶解材质制作

如图 2-123 所示,游戏特效制作中,物体溶解是一种特殊效果,它不同于传统物体整体的淡入淡出,而是使物体任意部分开始重新组合,或是将完整的物体随机解体。由于溶解材质常用来表现物体被撕碎,因此这种材质效果也可以称为"撕裂材质"。溶解材质原理是对物体 Opacity 透明通道进行调节,使纹理透明通道最后全部输出白色或全部输出黑色。透明通道中输入黑色代表透明,白色代表不透明。如果材质透明通道中输入数据全部是黑色,这个物体也就完全"消失"了。

如图 2-124 所示,是溶解材质的基础节点示意图,包含基本的材质溶解思路。属性值为 1 的一维常量连接材质 Base Color 作为物体的基本颜色,添加 If 条件判断表达式,示例中将纹理表达式的 Alpha 通道与 If 表达式的 A 节点进行连接(纹理尽量使用黑白贴图),连接点使用单通道,不要使用 RGB 混合通道。添加 Time、Sine 与 Abs 三个表达式输出曲线数值,连接 If 表达式的 B 节点,目的是在 B 节点输入随时间变化而不断变化的数值,与 A 节点纹理表达式的图案数据进行对比。If 表达式的条件判断节点添加两个一维常量,分别赋值 1 与 0,需要 If 表达式根据 A 与 B 节点的数值判断结果,输出白色或是黑色。

图 2-123

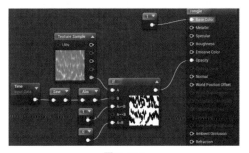

图 2-124

If 表达式将 A 节点纹理图案与 B 节点的变化数值进行对比，如果纹理图案中的像素矩阵数值比 B 节点输入的数值大，由于满足 A>=B 的条件，数值为 1 的常量表达式生效，所以大于 B 节点数据的部分便会显示白色；反之，满足 A<B 的条件，数值为 0 的常量表达式生效，结果显示黑色。打开 If 表达式的预览，可以看到不同时间段内 A、B 输入点数据对比的结果。If 表达式的结果连接到材质 Opacity 透明通道，单击工具栏 Apply 按钮应用材质，在场景中将这个材质赋予一个物体就能够看到这个材质的表现效果了。

刚开始学习材质的时候可以依照着案例的连线来制作，有些连接是纯公式型的，也就是只有一种标准材质连线方式。做的东西多了，也就能够理解为什么要这样连接材质节点了。

接着来解析一个进阶案例，溶解的边缘部分添加高亮边缘。这种溶解时边缘高亮的表现方式是溶解材质制作中最常用的，如图 2-125 所示。

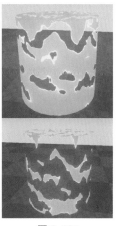

图 2-125

这个案例中，如图 2-126 所示，保留了刚刚介绍的基础溶解材质节点部分（框选区），使读者能够利用上个案例的基础材质节点来进阶制作。在基础溶解表达式组旁边新建一个 If 条件判断表达式，把纹理表达式与动态数据（Time、Sine、Abs）的结果连接到新的 If 表达式 A 与 B 节点。区别是纹理表达式在连接第二个 If 表达式以前，与数值为 0.05 的常量表达式做了个减法运算，相减结果连接到新 If 表达式的 A 节点。这样可以使纹理表达式的数据在两个 If 表达式中有 0.05 差值。读者可以把它看作两个人在赛跑，第一名与第二名之间有 0.05 秒的间隔时间。

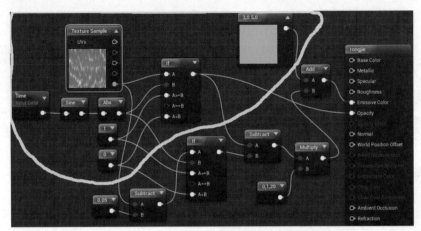

图 2-126

将两个 If 表达式使用 Subtract（减法）表达式连接，相减结果保留了两个 If 表达式之间 0.05 的差值纹理，而两个 If 表达式叠加的纹理部分被抹去了。就像两个在赛跑的人，他们跑过的路程全部抹去，只保留两人之间的距离。这个 0.05 的常量数值，就是两人间的距离。常量数值是可以自行修改的，这个常量数值的作用是调整边缘发光带的大小。添加一个乘法表达式，把两个 If 表达式相减的结果，连接到乘法表达式的 A 节点，建立一个三维矢量，属性中把它的 R、G、B 通道数值分别设置为 0、1、20，将三维矢量连接到乘法表达式 B 节点。

两个 If 相减的结果与三维矢量进行相乘的作用是给溶解边缘做上色与高亮。新建一个三维矢量表达式，把它的 R、G、B 通道分别赋值 3、0.5、0。新建一个 Add 加法表达式，把刚才建立的三维矢量连接到 Add 表达式的 A 节点，把连接了 If 相减结果与三维矢量的乘法表达式连接到 Add 表达式的 B 节点，最后连接 Add 表达式的结果到材质自发光 Emissive Color 通道。在预览窗口中可以看到材质当前的表现形态。读者可以尝试以这组材质节点为基础，在溶解动画的细节上进行个性化处理。

第

3

章

粒子系统基础

本章对粒子系统 Type Data 的各种类型进行了概括，并使用具体案例来说明常用粒子类型的使用方法以及常用发射器模块的功能。通过具体的案例制作将这些常用模块应用到实际中，希望读者能够分析这些案例的原理，制作属于自己的作品。

● 3.1 粒子系统面板介绍

在 3D 游戏引擎中，粒子系统是个至关重要的部分。如图 3-1 所示，场景中使用到的星光、火焰、瀑布、云雾、雷电等，多半都是粒子系统所制作的。粒子系统的功能非常强大，能够制作出很多种让人惊艳的效果，游戏中的技能特效对粒子系统的使用率更是达到 90%以上。在虚幻引擎中，粒子系统的强大功能让很多 3D 引擎都鞭长莫及。在这一章中，就来了解虚幻 4 的粒子系统到底能够给我们带来什么样的惊喜。

首先来了解一下如何建立一个粒子系统，以及粒子系统的主要面板分布。

如图 3-2 所示，在引擎主面板资源浏览窗口 Content 根目录下建立一个名为 Particles 的文件夹，用于存放后续案例的粒子系统文件。如图 3-3 所示，在

图 3-1

图 3-2

Particles 文件夹右边的资源栏里单击鼠标右键，找到并单击 Particle System 命令建立一个新的粒子系统。

图 3-3

建立新的粒子系统，然后鼠标左键双击粒子系统图标打开粒子系统级联编辑面板。我们来认识一下粒子系统级联编辑面板中的组成部分，如图 3-4 所示。

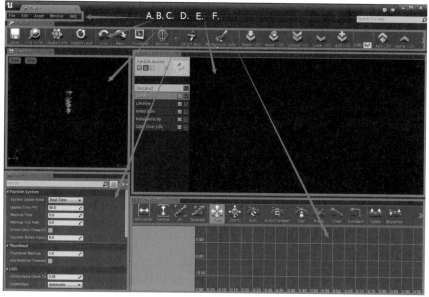

图 3-4

A. 系统菜单栏。

B. 工具栏按钮。

C. 粒子预览窗口。

D. Details 属性窗口。

E. 粒子发射器编辑窗口。

F. 曲线编辑窗口。

粒子系统是特效制作的核心系统，所以这里需要认真学习。下面对如图 3-5 所示的系统菜单栏的一些功能与作用进行说明。

图 3-5

1. File 菜单

模块英文名	Save	Save All	Choose Files To Save	Switch Project	Exit
模块功能	保存当前状态	保存所有资源	保存选择文件	切换项目	退出粒子编辑器

2. Edit 菜单

模块英文名	Undo	Redo
模块功能	撤销上一步操作	重新执行上一步操作

3. Asset 菜单

模块英文名	Find In Content Browser
模块功能	在资源管理器中查找

4. Window 菜单

模块英文名	Viewport	Emitters	Details	Curve Editor	Toolbar
模块功能	打开粒子预览视图	打开发射器编辑窗口	打开属性面板	打开曲线编辑面板	打开工具栏快捷按钮

如图 3-6 所示，工具栏菜单上的快捷按钮的作用分别是：保存当前状态；在资源浏览器中查找；粒子重新模拟；复位整体关卡；撤销上一步操作；重新执行上一步操作；粒子系统视图截图；粒子边界修复；视图隐藏原点轴；视图背景颜色。

图 3-6

因为后面的按钮都是和 Lod（距离与粒子显示关系）操作有关的设置，与本书知识点关联不大，所以在这里并不做过多解释。

再来看粒子预览窗口，在预览窗口里的操作与场景里类似，但又有一些不同。按住鼠标左键拖动可以对摄像机进行旋转，鼠标中键拖动用来平移摄像机，F 键可以对粒子进行聚焦，Alt+ 鼠标左键拖动以粒子为轴心进行旋转，Alt+ 鼠标右键拖动可以推近或拉远视角。

如图 3-7 所示，粒子预览窗口左上角有两个菜单按钮，先来看 View 菜单，如图 3-8 所示，在这个菜单中可以设置视图的显示方式。

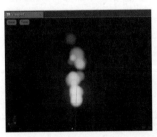

图 3-7

图 3-8

- View Overlays 菜单中可以选择面板上是否显示粒子的数量、行为的数量、粒子的时间和粒子使用的内存大小。
- View Modes 菜单中可以选择粒子的显示方式，提供了边框显示模式、无光模式、光照模式以及着色器显示。
- Detail Modes 菜单中可以选择在视图中预览的粒子显示质量，有低质量、中等质量与高质量这三种显示方式。
- Orbit Mode 切换摄像机沿粒子系统进行轨道运动，或在预览窗口中自由运动。
- Vector Fields 决定是否在预览中显示矢量场。
- Grid 决定是否在预览窗口中显示网格。
- Wireframe Sphere 决定是否显示球形边框。
- Post Process 决定是否应用引擎后期效果。
- Motion 可让粒子在预览视图中进行圆周运动。
- Motion Radius 可设置粒子进行 Motion 运动时圆周的大小。
- Geometry 决定是否显示用于测试的场景。
- Geometry Properties 可调整测试用场景的属性。

如图 3-9 所示，预览窗口中的 Time 菜单用于控制粒子播放速度与循环。Play/Pause 设置粒子播放或暂停，Realtime 实时显示粒子动画，AnimSpeed 调整粒子播放速度，在 1%、10%、25%、50% 和 100% 中调整。

图 3-9

在粒子发射器编辑窗口中，可以对粒子的外观、行为等模块进行编辑。示例中粒子发射器在列表中呈水平排列，单个粒子系统中可以存在任意数量的发射器，每个发射器处理单独的粒子元素。如图 3-10 所示，每一竖列代表一个粒子发射器，图中一共有三个粒子发射器。发射器每列的最顶部为发射器段，下方是发射器模块，可以对各个模块自行添加或删除。

图 3-10

单个发射器中，粒子系统的模块读取是从上到下进行的。多个粒子发射器的显示优先级是按从右至左的顺序，也就是说，靠右的发射器显示层级始终是遮盖在靠左发射器之上的。选中发射器并使用键盘左、右方向箭头键对粒子发射器显示层级进行排序。

再来了解一下粒子发射器的基本操作：鼠标左键单击选中粒子发射器或者发射器中单独的属性模块，鼠标左键单

击并拖动目标模块，可以移动属性模块。按住键盘 Shift+ 鼠标左键拖动目标模块到另一个粒子发射器中，是对模块进行复制，复制的模块右侧出现"+"号，代表两个同样模块参数是同步变化的。按住键盘 Ctrl+ 鼠标左键拖动模块，可以复制模块到另一个粒子发射器，这种方式复制的模块参数是独立的，调整单方面模块参数不会影响另一个模块。粒子发射器之外的空白位置单击鼠标右键可以创建新发射器，在发射器区域内的空白位置单击鼠标右键可以添加属性模块。选中模块或发射器按 Delete 键，可以删除选中模块或发射器。

如图 3-11 所示为 Details 窗口，俗称属性窗口，窗口内显示的各种属性根据用户所选对象不同而变化。

图 3-11

如图 3-12 所示，在 Curve Editor（曲线编辑器）窗口中可以对选中属性模块的曲线形态进行编辑，鼠标左键单击粒子发射器属性模块后面的■按钮就能在曲线编辑器中看到了。

图 3-12

完成曲线编辑以后，在曲线属性列表中单击鼠标右键，在弹出来的菜单中选择删除这个曲线或者删除全部曲线，调整后

的曲线属性将完全保留，如图 3-13 所示。

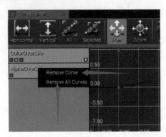

图 3-13

在曲线编辑过程中，如果需要在曲线线段上增加可编辑顶点，按住 Ctrl+ 鼠标左键在需要添加顶点线段上单击，就在选择的线段中增加了一个新的顶点，如图 3-14 所示。在曲线顶点上单击鼠标右键可以调出菜单调整该顶点的常用属性。

图 3-15 是在粒子发射器区域内的空白处单击鼠标右键所调出的模块菜单，属性模块是定义粒子行为的关键，每个模块都可以控制粒子的行为属性，例如粒子的生成数量、颜色、生命、速度、旋转等。粒子发射器模块计算是自上而下的，如果有两个相同的控制模块，那么首先读取的是靠近发射器顶端的模块。

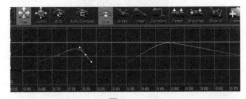

图 3-14

图 3-15

下面来解析常用粒子发射器各个模块的属性及功能说明。

模块英文名	模块功能
Particle Emitters	粒子发射器类
Emitter Name	发射器名称
Start All Ocation Count	初始化粒子分配数量，0 为最大值
Quality Level Spawn Rate Scale	生成粒子质量
Detail Mode	粒子细节质量
Disabled Lods Keep Emitter Alive	保持粒子存活，禁用 Lod
Emitter Render Mode	粒子的显示形态
Emitter Editor Color	粒子编辑器表示颜色
Collapsed	是否重叠
Particle Module	所有模块基础类（全部模块共用）
Cascade	级联菜单
3D Draw Mode	线框范围图形化
Module Editor Color	编辑器模块颜色
Acceleration	加速度模块（总菜单）
Acceleration	加速度（子菜单）
Acceleration	设置坐标数值（参数）
Apply Owner Scale	是否加速自身速度
Always In World Space	是否在全局空间内进行加速
Const Acceleration	固定加速度
Acceleration	设置坐标数值
Drag	拉力
Drag Coefficient	拉力值大小

续表

模块英文名	模 块 功 能
Attraction	引力模块
Line Attractor	线性引力
End Point0	设置一个起点，用以吸引粒子
End Point1	设置一个终点，用以吸引粒子
Range	设置一个吸引半径
Strength	吸引强度，正值吸引，负值排斥
Particle Attractor	粒子引力
Emitter Name	作为引力粒子的名称
Range	吸引作用半径
Strength	吸引强度，正值吸引，负值排斥
Affect Base Velocity	是否在粒子速度上进行调整
Renew Sourse	是否源粒子消失后选择新粒子
Inherit Source Vel	是否继承粒子速度
Selection Method	随机或顺序选择粒子
Point Attractor	引力点
Position	吸引点位置
Range	吸引作用半径
Strength	吸引强度，正值吸引，负值排斥
Strength By Distance	强度沿半径分布
Affect Base Velocity	是否在粒子速度上进行调整
Override Velocity	覆盖粒子自身速度
Use World Space Position	使用世界坐标轴
Positive X	X 轴吸引
Positive Y	Y 轴吸引
Positive Z	Z 轴吸引
Negative X	不使用 X 轴吸引
Negative Y	不使用 Y 轴吸引
Negative Z	不使用 Z 轴吸引
Collision	碰撞模块
Collision	碰撞
Damping Factor	碰撞后高度衰减
Damping Factor Rotation	碰撞后旋转衰减
Max Collisions	最大碰撞次数
Collision Completion Option	完成碰撞后的行为
Collision Types	碰撞体类型
Apply Physics	是否应用物理计算
Particle Mass	粒子体质量
Dir Scalar	边界直径
Pawns Do Not Decrement Count	与 Pawns 碰撞不计数
Only Vertical Normals	不计数墙面碰撞次数
Decrement Count	减量计数
Vertical Fudge Factor	确定物体是否垂直碰撞的值
Delay Amount	检查碰撞的延时值

续表

模块英文名	模块功能
Ignore Source Actor	忽略资源对象
Drop Detail	与 World Setting 对应
Collide Only If Visible	渲染的物体才能进行碰撞计算
Max Collision Distance	粒子碰撞的最大计算距离
Color	颜色模块
Start Color	初始颜色
Start Color	粒子初始颜色
Start Alpha	粒子初始透明度
Clamp Alpha	锁定 Alpha 值在 0 ～ 1
Color Over Life	生命周期颜色
Color Over Life	粒子生命周期颜色
Alpha Over Life	粒子生命周期透明度
Clamp Alpha	锁定 Alpha 值在 0 ～ 1
Scale Color/Life	周期颜色扩散
Color Scale Over Life	生命周期内的颜色倍数
Alpha Scale Over Life	生命周期内透明度倍数
Emitter Time	是否基于发射器时间
Event	事件模块
Event Generator	事件发生器
Type	事件监听类型
Frequency	监听时间，0 为永久
Particle Frequency	粒子触发时间，0 为每个都触发
First Time Only	只监听第一次事件
Last Time Only	只监听最后一次事件
Use Reflected Impact Vector	检查碰撞力量的方向
Use Orbit Offset	使用自定义位移
Custom Name	自定义事件名称
Particle Module Events To Send To Game	返回粒子事件结果
Event Receiver Kill All	事件粒子销毁单元
Stop Spawning	是否停止粒子生成
Event Generator Type	监听事件的类型
Event Name	监听事件的名称
Event Receiver Spawn	事件粒子生成
Spawn Count	粒子生成数量
Use Particle Time	是否使用粒子生存时间
Use Psys Location	在粒子消失处，还是原点产生
Inherit Velocity	是否继承粒子速度
Inherit Velocity Scale	粒子速度进行加速
Event Generator Type	粒子行为类型
Event Name	监听行为名称
Kill	粒子销毁模块
Kill Box	盒子形销毁模块
Lower Left Corner	左下角顶点

续表

模块英文名	模 块 功 能
Upper Right Corner	右上角顶点
Absolute	绝对坐标位置
Kill Inside	销毁范围内粒子
Axis Aligned And Fixed Size	坐标轴对齐固定尺寸
Kill Height	高度形销毁模块
Height	销毁高度设定
Absolute	绝对坐标位置
Floor	低于高度被销毁
Apply Psys Scale	是否基于发射器比例
Lifetime	生命周期模块
Lifetime	生命周期
Lifetime	设定粒子生命周期
Lifetime（Seed）	生命周期（随机）
Random Seed Info	使用随机种子
Parameter Name	实例显示名称
Get Seed From Instance	从关联目标取得种子
Instance Seed Is Index	是否恢复实例中的种子
Reset Seed On Emitter Looping	发射器循环时重置该种子
Randomly Select Seed Array	从阵列中随机选择种子
Random Seeds	随机粒子阵列
Lifetime	粒子生命周期
Light	照明模块
Light	灯光
Use Inverse Squared Falloff	使用范围衰减
Effects Translucency	是否开启透明效果
Preview Light Radius	是否显示灯光外框
Spawn Fraction	每个粒子生成多少灯光
Color Scale Over Life	生命周期颜色
Brightness Over Life	生命周期亮度
Radius Scale	照亮范围
Light Exponent	灯光爆发强度
Location	发射器位置模块
Start Location	初始位置
Start Location	粒子初始位置
Distribute Over Npoints	数值非 0 时，等分距离发射粒子
Distribute Threshold	数值非 0 时，以 Npoint 发射
World Offset	世界坐标位置
Start Location	粒子初始位置
Distribute Over Npoints	数值非 0 时，等分距离发射粒子
Distribute Threshold	数值非 0 时，以 Npoint 发射
Bone/Socket Location	骨骼 / 插槽对象位置
Source Type	资源类型
Universal Offset	每个骨骼的源点偏移

模块英文名	模块功能
Source Locations	生成粒子的骨骼坐标
Selection Method	发射阵列选择方式
Update Position Each Frame	即时更新骨骼位置
Orient Mesh Emitters	网格体方向为骨骼方向
Inherit Bone Velocity	关联骨骼运动速度
Skel Mesh Actor Param Name	骨骼网格体的名称
Editor Skel Mesh	选取编辑器中的模型
Direct Location	方向位置
Location	坐标位置
Location Offset	坐标轴偏移位置
Scale Factor	速度调整使粒子变形
Direction	速度方向
Emitter Start Location	发射器坐标
Emitter Name	发射器名称
Selection Method	发射器选择方式
Inherit Source Velocity	继承发射源速度
Inherit Source Velocity Scale	调整继承速度倍数
Inherit Source Rotation	继承发射源旋转
Inherit Source Rotation Scale	调整继承旋转倍数
Emitter Direct Location	发射器方向坐标
Emitter Name	发射器名称
Cylinder	圆柱形发射器
Radial Velocity	圆形表面速度
Start Radius	初始直径
Start Height	初始高度
Height Axis	高度轴向
Positive X	X 轴生成粒子
Positive Y	Y 轴生成粒子
Positive Z	Z 轴生成粒子
Negative X	不在 X 轴生成粒子
Negative Y	不在 Y 轴生成粒子
Negative Z	不在 Z 轴生成粒子
Surface Only	圆柱表面生成粒子
Velocity	是否启用速度
Velocity Scale	速度大小
Start Location	初始位置
Sphere	球形发射器
Start Radius	初始直径
Positive X	X 轴生成粒子
Positive Y	Y 轴生成粒子
Positive Z	Z 轴生成粒子
Negative X	不在 X 轴生成粒子
Negative Y	不在 Y 轴生成粒子

续表

模块英文名	模块功能
Negative Z	不在 Z 轴生成粒子
Surface Only	球形表面生成粒子
Velocity	是否启用速度
Velocity Scale	速度大小
Start Location	初始位置
Triangel	三角形发射器
Start Offset	初始偏移位置
Height	高度
Angle	角度
Thickness	厚度
Skel Vert/Surf Location	骨骼模型发射器
Source Type	选择模型发射类型
Universal Offset	发射点偏移坐标
Update Position Each Frame	即时更新坐标位置
Orient Mesh Emitters	由模型坐标方向发射
Inherit Bone Velocity	继承骨骼运动速度
Skel Mesh Actor Param Name	骨骼模型名称
Editor Skel Mesh	选择骨骼模型物体
Valid Associated Bones	模型体上的骨骼阵列
Enforce Normal Check	检查是否需要释放法线
Normal To Compare	提供法线测试方向
Normal Check Tolerance Degrees	法线匹配误差值
Valid Material Indices	模型体材质列表
Inherit Vertex Color	是否继承模型顶点颜色
Pivot Offset	粒子坐标位移
Pivot Offset	设定粒子坐标位置轴向
Source Movement	发射器偏移
Source Movement Scale	发射器偏移设定
Orbit	粒子旋转与偏移模块
Orbit	旋转与偏移
Chain Mode	影响模式
Offset Amount	粒子偏移量
Offest Options	与偏移量有关的设置
Rotation Amount	粒子旋转设定
Rotation Options	粒子旋转设置
Rotation Rate Amount	粒子的旋转偏移率
Rotation Rate Option	旋转偏移率设置
Orientation	坐标轴定向模块
Lock Axis	锁定坐标轴向
Lock Axis Flags	锁定选择轴向朝向
X	锁定以正向 X 轴为朝向
Y	锁定以正向 Y 轴为朝向
Z	锁定以正向 Z 轴为朝向

续表

模块英文名	模块功能
-X	锁定以反向 X 轴为朝向
-Y	锁定以反向 Y 轴为朝向
-Z	锁定以反向 Z 轴为朝向
Rotate X	允许翻转 X 朝向
Rotate Y	允许翻转 Y 朝向
Rotate Z	允许翻转 Z 朝向
Rotation	旋转模块
Start Rotation	基本旋转方向
Start Rotation	粒子生成方向
Rotation/Life	粒子生命周期旋转
Rotation Over Life	粒子生命周期中的旋转
Rotation Rate	子粒子自转模块
Start Rotation Rate	子粒子自转
Start Rotation Rate	子粒子初始旋转角度
Size	尺寸模块
Start Size	基本尺寸
Start Size	基本尺寸调整
Size By Life	粒子生命尺寸
Life Multiplier	生命尺寸调整
Multiply X	X 轴向锁定
Multiply Y	Y 轴向锁定
Multiply Z	Z 轴向锁定
Spawn	粒子生成模块
Spawn Per Unit	每个粒子单位生成
Unit Scalar	发射器中最大支持数量
Spawn Per Unit	在每个粒子中产生的数量
Ignore Spawn Rate When Moning	移动时是否忽略生成数量
Movement Tolerance	以数值判断是否在移动
Max Frame Distance	移动物体是否超过数值
Ignore Movement Along X	物体 X 轴移动被忽略
Ignore Movement Along Y	物体 Y 轴移动被忽略
Ignore Movement Along Z	物体 Z 轴移动被忽略
Process Spawn Rate	是否处理多个生成模块
Process Burst List	是否处理放射列表
Sub UV	子 UV 控制模块
Sub Image Index	子材质图像控制
Sub Image Index	调整 UV 图像顺序
Use Real Time	是否使用正常时间播放
SubUV Movie	UV 子材质影片
Use Emitter Time	是否使用发射器时间
Frame Rate	帧速率
Starting Frame	开始帧
Use Real Time	是否使用正常时间播放
Velocity	速度模块

续表

模块英文名	模 块 功 能
Start Velocity	基础速度
Start Velocity	粒子生成的基础速度
Start Velocity Radial	粒子基础速度缩放
In World Space	是否全局使用
Apply Owner Scale	是否可以将其进行缩放
Velocity Cone	锥形方向发射
Angle	锥形角度
Velocity	发射速度
Direction	方向坐标
In World Space	是否全局使用
Apply Owner Scale	是否可以将其进行缩放
Inherit Parent Velocity	父物体速度继承
Scale	继承速度缩放
In World Space	是否全局使用
Apply Owner Scale	是否可以将其进行缩放
Velocity/Life	粒子生命中的速度
Vel Over Life	粒子生命中速度调整
Absolute	是否作为最高优先级
In World Space	是否全局使用
Apply Owner Scale	是否可以将其进行缩放

　　解析完上面的一系列自定义模块属性，继续下一节的学习。后面制作粒子元素的时候，如果不了解模块的某些参数意义，可以翻回到本节来进行查阅。

　　现在来了解一下作为粒子基础属性的 Required 与 Spawn 属性面板。如图 3-16 所示，它们是粒子发射器的基础属性。首先来介绍 Required 模块的属性参数。

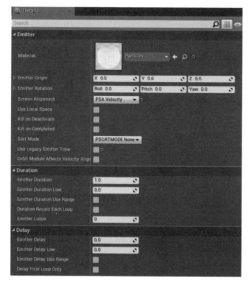

图 3-16

模块英文名	模块功能
Material	粒子发射器的材质
Emitter Origin	粒子发射器的位置
Emitter Rotation	粒子发射器的旋转角度
Screen Alignment	屏幕对齐方式
Use Local Space	使用锁定发射器
Kill On Deactivate	发射器停用后粒子销毁
Kill On Completed	完成后销毁粒子
Sort Mode	粒子排序方式
Use Legacy Emitter Time	发射器时间计算方式
Orbit Module Affects Velocity	产生的粒子将应用到速度一致的粒子中
Alignment Orbit	环绕阵列
Emitter Duration	发射器循环播放前的时长
Emitter Duration Low	发射器时长下限
Emitter Duration Use Range	是否在前两个参数中间取值
Duration Recalc Each Loop	是否选择新的循环时长
Emitter Loop	发射器循环次数
Emitter Delay	发射器发射粒子前延时时间
Emitter Delay Low	用于延时的最小时间参数
Emitter Delay Use Range	是否在前两个延时中间取值
Delay First Loop Only	只在第一个循环周期延时
Interpolation Method	子 UV 循环类型
Sub Image Horizontal	子 UV 的水平方向划分
Sub Image Vertical	子 UV 的垂直方向划分
Scale UV	是否可以进行缩放 UV
Random Image Changes	随机选取图像改变的次数
Override System Macro UV	是否允许覆盖系统 UV
Macro UV Position	计算局部 UV 空间位置
Macro UV Radius	Macro UV 的半径
Use Max Draw Count	是否允许粒子最大计数
Max Draw Count	发射器最大粒子计数
UV Flipping Mode	贴图翻转模式
Emitter Normals Mode	发射器法线类型
Normals Sphere Center	圆形法线中心点坐标
Normals Cylinder Direction	圆柱形法线的坐标方向
Named Material Overrides	覆盖原有的材质纹理

如图 3-17 所示，是 Spawn 粒子生成速率属性面板的参数，下面来解读一下粒子生成速率的这些属性意义。

图 3-17

模块英文名	模块功能
Rate	粒子生成数量，以秒为单位
Rate Scale	粒子数量倍数缩放
Apply Global Spawn Rate Scale	是否允许对粒子倍数进行缩放
Process Spawn Rate	是否处理粒子生成量
Particle Burst Method	粒子喷发类型
Burst List	设置喷发时间与数量
Burst Scale	调整粒子喷发倍数缩放
Process Burst List	是否处理粒子缩放

3.2　常用粒子类型：AnimTrail Data

前面粗略地了解了粒子系统编辑面板及基础功能，这一节开始，将介绍粒子系统的五个类型形态。本节介绍的是粒子的拖尾类型 AnimTrail Data。

粒子拖尾类型是依靠粒子发射器绑定的骨骼插槽在动画中的轨迹进行路径计算，画出路径轨迹，再配合合适的纹理贴图来使用。可以将这种粒子类型作为刀光的拖尾光影使用。也可以绘制出角色身体部分动画的轨迹，如"劲舞团"角色挥手时带动的光条，如图 3-18 所示。

图 3-18

现在制作一个粒子 AnimTrail Data 类型的使用案例来熟悉这个类型的应用方法。

首先打开三维制作软件 3ds Max（以

3ds Max 2012 版本为例），如图 3-19 所示，在右侧物体创建面板中找到 Sphere 球体，单击 Sphere 按钮。在编辑面板任意视图单击并拖动鼠标左键，建立一个球体，如图 3-20 所示。按 W 键选择移动工具，鼠标右键分别单击红色箭头处 X、Y、Z 坐标旁的上下箭头按钮，或者把坐标栏数值归零，使选中的球体移动到 3ds Max 世界坐标轴的中心。

图 3-19

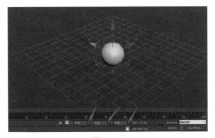

图 3-20

如图 3-21 所示，打开箭头处路径创

建面板并选择 Circle 圆形路径，在编辑面板中建立如图 3-22 所示的圆形路径，使用移动工具，依照球体坐标归零的方法把圆形路径也移动到世界坐标中心。

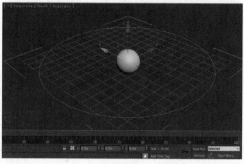

图 3-21　　　　　　　　　　　　　　　　　图 3-22

选中这个球体，如图 3-23 所示，找到菜单栏 Animation（动画面板）下的 Constraints（约束）命令中的 Path Constraints（路径约束），然后选中圆形路径，一个沿圆形路径运动的球体就制作完成了。

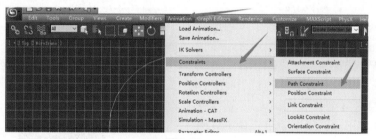

图 3-23

如图 3-24 所示，单击 3ds Max 编辑窗口右侧的动画面板，打开 Trajectories 按钮，将 Sample Range 属性栏中 Samples 的参数设置为 100，使动画创建时保留的关键帧为 100 帧。单击 Collapse 按钮创建动画。如图 3-25 所示，在编辑窗口中删除圆形路径，找到 3ds Max 面板最右下角的播放控制面板，单击"播放"按钮，场景中就可以看见球体动态了。

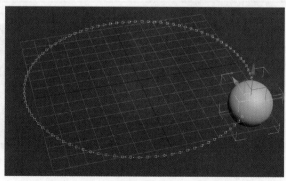

图 3-24　　　　　　　　　　　　　　　　　图 3-25

球体能够正常跟随路径作动画的时候就可以导出这个球体与动画到虚幻引擎中了。单击 3ds Max 左上角菜单栏找到，单击 Export 按钮弹出保存路径选项，默认输出为 FBX 文件，选择保存路径，把这个球体命名为 ball。弹出 FBX 文件选项，选择 FBX 的导出方式、尺寸、是否导出动画等，进行如下设置。

如图 3-26 所示，模型栏选项中可以选择需要的模型状态，不需要导出的状态可以不进行勾选。如果模型使用的修改器比较多，那么可以进行全选。案例中保留默认选项。

图 3-26

如图 3-27 所示，球体有动画，需要勾选 Animation 导出动画。如果导出的物体不带动画，可以不用勾选这个选项。

图 3-27

如图 3-28 所示，高级选项 Advanced Options 中，打开 Units 属性栏，取消勾选 Automatic（自动尺寸），选择 Meters（米）为单位，单击 OK 按钮导出。导出成功会出现一个提示信息对话框，关闭即可。

在虚幻引擎文件浏览窗口 Content 根目录下建立名为 Meshes 的文件夹，把球体动画的 FBX 文件导入到 Meshes 文件夹中，出现如图 3-29 所示的对话框。勾选 Import as Skeletal，使球体以骨骼模型类型导入。勾选启用 Import Animations，如果不勾选这个选项就不会导入球体运动动画。单击 Import All 按钮完成动画模型导入。

图 3-28

图 3-29

如图 3-30 所示，导入成功会在 Meshes 文件夹中生成五个文件，这是引擎在导入带有动画的模型后自动生成的，分别是：材质、模型、动画、物理系统和自身骨骼。双击 ball_Anim 文件，打开动画编辑窗口。

图 3-30

如图 3-31 所示，我们能看见球体在动画预览窗口中进行环形运动。检查动画能够正常播放后，开始制作 AnimTrail Data 形态的拖尾粒子。如图 3-32 所示，在引擎主面板的 Content 文件夹下新建一个名为 particles 的文件夹，这个文件夹可以专门用来存放粒子系统，单击 particles 文件夹，在右侧文件夹中单击鼠标右键，在弹出来的菜单中选择 Particle System 新建一个粒子系统，案例中将这个粒子系统命名为 balltrail。

图 3-31

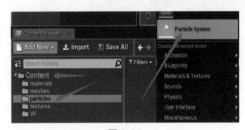

图 3-32

图 3-33

鼠标双击新建的粒子系统图标，打开粒子编辑窗口，如图 3-33 所示。在粒子发射器模块区空白处单击鼠标右键，如图 3-34 所示，在弹出的菜单中，找到 TypeData 模块类型命令菜单，添加一个 AnimTrail Data 模块到发射器中。

粒子预览窗口中现在没有任何物体显示，这是正常的，一方面我们还没有给这个粒子元素制作材质，另一方面预览窗口不会显示 AnimTrail Data 类型的粒子体，只有在动画编辑面板中挂载了这个粒子发射器才能看见粒子元素。

图 3-34

先来为这个粒子建立一个材质。如图 3-35 所示，在引擎资源浏览面板 Content 根目录下建立名为 materials 的文件夹，用于存放材质，在 materials 文件夹中单击鼠标右键，在菜单中选择 Material 创一个新材质，案例中这个材质命名为 ball_m。

双击材质图标进入材质编辑窗口，在材质编辑窗口左下侧属性窗口中，设置材质的基础属性。将 Blend Mode 混合模式类型设置为 Translucent 透明模式，下面的 Shading Model 光照模式类型改为 Unlit 无光模式，最后勾选 Two Sided，打开材质双面显示，如图 3-36 所示。

图 3-35

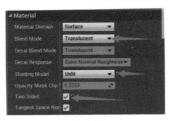

图 3-36

材质节点连接如图 3-37 所示，添加 Particle Color（粒子颜色）表达式，将粒子颜色表达式的 RGB 混合通道连接到材质 Emissive Color 自发光通道。在编辑窗口空白处单击鼠标右键，在弹出的查找菜单中查找添加 Radial Gradient Exponential 圆形渐变表达式，添加一个乘法表达式到编辑窗口，将 Particle Color 表达式的 Alpha 通道与圆形渐变表达式进行乘法运算，结果输入到材质 Opacity 透明通道，得到一个边缘淡化的圆形纹理。单击工具栏中 Apply 按钮应用材质。

打开粒子编辑窗口，如图 3-38 所示，选择粒子发射器中的 Required 基础属性模块，在粒子编辑面板左侧属性窗口的 Material 材质栏选中刚才制作的 ball_m 虚边圆形材质。

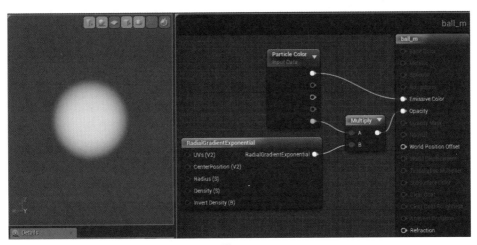

图 3-37

选中粒子发射器中的 Spawn 生成速率模块，在属性窗口中单击 Rate 属性左边的小三角，或者双击 Rate 栏条目，打开下拉属性栏，如图 3-39 所示，将 Constant 参数的数值设置为 1，使粒子在同一时间只显示一个。

图 3-38　　　　　　　　　　　　　　　　　　图 3-39

删除 Start Velocity 粒子基础速度模块，现在暂时不需要粒子体自身有发射速度。Start Size 粒子初始尺寸模块在 AnimTrail Data 类型中是无意义的，粒子体的尺寸是依靠在动画编辑窗口中调整两个插槽的间距来决定大小，所以 Start Size 这个模块现阶段无意义。

调整到这里可以把拖尾粒子系统挂载到动画编辑窗口中预览调整了，不导入到动画编辑窗口中观察调整的话，不可能知道现在的粒子状态，要边看边调整。

回到引擎主面板，在 Meshes 文件夹中打开球体的动画编辑窗口，案例中球体命名为 ball，球体的动画文件自动命名为 ball_anim。双击 ball_anim 图标打开编辑窗口。

如图 3-40 所示，选中编辑窗口左上角 Skeleton Tree 骨骼窗口中的 Sphere001 根骨骼，单击鼠标右键，如图 3-41 所示，在弹出来的菜单中选择 Add Socket，添加一个插槽。

如图 3-42 所示，给创建的插槽命名为 trail-start，随后给根骨骼再次添加一个插槽，并将新插槽命名为 trail-end，按 F2 键可以对元素进行重命名。

图 3-40

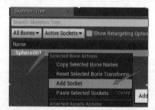

图 3-41

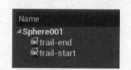

图 3-42

选中 trail-start 这个插槽，可以在预览窗口的球体中看见选中的插槽位置，如图 3-43 所示。使用预览窗口右上角移动工具 ，将这个插槽移动到球体左边的位置，如图 3-44 所示。选中插槽 trail-end，把这个插槽移动到小球右边位置，如图 3-45 所示。我们的目的是使拖尾在两个插槽中间位置生成，因此这里需要两个插槽来设置挂载 AnimTrail Data 类型粒子。

图 3-43

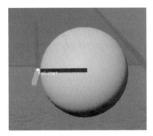

图 3-44

图 3-45

接下来在时间线任意位置单击鼠标右键，选择 Add Notify State 添加一个 Trail 类型的粒子播放时间线，如图 3-46 所示。

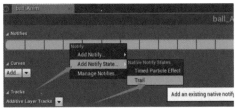

图 3-46

如图 3-47 所示，时间线上出现一个 Trail 层，选中这个 Trail 层图标，在编辑面板右侧 Details 属性窗口中就可以打开这个 Trail 类型粒子时间线的属性。在属性窗口中可以选择拖尾类型粒子发射器与挂载插槽名称。

如图 3-48 所示，案例中拖尾粒子发射器的名称是 balltrail，所以在属性栏 PSTemplate 中选择 balltrail 粒子发射器，然后在 First Socket Name 与 Second Socket Name 中，分别填写刚才添加的 trail-start 和 trail-end 这两个插槽名称，Width Scale Mode 用的是默认的 From Center，使拖尾动画在两个插槽中间的空间产生。

图 3-47　　　　　　　图 3-48

将时间线上 Trail 的两个红色手柄，分别往时间线最左与时间线最右拉，使粒子效果的播放时间占满整条时间线，如图 3-49 所示。

图 3-49

单击动画播放按钮，能够看到球体作圆周运动时，后面已经有拖尾效果出现了，如图 3-50 所示。

现在就可以边看轨迹的运动效果，边对粒子发射器的形态进行调整了。接下来需要拖尾更长一些，回到粒子编辑面板，在粒子发射器模块中，选择粒子生存时间  Lifetime，在属性窗口中把 Distribution 属性类型设置为 Float

Constant 固定常量类型，如图 3-51 所示。

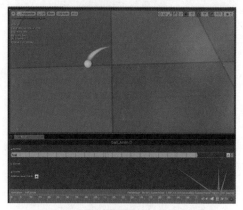

图 3-50

图 3-51

如图 3-52 所示，将 Constant 常量属性数值设置为 3，意思是使单个粒子体生存时间为固定的 3 秒，效果如图 3-53 所示，拖尾在动画轨迹中存在 3 秒。

图 3-52

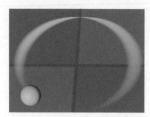

图 3-53

再来改变拖尾的颜色属性。打开粒子发射器编辑窗口，选择粒子生命

颜色模块 Color Over Life ，属性中把 Distribution 默认的常量曲线类型（Vector Constant Curve）修改为固定常量（Vector Constant）类型，如图 3-54 所示。

如图 3-55 所示，打开 Constant 常量下拉属性栏，案例中 R 通道数值为 5，G 通道数值为 20，B 通道数值为 50，由于 B 通道数值最大，所以最后的颜色是高亮蓝色。如图 3-56 所示，在动画编辑窗口中可以预览拖尾光条的形态。

图 3-54

图 3-55

图 3-56

回到粒子系统编辑窗口，在粒子发射器模块区空白的地方单击鼠标右键，在弹出来的菜单中选择 Velocity 模块中的 Start Velocity，给发射器添加初始速度模块。在属性窗口中把这个速度模块的 Distribution 数据输入类型设置为常量曲线（Vector Constant Curve）类型，如图 3-57 所示。

图 3-57

鼠标单击三次 Points 后面的 "+"（加号）按钮，给它增加三个控制节点，参数分别进行设置，如图 3-58 所示。

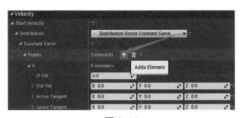

图 3-58

下面来解读一下参数意义。粒子生命的开始，参数数值是用 0 来表示，粒子生命的结束，参数是用 1 来表示。粒子体的一个完整生命周期，可以把它看作从 0 向 1 的变化过程。

如图 3-59 所示，0 号控制节点 In Val 参数数值 0 代表粒子生命开始的时间，Out Val 参数栏中将 Z 轴数值设置为 10，X 与 Y 轴数值归零，意思是使粒子在生命开始的时候有 10 个单位的 Z 轴（向上）移动速度，Interp Mode 的类型设置为 Curve Auto（自动曲线），这种类型能使动画平滑过渡。

图 3-59

如图 3-60 所示，1 号控制节点中，In Val 的数值设置为 0.5，代表将这个控制节点设置在粒子在生命周期 1/2 的地方，仍然不改变 X 与 Y 轴的数值，Z 轴的数值设置为 -10，使粒子在生命中期转为向下移动，Interp Mode 属性设置为自动曲线。

图 3-60

如图 3-61 所示，在 2 号控制节点，将 In Val 数值设置为 1，把控制节点设置在粒子生命消亡的位置，Out Val 属性中 X 与 Y 轴数值仍然不改变，Z 轴数值设置为 10，使粒子在生命的最后以 10 个单位速度再次向上移动。Interp Mode 类型设置为自动曲线。

图 3-61

如图 3-62 所示，这一组控制节点的意义在于使粒子划出一条波浪线，用数值来确定峰值与谷值的大小。

图 3-62

⏰ 注意

修改参数以后，如果拖尾粒子不能正常显示，请单击播放面板中的 "暂停" 按钮，然后再次播放。

3.3 常用粒子类型：Beam Data

Beam Data 粒子光束类型，可以由粒子发射器产生从 A 点（发射源）到 B 点（目标）的光束。例如，科幻类 FPS（第一人称射击）游戏中，角色使用激光枪，激光枪射出的光线打到目标时，会在角色与目标之间生成一道光束，这种目标对目标的光束，便是 Beam Data 光束类型的粒子发射器制作的。

在粒子系统编辑窗口，在粒子发射器模块的空白处单击鼠标右键，在弹出菜单栏中选择 Type Data 命令中的 New Beam Data 将粒子发射器转换为 Beam 类型。选中发射器中 Beam Data 模块栏，如图 3-63 所示，在左侧属性窗口中可以设置 Beam 模块的各属性参数，如图 3-64 所示。各模块功能如下。

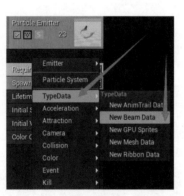

图 3-63

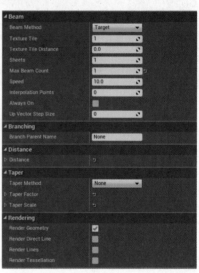

图 3-64

模块英文名	模块功能
Beam Method	光束的发射方式（默认为向目标发射）
Texture Tile	沿光束平铺贴图的重复次数
Texture Tile Distance	贴图重复一次的距离
Sheets	光束渲染面片的数量（例如输入 2，会呈十字形）
Max Beam Count	发射器允许的最大光束数量
Speed	光束发射速度，如设置为 0，则瞬间到达
Interpolation Points	插入光束顶点，如参数为 0，则表现为直线
Always On	是否始终发射光束
Up Vector Step Size	光束向上时的计算方式（数值为 0 时，在光束各处计算向上矢量；为 1 时，从光束起点计算；为自然数 n 时，每隔 n 点计算）
Branch Parent Name	分支发射点物体名称
Distance	光束发射距离（长度）
Taper Method	光束锥化类型

续表

模块英文名	模 块 功 能
Taper Factor	锥化位置，0 为源点，1 为目标点
Taper Scale	锥化的缩放量
Render Geometry	是否对光束几何体进行渲染
Render Direct Line	是否对光束与目标间的路径进行渲染
Render Lines	是否渲染光束间的线条
Render Tessellation	是否对光束间曲面细分路径进行渲染

　　这些就是 Beam Data 模块属性面板功能了。发射器更改为光束类型后，鼠标右键的模块菜单中也相应增加了 Beam 命令集。

　　如图 3-65 所示，在这里先熟悉一下 Beam 类模块中这四个小类的功能，以及它们的参数作用。

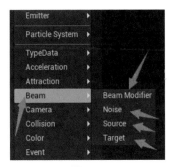

图 3-65

01　Beam Modifier

模块英文名	模 块 功 能
Beam Modifier	光束修改
Midifier Type	指定修改类型
Position Options	选择需要调整的属性
Position	数值用于修改选定的属性
Tangent Options	切线修改的属性
Tangent	选定切线修改属性的数值
Absolute Tangent	是否将切线整体作为绝对切线
Strength Options	强度修改的选定属性
Strength	选定属性的修改数值

02　Noise

模块英文名	模 块 功 能
Noise	噪波动态
Low Freq Enabled	是否启用低频噪波
Frequency	光束噪波频率
Frequency Low Range	光束范围内噪波频率
Noise Range	噪波范围
Noise Range Scale	噪波范围缩放

续表

模块英文名	模块功能
Nrscale Emitter Time	是否使用发射器时间控制缩放
Noise Speed	噪波移动速度
Smooth	是否进行平滑处理
Noise Lock Radius	噪波锁定范围
Oscillate	是否反弹并穿过直线
Noise Lock Time	噪波锁定时间
Noise Tension	细分噪波的张力
Use Noise Tangents	是否在每个噪点上计算切线
Noise Tangent Strength	噪波切线的强度
Noise Tessellation	在噪波之间计算插值点的数量
Target Noise	是否在目标位置进行噪波计算
Frequency Distance	放置噪波的距离
Apply Noise Scale	是否对噪波进行缩放
Noise Scale	噪波的缩放数值

03　Source

模块英文名	模块功能
Source	光束发射源
Source Method	光束源点类型
Source Name	源点名称
Source Absolute	是否将源点作为绝对位置
Source	设置源点坐标位置
Lock Source	是否在生成时锁定源点位置
Source Tangent Method	获取源点切线的类型
Source Tangent	对源点切线进行设置
Lock Source Tangent	是否在生成时进行切线设置
Source Strength	源点强度
Lock Source Stength	是否在生成时调整强度

04　Target

模块英文名	模块功能
Target	光束接收目标
Target Method	光束目标类型
Target Name	目标名称
Target	生成目标坐标位置
Target Absolute	是否生成在目标绝对位置
Lock Target	是否在生成时锁定位置
Target Tangent Method	目标切线类型
Target Tangent	目标切线数值调整
Lock Target Tangent	是否在生成时调整切线
Target Strength	目标强度
Lock Target Stength	是否在生成时调整强度
Lock Radius	锁定影响范围

在学习完这四个功能模块的菜单作用以后，下面制作一个小案例来说明 Beam 光束类型粒子发射器的使用方法。

如图 3-66 所示，在引擎主面板资源浏览器 Content 根目录 Particles 文件夹中单击鼠标右键，在弹出来的菜单中选择 Particle System，建立一个新的粒子系统，将其命名为 Beam。

图 3-66

双击这个粒子系统图标，进入粒子编辑器界面，在发射器面板模块区空白处单击鼠标右键，选择 Type Data 命令中的 New Beam Data，把发射器设置为 Beam 光束类型，如图 3-67 所示。

在粒子预览窗口中按 F 键聚焦粒子体，看到默认的十字形粒子体变成了一条细细的线，如图 3-68 所示。这是默认粒子纹理改为光束类型的效果。现在来给这个光束类型粒子发射器制作材质。

回到虚幻引擎主窗口，在资源浏览窗口 Materials 文件夹中建立一个新材质，将新建的材质命名为 Beam Data。双击这个材质球图标进入材质编辑面板。首先调整材质的基础属性，在左侧属性窗口中将混合模式（Blend Mode）设置为透明（Translucent）类型，光照模式（Shading Model）设置为无光（Unlit），最后勾选材质双面显示（Two Sided），如图 3-69

所示。

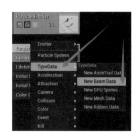

图 3-67

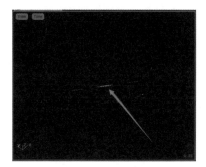

图 3-68

图 3-69

如图 3-70 所示，在编辑窗口中建立两个 Mask（快捷键 Shift+C）表达式，每个 Mask 表达式左侧连接一个 TexCoord（快捷键 U）纹理坐标表达式，Mask 表达式属性窗口中仅勾选 G 通道，打开 Mask 的预览看到现在表达式是黑白渐变形态。

将其中一个 Mask 表达式连接到 Oneminus（1-x，快捷键 O）颜色反向表达式，使渐变方向反转。将两个渐变结果连接到乘法表达式进行计算，得到的结果是中间亮，上下两边黑的渐变纹理。

由于材质是给粒子使用，所以这里必须添加 Particle Color（粒子颜色）表达式。如果没有这个表达式，就无法对粒子颜色和透明度进行调整。

将乘法结果得到的渐变纹理与粒子颜色表达式 Alpha 通道进行乘法运算，结果输出到材质 Opacity 透明通道。

建立一个一维常量并赋值为 1，与粒子颜色表达式的 RGB 通道进行相乘，结果连接到材质自发光 Emissive Color 通道。单击工具栏 Apply 按钮应用材质，完成这个纹理的制作。

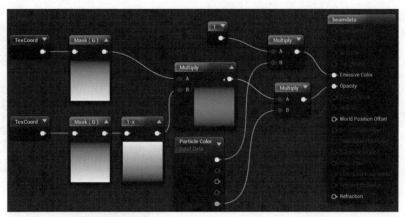

图 3-70

回到粒子系统编辑窗口，选中粒子发射器 Required 模块，在属性窗口的 Material 材质栏将刚才作好的材质选中，现在可以看见光束纹理变成了刚才制作的渐变材质了，如图 3-71 所示。

此时渐变线条在预览窗口中一闪一闪，这是粒子在发射光束。由于粒子生命周期中不断地生成与消亡，因此现在看到的预览效果是粒子在不断闪动。

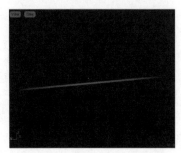

图 3-71

我们将粒子的生存时间模块禁用。鼠标单击模块栏 Lifetime 右侧灰色的对勾图标，将它改为小红叉 状态将这个模块禁用，现在就看不到线条闪烁了。接着将 Spawn 粒子生成模块和 Start Velocity 基础速度模块同样禁用。这里不需要这两个模块控制粒子生成与速度，节约资源。

在发射器中选中 Beam Data 模块，在属性窗口中调整 Beam Method 光束类型为 Distance 距离类型，光束沿 X 轴延伸；Speed 数值设置为 0，光束瞬间发射到目标点；将 Distance 数值改为 500 或 1000，这个属性用于调整光束的长度，如图 3-72 所示。

调整完光束的长度与速度，再来调整一下光束的宽度。如图 3-73 所示，

选择发射器 Start Size 基础尺寸模块，将
Start Size 数据输入类型改为固定常量类
型，在 Constant 属性中，把 X、Y、Z 轴
的数值全部统一设置为 5，会看见光束变
细了。如果需要加粗光束，把数值加大
即可。

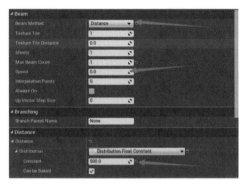

图 3-72

图 3-73

再来改变光束的颜色与亮度，选中
Color Over Life 生命颜色模块，颜色部
分数据输入类型设置为固定常量类型。

打开 Constant 常量颜色的 R、G、
B 通道，如图 3-74 所示，案例中设置 R
通道数值为 100，G 通道数值为 10，B
通道数值归零，现在预览窗口中的光束
颜色变成了如图 3-75 所示的金色并有
外发光。

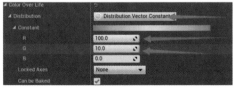

图 3-74

图 3-75

调整好光束的颜色与体积，我们来
给粒子发射器添加一个 Noise 噪波模块，
让这条光束动起来。

如图 3-76 所示，鼠标右键单击发射
器模块区域空白位置，打开模块菜单，
找到 Beam 类型中的 Noise 模块并添加到
粒子发射器中。

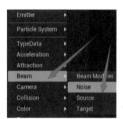

图 3-76

如图 3-77 所示，在 Noise 模块属性
窗口中勾选 Low Freq Enable，启用低频
噪波，不勾选这个选项是不会看到任何
动态的。

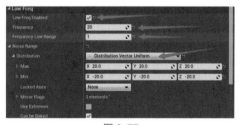

图 3-77

将噪波顶点数值的上限与下限属性
数值分别设置为 20 和 1，使噪波频率在
这两个数值之间随机切换。

打开 Noise Range 属性栏，将它的
数据输入类型改为限制数据类型（Vector

Uniform），最大位移坐标 Max 栏 X、Y、Z 轴的数值全部设置为 20，最小位移坐标 Min 栏 X、Y、Z 轴的数值全部设置为 −20。如图 3-78 所示，现在预览窗口中粒子光束以电流的形态在跳动了。

图 3-78

了解了 Beam Data 的基本使用方法，接下来制作一个进阶案例，使用粒子 Beam 类型光束连接两个物体，在两个物体中间生成跳动的电流。

如图 3-79 所示，使用两个球体作为 Beam 光束的发射点与接收点，无论怎么移动这两个小球的位置，它们中间的光束连接都会一直存在。

图 3-79

使用刚才的 Beam 光束为基础，在此之上做一些属性修改便能达到图 3-79 的效果了。

案例中使用的是两个球形 Actor 物体作为发射点与接收点，达成源点 Source 与目标点 Target 这两个条件。由于需要光束在两个目标物体之间产生，所以光束的属性也要有所变化。

打开之前案例 Beam Data 粒子系统的编辑窗口，选中粒子发射器模块区域的 Beam Data 模块，在左侧属性窗口中将 Beam Method 类型改为 Target 目标类型，如图 3-80 所示。

图 3-80

在粒子发射器模块中空白位置单击鼠标右键，在弹出的模块菜单中，在 Beam Data 类型中选择 Source 与 Target，将这两个模块添加到发射器中，如图 3-81 所示。

图 3-81

回到虚幻 4 的主面板，在 Modes 创建面板 Basic 基础类型中选择 Sphere，单击鼠标左键拖出两个 Sphere 球体到编辑窗口中，如图 3-82 所示。

在编辑窗口右上 World Outliner 物体选择面板中可以看到添加的两个球体名字分别为 Sphere 与 Sphere2，类型是 Static Mesh Actor 静态模型类型，如图 3-83 所示。

打开 Beam 粒子编辑器窗口，单击粒子发射器中的 Source 模块，属性窗口中 Source Method 发射源类型改为 Actor 类型，发射源名称栏填写 Sphere，如图 3-84 所示，这是场景中一个球体的名字。

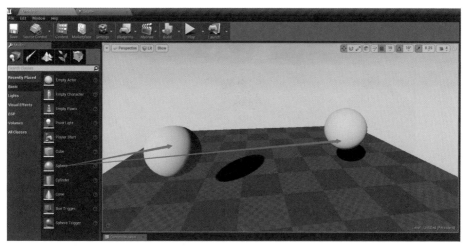

图 3-82

图 3-83

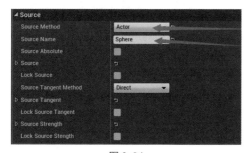

图 3-84

图 3-85

粒子系统预览窗口中的粒子形态现在是没有任何意义的，我们能够看到的只是一团乱麻的状态，如图 3-86 所示。在粒子预览窗口中找不到发射源与接收目标物体，所以粒子光束现在只是以一个动态点（Point）的形态出现。

如图 3-87 所示，回到引擎主面板，把刚才调整好的 Beam 粒子系统从资源浏览窗口拖到引擎场景窗口中，现在的粒子状态仍然是一团乱麻，还没有设定目标与发射源。

如图 3-88 所示，在 World Outliner 面板中选择 Beam 粒子系统，在下面的 Details 属性窗口中单击 Instance Parameters 关联物体后面的 "+" 号按钮两次，添加两个关联物体。

选中粒子发射器中的 Target 模块，在属性窗口中将 Target Method 类型改为 Actor 类型，目标名称 Target Name 栏中填写 Sphere2，如图 3-85 所示，这是场景中另一个球体的名字。

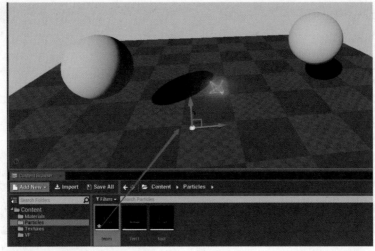

图 3-86

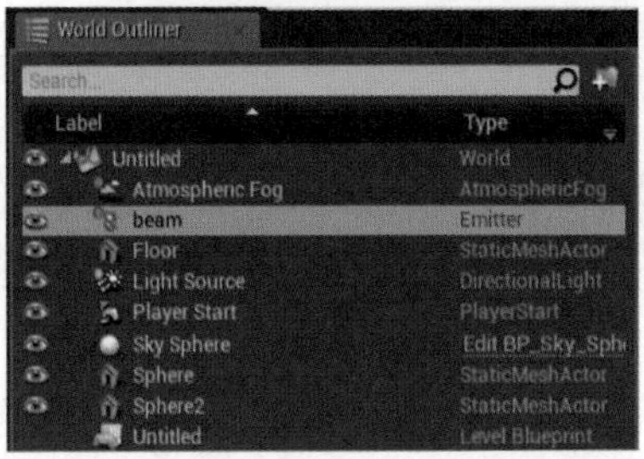

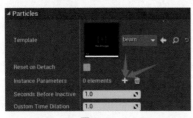

图 3-87

所示，这个时候在场景中两个球体中间已经出现粒子光束了，任意移动两个球体位置都不会打断粒子光束的联系。

图 3-89

如图 3-89 所示，添加两个关联物体，接下来要选择关联物体的名称与类型。案例中 0 号节点物体名称填写 Sphere，物体 Param Type 类型设置为 Actor 类型，球体的物体是静态 Actor 类型。一定不要把物体类型弄错。

在 1 号节点物体名称 Name 栏填写 Sphere2，这是另一个球体的名字，Param Type 类型设置为 Actor 类型。如图 3-90

图 3-90

● 3.4　常用粒子类型：GPU Sprites

在游戏特效制作中，有时需要短时间内表现大量粒子，如图 3-91 所示，例如表现流体、粉尘、碎片等，这个时候需要数以万计的粒子来表现效果。如果使用普通的粒子类型来制作的话，CPU 和显卡配置差的计算机就特别卡。然而虚幻引擎提供了一种使用显卡 GPU 来渲染大量粒子的计算方式，大大降低了 CPU 的负担。

图 3-91

使用 GPU 粒子可以制作大量的浮游粉尘或沙尘暴，这里通过案例来对 GPU 类型粒子发射器进行简单的说明。

如图 3-92 所示，在引擎主面板的资源浏览器 Content 根目录 Particles 文件夹中创建一个粒子系统，将其命名为 GPU-DATA。文件名中间不能有空格，不过可以用减号或者下画线的形式将名称联系到一起，方便查找。

图 3-92

鼠标双击新建的 GPU-DATA 粒子系统，打开粒子系统编辑面板，在粒子发射器模块区空白处单击鼠标右键，找到 Type Data 命令，选择 New GPU Sprites

把发射器定义为 GPU 类型，如图 3-93 所示。

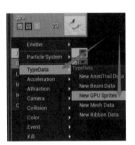

图 3-93

现在的粒子发射器是以显卡 GPU 为计算核心来进行粒子处理的，计算机显卡功能越是强大，处理同屏显示的粒子数量就会越多，支持数以万计的粒子流体。GPU 粒子的特点是，只处理当前屏幕中看得到的粒子，当前屏幕之外的不处理。

如图 3-94 所示，将发射器转换为 GPU 粒子类型后，粒子预览窗口左下会出现一条警告提示，提醒需要设置 GPU 粒子的边界。如图 3-95 所示，单击上方工具栏 Bounds 按钮右边的下拉三角形菜单，选择 Set Fixed Bounds 就给 GPU 粒子建立了一个边界框。

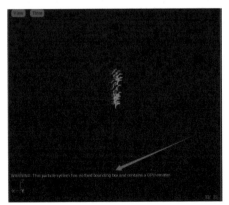

图 3-94

图 3-95

将前面 AnimTrail Data 小节中制作的材质在这里给 GPU 类型粒子来使用。选中粒子发射器 Required 基础属性模块，在属性窗口 Material 材质栏选中上一节给 AnimTrail Data 类型粒子制作的圆形渐变纹理材质，预览窗口中粒子体已经变为圆形了，如图 3-96 所示。

图 3-96

如图 3-97 所示，把 Required 模块属性中 Screen Alignment 屏幕对齐方式类型设置为 PSA Velocity 速度对齐方式。这种类型是使粒子朝向始终随着速度方向的变化进行变化。

图 3-97

随后改变粒子体的大小，选中粒子发射器 Start Size 基础尺寸模块，在 Start Size 属性中，将粒子的最大尺寸 Max 数值分别设置为 1、5、1，最小尺寸 Min 数值分别设置为 1、1、1，如图 3-98 所示。

X 轴和 Z 轴的最大尺寸与最小尺寸数值固定为 1，Y 轴最大与最小数值设置为

5 和 1，Y 轴数值用来控制粒子体的长度。

图 3-98

选中粒子发射器 Spawn 粒子生成速率模块，修改粒子数量，由于 GPU 类型支持大量粒子，Rate 属性中也可以将数值设置的大一些。如图 3-99 所示，将 Constant 数值设置为 500，发射器每秒生成 500 个粒子。

图 3-99

如图 3-100 所示，选中 Lifetime 粒子的生存时间模块，在属性窗口中把粒子生存时间的最小值与最大值分别设置为 1 与 2（以秒为单位）。

图 3-100

粒子从发射器发射出来后，单独粒子体的生命时长在 1 秒与 2 秒之间，粒子体消亡的时间最短不会少于 1 秒，最长不会超过 2 秒。数值区间可以依需求自行设定。

选中 Start Velocity 基础速度模块，改变粒子的发射方向与速度，使粒子体呈放射状发射。

属性窗口中，X 轴与 Y 轴的最大、

最小速度数值分别设置为 100 与 -100，Z 轴最大速度 Max 的数值设置为 10，最小速度 Min 的数值设置为 0，给粒子流 10 个单位的区间厚度，如图 3-101 所示。

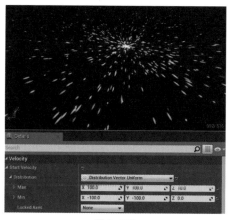

图 3-101

接着来给粒子上色。选中 Color Over Life 粒子生命颜色模块，把输入数据类型设置为固定常量类型。打开 Constant 下拉属性栏，R、G、B 三个颜色通道的数值分别设置为 0、5、20，如图 3-102 所示。

图 3-102

如图 3-103 所示，现在粒子体表现的是带有光晕的高亮蓝色。设置完粒子发射器的这些默认模块，还需要创建新的模块改变粒子动态造型。在粒子发射器模块区空白处单击鼠标右键，如图 3-104 所示，找到 Attraction 命令中 Point Gravity 引力点模块并加入到发射器中。

图 3-103

图 3-104

单击 Point Gravity 模块，如图 3-105 所示，在属性窗口中将 Position 位置属性的 Z 轴数值设置为 100，将这个引力点放置在世界坐标轴上方 100 个单位的位置。Radius 影响范围数值设置为 10000，覆盖范围尽量大。Strength 引力强度属性的数据输入类型设置为常量曲线类型。

图 3-105

如图 3-106 所示，单击 Points 后面的"+"（加号）按钮两次，创建两个控制节点。在 0 号节点中将 In Val 数值设置为 0，将这个控制节点设置在粒子体出生的时间，Out Val 数值设置为 0，意思是粒子体在生成的时间，不受引力点影响。在 1 号节点中，将 In Val 数值设置为 1，把控制节点设置在粒子消亡的时间段，Out Val 数值设置为 200。我们需要粒子在生命开始至消亡的时间内，受到的引力逐渐加强，在粒子消亡的时候受到的引力强度最大，使粒子体划出弧线。

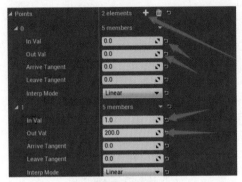

图 3-106

效果如图 3-107 所示，所有的粒子体生成以后，会往 Z 轴（向上的方向）开始运动并呈弧线形向引力点中心聚拢。如果把粒子的生存时间设置长些的话，可以看到粒子以磁极方向在运动。

图 3-107

接下来制作一个简单的 GPU 粒子流，让粒子像水一样从管道（发射器）中喷射出来，落在地板上弹射后继续流淌直至粒子生命消亡，如图 3-108 所示。

图 3-108

还是在虚幻引擎主面板的资源浏览窗口 Content 根目录 Particles 文件夹中建立一个 Particle System，并将它命名为 GPUstream，如图 3-109 所示。

图 3-109

双击 GPUstream 粒子系统打开粒子编辑窗口，在粒子发射器模块区域空白处单击鼠标右键，选择 Type Data → New GPU Sprites，将发射器定义为 GPU 类型。

单击粒子工具栏 Bounds 按钮右侧的小三角，选择 Set Fixed Bounds。（这两步操作在前面案例中有图示。）

如图 3-110 所示，选中粒子发射器 Required 基础属性模块，设置屏幕对齐方式为 PSA Velocity 速度对齐。

图 3-110

我们给这个粒子发射器新建一个材质球。在引擎主面板 Content 根目录 Materials 文件夹中新建一个材质球，将这个材质球命名为 Particles，双击材质球进入材质编辑窗口。

如图 3-111 所示，在材质基础属性中，混合模式选择 Additive 高亮叠加类型，光照模式设置为 Unlit 无光模式，勾选 Two Sided 双面显示。

如图 3-112 所示，在材质编辑窗口中添加常量表达式并赋值为 1，添加一个粒子颜色表达式，将常量表达式与粒子颜色表达式的 RGB 通道进行乘法运算，乘法结果连接材质 Emissive Color 自发光通道。

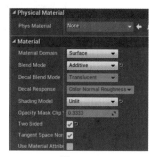

图 3-111

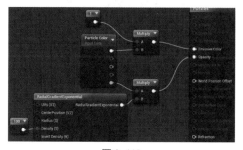

图 3-112

粒子颜色表达式的 Alpha 通道与 Radial Gradient Exponential 圆形渐变表达式进行乘法运算，结果连接到材质 Opacity 透明通道。

添加一个常量表达式并赋值 100，将这个表达式连接圆形渐变表达式的 Density 节点，这个节点的数值代表将这个圆形渐变的边缘强化 100 倍，使圆形边缘不再有羽化渐变效果，预览中可以看到硬边圆形效果。将这个材质球添加到 GPUstream 粒子系统默认发射器 Required 模块属性窗口的 Material 栏中，作为这个粒子的纹理材质。

如图 3-113 所示，选中 Spawn 粒子生成模块，在属性窗口中将 Rate 的数值设置为 2000（这个数量根据自己计算机配置好坏决定，计算机配置强大的可以加大数值，配置不是太好的酌情减少）。

图 3-113

打开 Lifetime 粒子生存时间模块，将粒子生命的最小时间与最大时间分别设置为 1 和 3，粒子的生命长度控制在 1 ～ 3 秒，如图 3-114 所示。

图 3-114

接下来调整粒子的 Start Size 模块，如图 3-115 所示，在属性窗口中将最大尺寸 Max 的数值分别设置为 1、5、1，最小尺寸 Min 的数值全部设置为 1，X 轴与 Z 轴固定粒子的大小，Y 轴的数值用来控制粒子拉伸的长度。

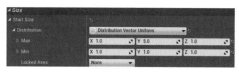

图 3-115

案例 Start Velocity 初始速度模块属性中，设置了最大速度 Y 轴的数值为 100，最小速度的 Y 轴数值是 0，使粒子向 Y 轴以 0 ～ 100 个速度单位发射，如图 3-116 所示。

图 3-116

再来调整 Color Over Life 粒子生命颜色模块。如图 3-117 所示，颜色属性中，颜色的数据输入类型设置为 Vector Constant Curve 常量曲线类型，来对粒子生命初始与生命消亡的颜色做渐变变化。鼠标左键单击 Point 属性栏右边的"垃圾桶"按钮，清除默认参数，然后单击"+"（加号）按钮两次，建立两个控制节点。

0 号节点，设置 In Val 数值为 0，控制节点设置在粒子生命开始位置。Out Val 设置 R、G、B 的数值分别为 1、20、100，使粒子体出生时为高亮蓝色；1 号节点 In Val 的数值设置为 1，将控制节点设置在粒子生命消亡位置。Out Val 属性的 R、G、B 数值分别设置为 100、20、1，粒子消亡时颜色从高亮蓝色变为高亮桔色。

<table>
<tr><td>图 3-118</td><td>图 3-119</td></tr>
</table>

图 3-120

现在粒子发射器的发射口径变大呈管道状。发射器形态确定了，再来设置粒子流的重力表现。在发射器模块区空白处单击鼠标右键，找到 Acceleration 命令，选择 Const Acceleration 常量加速度模块并加入到发射器中，如图 3-121 所示。

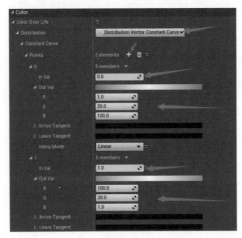

图 3-117

如图 3-118 所示，预览窗口中粒子流颜色呈蓝色向红色渐变过渡。接下来需要让粒子发射器的发射口径变大些，在粒子发射器模块区域空白处单击鼠标右键，如图 3-119 所示，在模块菜单中选择 Location 命令中的 Sphere 球形发射范围。

如图 3-120 所示，选中 Sphere 球形发射范围模块，打开 Start Radius 初始范围属性栏，Constant 数值设置为 10，使发射器范围的直径为 10 个单位。

图 3-121

在加速度模块属性窗口中，调整 Z 轴数值为 -1000，一般标准重力的数值为 -980，如图 3-122 所示的数值取了整数。

图 3-122

调整数值后，可以在粒子预览窗口中看见粒子受到重力的影响开始下坠了，如图 3-123 所示。

回到引擎主面板，把 GPUstream 粒子系统从资源浏览器中拖到场景窗口来观察。粒子在场景中流动，但是在经过地板的时候，还没有像案例中那样反弹流淌。

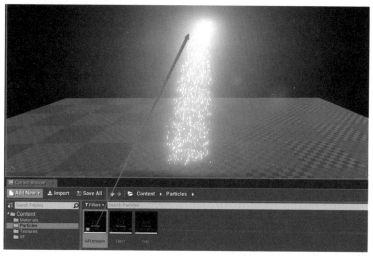

图 3-123

我们还缺少粒子体与周围物体的互动，现在粒子体与其他物体相互都不影响。如果需要粒子与周围的物体互动，还需要给粒子发射器增加一个碰撞检测模块。

打开 GPUstream 粒子系统编辑窗口，在模块区域空白位置单击鼠标右键，如图 3-124 所示，在弹出来的模块菜单中找到 Collision 命令，给发射器添加 Collision（Scene Depth）碰撞模块，使粒子体能与周围物体互动。

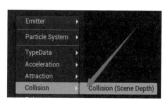

图 3-124

如图 3-125 所示，在碰撞模块属性中，粒子反弹数值类型设置了限制数据类型，这种类型可以调整最大值与最小值。Resilience 属性 Max 与 Min 数值代表粒子与物体发生碰撞，反弹高度的衰减。如果将数值设置为 0.25，粒子与物体发生碰撞后，反弹的高度只有之前的 1/4，再次反弹又只有前一次反弹高度的 1/4，循环计算直到高度为 0。如果数值为 1，粒子反弹高度不计算衰减。

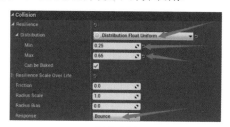

图 3-125

案例中，使用限制数据类型来设置粒子反弹的最大值与最小值，目的是让粒子进行反弹计算时，可以在设定数值中随机取值，形成变化。在 Resilience Scale Over Life 属性的 Response 碰撞类型中可以选择三种碰撞行为，分别是 Bounce 反弹、Stop 停止运动、Kill 粒子消亡。案例中选择的是反弹效果。如果有需要可以自行选择其他碰撞行为类型。

这里介绍个小技巧，如图 3-126 所示，资源管理器中现在看到的粒子系统图标是一片黑，这是因为还没有任何截图作为单独粒子系统的图标，现在来给这些粒子系统图标添加上图案。

打开相应任意粒子系统编辑器面板，在粒子预览窗口中调整好粒子的方位，单击上方工具栏中的 按钮，对当前粒子预览窗口截图作为这个粒子系统的图标。

给粒子系统制作图标以后，在资源浏览器中可以直观地看到粒子系统的效果了，如图 3-127 所示。

图 3-126

图 3-127

如图 3-128 所示，看看我们这个 GPU 类型粒子流案例在场景中的状态，调节粒子发射器的位置或在场景中添加不同的物体可以达到不同的效果，读者可以自行尝试。

图 3-128

3.5 常用粒子类型：Mesh Data

粒子发射器 Mesh Data 类型，允许以自定义模型作为粒子形态发射。Mesh Data 类型中，可以使用各种静态模型作为粒子外形，如人物、动物、各种工具等，如图 3-129 所示。

图 3-129

游戏中经常能看到一些效果，例如万箭齐发这种类型的技能，技能释放时有很多支箭从天而降，每支箭都有不同的移动轨迹。在虚幻引擎中制作这个技能通常就会使用到粒子系统 Mesh Data。

接下来制作一个基础应用案例解析粒子发射器 Mesh Data 类型的使用方法。

在三维软件 3ds Max 中建立一支箭的模型（制作过程略）。3ds Max 9 以上版本才能直接导出 FBX 文件，Max 9 版本需要安装一个 FBX 导出插件，推荐使用 Max 2010 以上版本。

如图 3-130 所示为制作完成的箭模型，在 Front 视图（按快捷键 F）中将模型箭头的部分使用旋转工具指向 X 轴（箭头处红色为 X 轴，绿色为 Y 轴），使用移动工具（快捷键 W）移动箭到 3ds Max

世界坐标轴的中心，X、Y、Z 坐标数值归零。制作模型的时候注意，如果模型是类似箭这样首尾造型明确的，需要把模型头部朝向 X 轴。如果是球体这种首尾造型不明确的，直接将模型移动到 3ds Max 的世界坐标轴中心（坐标 0、0、0）即可。

图 3-130

如图 3-131 所示，导出以前，单击 3ds Max 菜单栏 Customize 命令中的 Units Setup 单位设置。如图 3-132 所示，在弹出菜单中将 Units Setup 系统标尺设置为 Meters，以米为计算单位。单击对话框中的 System Unit Setup 按钮设置 3ds Max 的系统尺寸，在弹出的系统尺寸对话框中将 1Unit 类型设置为 Meters 米，单击 OK 按钮关闭对话框。

图 3-131

图 3-132

在 3ds Max 编辑窗口中单击鼠标右键，选中 Unhide All 命令取消所有隐藏物体，选中 Unfreeze All 命令取消所有冻结物体，如图 3-133 所示，操作顺序是先显示所有隐藏物体，再解除物体冻结。

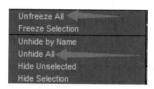

图 3-133

最后检查有没有多余物体被隐藏，一个 FBX 模型元素最好只包含一个模型体。

如图 3-134 所示，单击菜单栏中的 File 后找到 Export，默认导出的是 FBX 文件，选择好文件存放路径以后，会弹出 FBX 格式选项框。如图 3-135 所示，这里需要将 Animation 栏下面的小勾去掉，我们的这个模型不带有任何动画，所以不需要导出动画。如图 3-136 所示，打开下面的 Advanced Option 高级设置下拉菜单，选择 Units 栏，取消勾选 Automatic 自动尺寸，在 Scene units converted to 这一栏选择 Meters，将模型尺寸设置以米为单位，单击 OK 按钮导出文件。

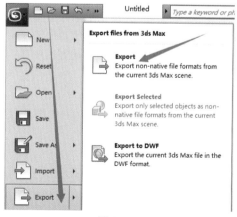

图 3-134

图 3-135

图 3-136

如图 3-137 所示，打开虚幻引擎，在资源浏览窗口 Content 根目录下建立名为 meshes 或者 Moxing（模型）的文件夹，用来存放模型文件。值得注意的是，导入的文件千万不要使用中文名，用英文名或拼音都可以，中文名会显示乱码，而且在导入时可能会引起引擎崩溃。

图 3-137

将箭模型 FBX 文件导入引擎 meshes 文件夹中，按功能键 F2 将箭模型重命名为 arrow。导入后会在模型旁边自动生成一个材质球，这个材质是箭的默认材质，不过文件归类的位置不对，需要把这个材质球移动到 Materials 文件夹中。

如图 3-138 所示，选中这个材质球，按功能键 F2 将它重命名，案例中命名为 arrow_m。命名完成，单击鼠标左键拖动这个材质球到资源浏览窗口左侧 Materials 文件夹上松开鼠标，弹出菜单选择 Move Here，把这个材质球转移到

存放材质的文件夹中。

图 3-138

双击 arrow_m 材质球图标打开材质编辑器，给箭制作材质。进入材质编辑面板，会看到一个默认的四维矢量，删除它。鼠标左键单击材质，在属性窗口中将"双面显示"选项勾上，如图 3-139 所示。

图 3-139

如图 3-140 所示，在材质编辑窗口中建立常量（键盘数字 1）并赋值为 1，建立 Particle Color 粒子颜色表达式，将 Particle Color 的 RGB 通道与常量表达式进行乘法运算，乘法结果连接到材质 Base Color 基本颜色通道。要把箭作为粒子发射器的粒子，就需要添加 Particle Color 表达式使用粒子颜色模块来控制材质颜色。

添加数值为 1 的一维常量，连接到材质 Metallic 金属高光通道，材质会反射金属高光。常量数值 1 允许反射金属高光，数值 0 表示不允许反射金属高光。

添加数值为 0.35 的一维常量连接材质 Roughness 粗糙度通道，用来设置弓箭材质的粗糙程度。数值 1 代表粗糙，不反射任何光线，数值 0 代表反射所有光线。常量数值 0.35，使箭身有一些细微反射效

果。单击工具栏 Apply 按钮应用材质。

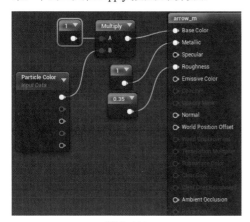

图 3-140

如图 3-141 所示，回到引擎主界面，

在资源浏览器中双击 meshes 文件夹中 arrow 的模型图标，打开模型编辑窗口。

图 3-141

如图 3-142 所示，单击模型编辑窗口右侧属性窗口中的材质栏，选中刚才制作好的 arrow_m 材质球。这里将模型的材质指定了，粒子发射器中就可以不用 Mesh Materials 模块指定材质了。

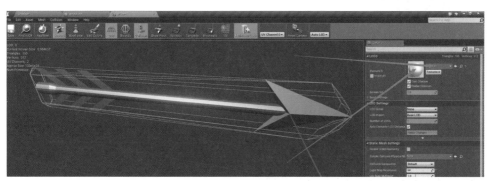

图 3-142

如图 3-143 所示，把模型拖到场景编辑窗口中观察，材质光照和反射已经有些感觉了。如图 3-144 所示，在引擎主面板资源浏览窗口 Content 目录 Particles 文件夹中建立一个新的粒子系统，将这个粒子系统命名为 MESH-DATA。双击粒子系统图标进入编辑窗口。

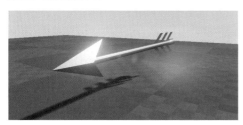

图 3-143

图 3-144

在默认发射器模块区的空白处单击鼠标右键，如图 3-145 所示，在弹出来的模

块菜单栏中选择 Type Data 命令中的 New Mesh Data，将这个发射器定义为模型类型发射器。

图 3-145

选中发射器中的 Mesh Data 模块，在左侧属性窗口中，Mesh 属性栏选中导入的 arrow 模型文件，如图 3-146 所示。

图 3-146

如图 3-147 所示，选中发射器 Emitter 模块，将屏幕对齐方式修改为 PSA Velocity 速度类型，使粒子朝向与运动方向同步。

图 3-147

如图 3-148 所示，打开 Lifetime 模块，在属性窗口中设置粒子生存时间最小值 Min 为 1，最大值 Max 为 2。

图 3-148

如图 3-149 所示，打开 Start Size 模块，把 Distribution 数据输入类型设置为限制数据类型，最大尺寸 Max 的数值全部设置为 1.5，最小尺寸 Min 的数值全部设置为 1，Locked Axes 的类型设置为 XYZ，锁定 X 轴、Y 轴、Z 轴的缩放，使模型等比缩放。

图 3-149

如图 3-150 所示，选中 Start Velocity 初始速度模块，案例中将最大速度 Max 的数值分别设置为 0、1000、300，最小速度 Min 的数值分别设置为 0、800、200，从数值中可以看出主要速度表现在 Y 轴使箭横向射出，速度上有 200 个单位区间的变化。Z 轴数值是使箭向斜上方飞行。

图 3-150

如图 3-151 所示，单击 Color Over Life 模块，将 Color Over Life 数据输入类型类型改为"固定常量类型"，打开 Constant 属性的 R、G、B 通道，数值分别设置为 1、0.5、0.1，让粒子体呈金黄色。

图 3-151

在粒子预览窗口可以看到弓箭呈直线发射，这种直线形态并不理想。我们可以添加新的模块调整发射器形态。在发射器模块区空白处单击鼠标右键，在弹出的模块选择菜单中选择 Location 命令中的 Initial Location 模块，给发射器添加发射坐标，如图 3-152 所示。

图 3-152

单击 Start Location 模块，在属性窗口中将坐标最大位移 Max 的 X、Y、Z 数值全部设置为 200，最小位移 Min 的 X、Y、Z 数值全部设置为 -200，如图 3-153 所示。

图 3-153

如图 3-154 所示，找到属性窗口下面的 Cascade 属性栏，勾选 B 3D Draw Mode 选项，在粒子预览窗口中可以看见发射器外框形态，现在的发射器是一个立方体。

图 3-154

模拟箭矢飞行时，不可能一直是直线状态，由于会受到重力影响，箭矢在飞行过程中会呈抛物线状态，那么我们需要来给发射器模拟重力的效果。

如图 3-155 所示，在发射器模块区空白的地方单击鼠标右键，在弹出菜单中找到 Acceleration 命令，选中 Const Acceleration，给发射器添加常量加速度模块。

图 3-155

在属性窗口中把 Acceleration 栏 Z 轴数值设置为负数可以用来模拟重力。数值越大，重力影响越大。案例中 Z 轴设置的数值为 -800，如图 3-156 所示。正常情况下重力的标准数值是 -980。

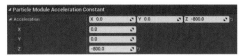

图 3-156

回到引擎主面板，把粒子系统从资源浏览窗口 Particles 文件夹中拖到场景编辑窗口观察，可以看见箭矢呈弧线飞行，不过下坠的箭矢直接穿过地面了，如图 3-157 所示。为了表现真实性，需要让箭矢在碰到地面或其他物体的时候与它们有碰撞互动反应。

图 3-157

打开粒子编辑面板，在发射器中添加一个碰撞检测模块。在发射器模块区空白处单击鼠标右键，如图 3-158 所示，找到 Collision 命令，添加 Collision 碰撞模块。选中 Collision 模块，在属性窗口中打开 Max Collisions 下拉属性栏。

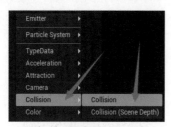

图 3-158

如图 3-159 所示，将 Collision Completion Option 类型设置为 Freeze。与物体碰撞后的行为类型修改为"冻结"。案例中设置为冻结的意义是使箭矢碰到地面或其他物体以后停止运动，模拟箭矢扎在地面上或者其他物体上。

图 3-159

如图 3-160 所示，扎中物体箭矢就不会再继续飞行了。这是简单的 Mesh Data 类型粒子的应用。免费版虚幻引擎不支持粒子发射器骨骼动作的模型文件，所以制作粒子 Mesh Data 类型模型时，请使用不带骨骼动画的单纯模型文件。

图 3-160

3.6 常用粒子类型：Ribbon Data

Ribbon Data 条带类型发射器允许将粒子拉长并作波浪运动，案例如图 3-161 所示。

图 3-161

这一节将解析 Ribbon Data 条带类型的使用案例，在案例制作过程中熟悉粒子 Ribbon Data 类型的使用方法。案例给一个角色制作类似"暗黑破坏神"中大天使泰瑞尔波浪形飘动的翅膀。原作中泰瑞尔作为大天使有三对长翅膀，称作六翼天使，在我们的案例中，制作两对就好了。熟悉

了制作流程，想制作五对、十对翅膀都很容易。首先我们需要准备人物模型或其他怪物模型（例如 www.cgjoy.com 论坛模型库有下载），在 3ds Max 或 Maya 中打开它，如图 3-162 所示。

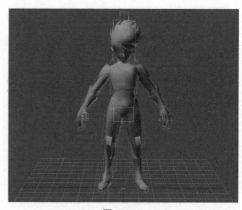

图 3-162

我们使用的 3D 软件是 3ds Max 2012 版本。打开模型文件，在编辑窗口单击鼠标右键，选择 Unhide All，取消所有物体隐藏状态，再次单击鼠标右键，选择 Unfreeze All，取消全部物体冻结状态，如图 3-163 所示。

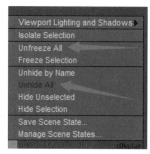

图 3-163

从图 3-163 可以看到我们使用的角色是有绑定骨骼的，需要把角色还原为单纯的静态模型。鼠标左键单击选中角色模型，单击鼠标右键，在弹出菜单中选择 Convert To 命令中的 Convert To Editable Poly 命令，将这个角色模型塌陷为可编辑多边形，如图 3-164 所示。

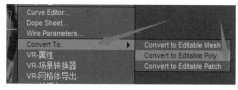

图 3-164

由于虚幻引擎中每个 FBX 文件只支持单个整体物体，所以需要删除角色模型以外的骨骼与其他物体，仅导出模型。鼠标左键选中角色模型，使用快捷键 Ctrl+I 进行反向选择，按 Delete 键删除其他物体。

使用前面小节 Mesh Data 类型中介绍导出 FBX 格式的方法，将角色模型导出为 FBX 文件。

将 FBX 模型文件与纹理贴图分别导入到虚幻引擎编辑器 Content 目录下对应的文件夹中。

⏰ 注意

如果导入纹理贴图时出错，请检查纹理贴图格式。目前虚幻引擎不支持文件名后缀是 DDS 的图像文件。如果纹理贴图是 DDS 文件，可以使用 XnView、ACD See 或其他看图工具将图像转换为 JPG、BMP、TGA、PNG 等引擎能够识别的格式。

在引擎主面板，资源浏览窗口存放材质的文件夹中建立一个新材质球，案例中给新建的材质球命名为 avatar_m，双击这个材质球进入编辑窗口。材质的基础属性我们不做改动，在材质编辑窗口中按住 T 键，单击鼠标左键建立一个纹理表达式，在纹理表达式属性窗口中加入角色的贴图。如图 3-165 所示，将纹理表达式 RGB 混合通道连接材质 Emissive Color 自发光通道。单击工具栏 Apply 按钮应用材质。

图 3-165

在引擎主面板资源浏览窗口 Content 目录的对应文件夹下找到导入的角色模型文件，双击文件，打开模型编辑窗口，模型文件的纹理材质在右侧属性窗口中选中，使材质与模型关联，如图 3-166 所示。关闭模型编辑窗口。

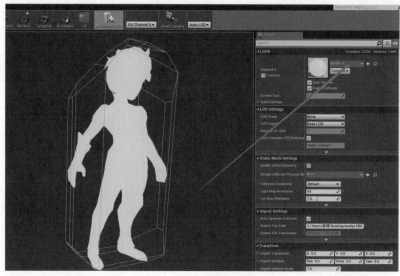

图 3-166

在引擎主面板将模型文件从资源浏览窗口拖动到场景编辑窗口中，在右侧模型属性窗口中找到 Transform 属性，单击 Location 坐标轴位置右边的黄色复位箭头，将模型归位到场景世界坐标轴 0、0、0 位置，如图 3-167 所示。

图 3-167

复位坐标轴后模型脚部会陷进地面，使用移动工具（W 键）将模型坐标轴 Z 向上移动，使下陷的模型部分在地面坐标之上。

如图 3-168 所示，案例中编辑窗口背景是黑色的，与默认蓝天白云的背景并不一样，案例中将默认场景中的天空球和环境雾效隐藏显示了。如图 3-169 所示，在 World Outliner 窗口中单击文件名前面的"眼睛"按钮可以在场景中隐藏或显示这个物体元素。

图 3-168

图 3-169

角色导入完成，现在来为他制作翅膀。在 Content 目录的 Particles 文件夹中新建一个粒子系统并命名为 Ribbon Data，如图 3-170 所示。

双击粒子系统图标打开粒子编辑窗口。在粒子发射器模块区空白处单击鼠标右键，在弹出的菜单中选择 Type Data 命令中的 New Ribbon Data，如图 3-171

所示，将发射器转变为条带类型。预览窗口中可以看到默认的粒子变成了长长的丝带状。

图 3-170

图 3-171

如图 3-172 所示，鼠标单击发射器最上方的模块图标，如图 3-173 所示，在属性窗口中给这个发射器改个名字，案例中取名为 winsleft，意思是左边翅膀。先制作完成一侧翅膀的动态。

图 3-172

图 3-173

第一步来解决翅膀的材质。回到资源浏览窗口，在 Content 根目录 Materials 文件夹中建立一个新的材质球并将其命名为 Ribbon Data，材质球名称和粒子系统一样，这里并不会有冲突，不同的文件夹目录中可以出现相同的文件名，但是在同一个文件夹中不可以。双击这个

材质球打开材质编辑窗口。

如图 3-174 所示，材质编辑窗口左侧属性中设置 Blend Mode 混合模式为 Additive 高亮叠加模式，光照模式 Shading Model 选择 Unlit 无光模式，勾选 Two Sided 材质双面显示。案例中使用如图 3-175 所示的这种连续纹理，将它加入到纹理表达式中。

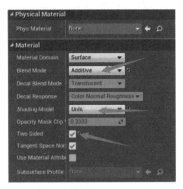

图 3-174

图 3-175

如图 3-176 所示，翅膀材质制作中需要使用一维常量表达式、粒子颜色表达式、乘法表达式、贴图纹理表达式、圆形渐变表达式、深度消退表达式、线性插值表达式与凹凸位移表达式。加入 Bump Offset 凹凸位移表达式的意义在于使图案靠近观察点中心时，能够根据纹理分布，使纹理产生层次与距离感。

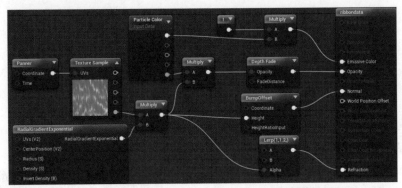

图 3-176

对比纹理表达式，如图 3-177 所示为没有经过 Bump Offset 处理的效果，如图 3-178 所示为经过 Bump Offset 处理的效果。经过凹凸位移表达式处理后的纹理，在层次感上明显比没有处理的要强得多。

乘法结果连接到材质 Emissive Color 自发光通道中。

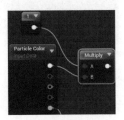

图 3-179

如图 3-180 所示，纹理部分使用 Panner 坐标平移表达式连接到纹理表达式的 UVs 节点，Panner 表达式属性窗口中 X 轴数值设置为 −0.25，使纹理图案以 0.25 的速度从左至右滚动。要使纹理从右至左滚动，在 Panner 表达式属性窗口中，将 X 轴数值设置为正数就可以了。数值越大，滚动速度越快。

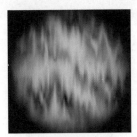

图 3-177

图 3-178

如图 3-179 所示，案例中将数值为 1 的一维常量表达式与粒子颜色表达式 RGB 通道进行乘法运算，这样可以利用粒子发射器 Color Over Life 模块颜色通道对材质进行调色，将这两个表达式的

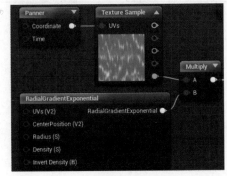

图 3-180

Radial Gradient Exponential 这个表达式在前面章节用来制作过圆形渐变的粒子纹理，其作用是画出圆形渐变遮罩。Radial Gradient Exponential 表达式左侧有五个输入节点。UVs 节点用于调节渐变的圆形 UV，括号中 V2 代表支持 Constant 2Vector，也就是可以使用二维矢量数据输入。Center Position 节点同样支持二维矢量输入，节点作用是根据输入的数值指定圆形遮罩的中心点位置，默认值是 0.5、0.5 中心位置。Radius 节点括号内是 S 标识，S 是指 constant 常量，支持一维常量数据输入，节点用来控制圆形的范围。Density 节点支持一维常量数值输入，用于调整圆形遮罩的渐变强度。Invert Density 表示反转强度。

将连接了 Panner 的纹理表达式与 Radial Gradient Exponential 表达式进行乘法运算。

如图 3-181 所示，是纹理与遮罩相乘的结果。将圆形渐变与纹理相乘后的结果与粒子颜色表达式的 Alpha 通道进行乘法运算，使粒子发射器 Color Over Life 模块的 Alpha 通道能够调整纹理的透明度。

如图 3-182 所示，粒子颜色与纹理相乘的运算结果连到 Depth Fade 表达式，经过 Depth Fade 表达式的处理可以让两个物体交叉的地方变得柔和。最后将 Depth Fade 的输出结果连接到材质 Opacity 透明通道。

图 3-181

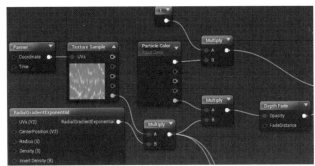

图 3-182

处理完上面材质的自发光通道与透明通道，再来制作一些纹理的折射效果。如图 3-183 所示，将纹理表达式与圆形渐变表达式的乘法结果，连接 Bump Offset 表达式的 Height 输入节点，将这个表达式的输出结果连接到材质 Normal 法线通道中。

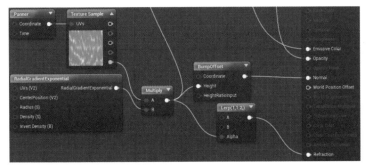

图 3-183

建立 Lerp 表达式，连接纹理表达式与圆形渐变表达式的乘法结果到 Lerp 线性插值表达式的 Alpha 通道中。如图 3-184 所示，在属性窗口中将 Lerp 表达式 Const A 与 Const B 数值分别设置为 1 与 1.2，这两个数值间的差值，就是折射效果的数值。

图 3-184

案例中，Lerp 表达式的 A、B 数值间隔只有 0.2。将 Lerp 表达式的结果连接到材质 Refraction 折射通道。这样材质就已经可以用了。

打开 Ribbon Data 粒子系统编辑面板，粒子发射器 Ribbon Data 模块保持默认数值，选中 Required 基础属性模块，在属性窗口 Material 栏选中刚才制作的材质，其他参数不做改动。

Ribbon Data 条带类型中，Spawn 粒子生成速率模块控制条带的平滑程度，Rate 数值越大，条带表现越细腻。同理，Rate 属性数值越高，占用系统资源就越多。

案例中 Spawn 模块 Rate 属性的数值是 200，每秒生成 200 个粒子体，如图 3-185 所示。这个级别的数值下，条带会很平滑，但在实际项目制作中，Rate 数值还是小一些好。

图 3-185

打开 Lifetime 生存时间模块，粒子的生存时间控制条带的拉伸长度，数值越大，条带飞舞的距离就越远。如图 3-186

所示，Constant 数值设置为 1，使条带拉伸飞舞的长度为 1 秒。

图 3-186

Start Size 初始尺寸模块中，由于条带翅膀不需要尺寸差异性变化，在属性中数据输入类型设置为固定常量类型，案例中 X、Y、Z 轴的数值全部设置为 30，如图 3-187 所示。

图 3-187

翅膀波浪运动的重点在于对粒子速度的控制，选中 Start Velocity 初始速度模块，在属性窗口中将起始速度的数据输入类型栏设置为常量曲线类型，打开 Constant Curve 常量曲线下拉菜单，单击 Points 后面的 "+"（加号）按钮三次，添加三个控制节点。

如图 3-188 所示，将添加的 0、1、2 号这三个控制节点的 In Val 数值分别设置为 0、0.5、1，将这三个控制节点分别设置在粒子生命的开始、中期与消亡这三个阶段。把三个控制节点的 Interp Mode 全部设置为 Curve Auto，使用自动曲线平滑三个阶段的速度变化。

粒子的生命开始阶段 0 号节点 Out Val 属性栏将 X、Y、Z 轴数值分别设置为 100、−200、100，把粒子发射器条带线拉向一定角度，Y 轴值是最大的，所以这个粒子发射器的条带方向会偏向 Y 轴。

1 号控制节点，将 Out Val 属性 X、Y、Z 轴数值分别设置为 300、−150、0，与 0 号控制节点 Out Val 属性对比并且做一些改动，但改动不要太大。

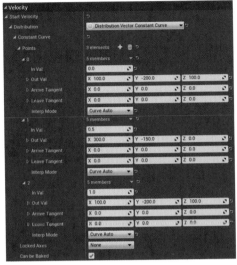

图 3-188

2 号节点 Out Val 的属性数值设置与 0 号节点数值一样，目的是使条带在生命中期由 1 号节点控制速度方向发生变化，最后回归到起始速度角度，形成一个波段，这个波段就是制作翅膀动态的关键。原理就相当于我们用条带发射速度画出正弦（余弦）波，然后表现波段的运动状态。

单击 Color Over Life 模块，在属性窗口中将颜色部分的数据输入类型设置为固定常量类型，如图 3-189 所示，Constant 属性的 R、G、B 通道数值分别是 5、10、30，整体颜色偏蓝色。粒子预览窗口中可以看到大致效果了。

图 3-189

最后需要这条翅膀在起始处尺寸比较粗，最后慢慢变细，使翅膀整体呈锥形。原理已经说得很明白了，下面来进行具体操作。

在粒子发射器模块区空白的地方单击鼠标右键，在弹出菜单中找到 Size 命令，添加 Size By Life 生命尺寸模块到发射器中，如图 3-190 所示。

图 3-190

单击 Size By Life 模块，属性窗口的数据类型默认是固定曲线类型。如图 3-191 所示，在 0 号控制节点调整 In Val 数值为 0，节点设置在粒子生成位置，Out Val 的 X、Y、Z 轴数值全部设置为 1，使粒子生成的时候尺寸为一倍 Start Size 模块数值大小。属性数值与 Start Size 模块数值有关联。如果这里的 X、Y、Z 轴数值是 2，会变为二倍 Start Size 模块数值的大小，以此类推。案例中，0 号节点数值为默认值，让它使用 Start Size 的尺寸（一倍大小）不做更改。

1 号节点将 In Val 数值设置为 1，节点位置定位在粒子消亡的时候，Out Val 属性中，把 X、Y、Z 轴的数值全部归零，使粒子在消亡时，尺寸变为 0。这个模块可以用来制作粒子缩放动态。

调整完这些模块参数，在预览窗口中可以看到条带呈前端粗后端细的形态做波浪运动了。

如图 3-192 所示，现在单边翅膀已经完成，需要将已经完成的条带发射器进行复制来制作另外一边的翅膀。

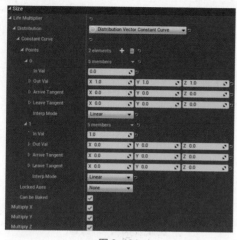

图 3-191

图 3-192

鼠标右键单击粒子发射器模块组空白的地方，在弹出菜单中找到最上面的 Emitter 发射器命令集，选择 Duplicate Emitter 复制粒子发射器，如图 3-193 所示。使用 Duplication Emitter 命令复制出来的发射器所有的参数都与目标源一模一样。刚复制的粒子系统在预览窗口中是看不到的，因为与复制源发射器参数一模一样，位置与形态也是一模一样重叠在了一起。将复制出来的粒子发射器改名为 Wingsright。

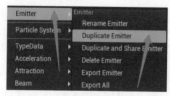

图 3-193

现在需要把翅膀向两个平行的方向分开。我们观察粒子预览窗口的坐标轴

方向，需要镜像的方向在 X 轴，那么选中 Wingsright 粒子发射器的 Start Velocity 模块。为什么要用这个模块来调整方向呢？我们现在的条带粒子是依靠速度来模拟方向波动，所以这里要调整翅膀方向，就要调整速度模块了。

如图 3-194 所示，在速度模块属性窗口中将 0、1、2 号控制节点 Out Val 属性中 X 轴的数值全部改为对应数值的负数。源条带发射器速度模块 Out Val 的 X 轴数值都是正数，要做反向 X 轴镜像，把正数改为负数就可以了。如果源条带发射器速度模块 Out Val 的 X 轴数值是负数，那么改成正数就可以了。

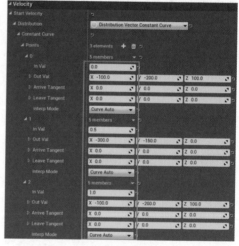

图 3-194

这时粒子预览窗口中可以看到两条波动的条带，如图 3-195 所示。我们的案例需要的是四条翅膀，上面两条长，下面两条略短。

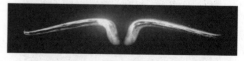

图 3-195

复制任意一个条带的粒子发射器，

将复制的发射器改名为 Wings-Bottom-Left，单击这个发射器 Lifetime 模块，将时间改为 0.75，将小翅膀与大翅膀的长度做些区别，如图 3-196 所示。粒子存在时间短，条带长度也会相应变短。

图 3-196

尺寸对比中，小翅膀要比大翅膀小。单击 Start Size 模块，把 Size 的数值全部修改为大翅膀的一半，大翅膀基础尺寸 X、Y、Z 数值都是 30，那么小翅膀的基础尺寸 X、Y、Z 数值设置为 15，如图 3-197 所示。

图 3-197

接下来的重点是将小翅膀的运动形态和方向与大翅膀做出区别。单击小翅膀条带发射器 Start Velocity 模块，如图 3-198 所示，将 0 号节点中 Out Val 属性参数分别设置为 -200、-200、-100。如图 3-199 所示，1 号节点 Out Val 属性 X、Y、Z 的参数设置为 -100、-100、-200。如图 3-200 所示，2 号节点中将 Out Val 属性的 X、Y、Z 数值恢复到与 0 号节点 Out Val 属性 X、Y、Z 的数值一样，使条带在最后恢复到之前的速度与方向。其他模块不做修改。

如图 3-201 所示，现在粒子预览窗口中已经能看到三条飞舞的翅膀了，最后一条小翅膀的制作方式也很简单，复制 Wings-Bottom-Left 粒子发射器，然后将复制出来的发射器改名为 Wings-

Bottom-Right，打开这个发射器 Start Velocity 模块，在属性窗口里将 0、1、2 号控制节点 Out Val 的 X 轴的数值全部改为正数即可。

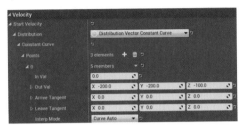

图 3-198

图 3-199

图 3-200

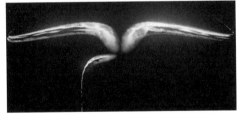

图 3-201

回到引擎主面板，将制作好的翅膀粒子系统从资源浏览窗口拖到场景编辑窗口中，放在角色身后合适的位置，就能够看到图示中的形态了，如图 3-202 所示。

熟悉 Ribbion Data 发射器类型制作条带翅膀后，我们利用这种类型的发射器原理来制作一个进阶案例。

图 3-202

如图 3-203 所示，金色高亮的圆形粒子体围绕中心点做圆周运动，每个粒子体拖着一条长长的尾巴。案例中使用 Ribbion Data 类型发射器拾取圆形粒子体作为拖尾路径的发射点，跟随圆形粒子经过的路径画出轨迹。

图 3-203

说明了原理，就来进行这个案例的制作。如图 3-204 所示，在引擎主面板资源浏览窗口 Content 根目录 Particles 文件夹中建立一个新的粒子系统，案例中对这个粒子系统命名为 Ribbon Adv，字面意思是高级 Ribbon 应用。双击粒子系统图标打开粒子编辑面板，第一步需要完成金色圆形粒子体的制作。给默认的发射器重新命名，如图 3-205 所示，单击发射器最上方模块图标，在属性窗口中 Emitter Name 栏将发射器名字改为 dots。

图 3-204

图 3-205

选中 Required 粒子基础属性模块，Material 属性栏的材质指定为介绍 GPU 粒子章节时制作的 Particles 圆形渐变材质球。

打开 Spawn 粒子生成速率模块，如图 3-206 所示，案例中将粒子的生成数量 Rate 属性数值设置为 20，每秒生成 20 个粒子体。圆形粒子数量不用太多，自己制作的时候可以按需要来调整 Rate 数值。选中 Lifetime 生存时间模块设置粒子的生存时间。如图 3-207 所示，将最大生存时间 Max 的数值设置为 2，最小生存时间 Min 数值设置为 1，使粒子生命周期有 1 秒的随机变化。

图 3-206

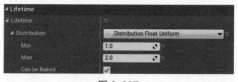

图 3-207

选中 Start Size 初始尺寸模块来调整圆形粒子的尺寸，如图 3-208 所示，最大尺寸 Max 的 X、Y、Z 轴数值全部设置为 5，最小尺寸 Min 的 X、Y、Z 轴数值全部设置为 2，粒子体尺寸会在 2 个尺寸单位到 5 个尺寸单位大小间随机取值。

选择 Start Velocity 初始速度模块调整粒子体的运动速度，如图 3-209 所示，

Start Velocity 属性中，将最大速度 Max 的 X 轴和 Y 轴数值设置为 200，最小速度 Min 的 X 轴和 Y 轴数值设置为 -200。预览窗口中观察到粒子现在由中心点向四面八方扩散。Z 轴数值是 0，所以粒子体不会向上下两个方向移动。

图 3-208

图 3-209

Color Over Life 模块中，将颜色部分的数据类型设置为固定常量类型，Constant 属性的 R、G、B 通道数值分别设置为 50、20、1，如图 3-210 所示。预览窗口中看到粒子颜色已经变成了金黄色。

图 3-210

现在的粒子发射器口径还是一个中心点，我们需要使粒子发射器在一定范围内发射粒子。

在发射器模块区空白处单击鼠标右键，如图 3-211 所示，在弹出的菜单中找到 Location 命令，选择 Sphere 球形发射范围模块添加到发射器中，现在粒子发射器是以球形范围发射粒子。案例使用 Sphere 模块的默认数值，没有做参数修改。

图 3-211

现在预览窗口中的粒子在做扩散状态运动，我们需要粒子围绕着一个"点"做圆周运动，像行星围绕太阳运动一样。在粒子模块功能中，能够将运动中粒子吸引回来并环绕自身的，只有引力模块了。

在粒子发射器模块区空白区域单击鼠标右键，在弹出的菜单中选择 Attraction 命令集，找到 Point Attractor 引力点模块，添加到发射器中，如图 3-212 所示。引力点模块的属性窗口中，不改动初始 Position 坐标点，X、Y、Z 轴默认数值为 0、0、0，如图 3-213 所示。

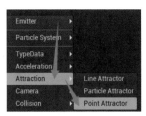

图 3-212

图 3-213

Range 属性控制引力影响的范围，数值设定的范围内所有粒子都会受到引力模块影响。案例中影响范围的取值是1000，如图 3-214 所示。

图 3-214

Strength 属性用来控制引力强度，数值越大引力越大，反之则引力变小。如图 3-215 所示，案例中将引力强度数值设置为 350，以 350 倍强度引力作用于 Range 数值范围内的所有粒子。引力的强度随着距离衰减，靠近引力点中心的粒子受到引力影响强，靠近外围的粒子受到引力影响略小。设置完成引力点的属性数值，请启用 Affect Base Velocity，使引力点模块能够作用于粒子的基本速度。如果不勾选这个选项，引力点模块是不会起任何作用的。

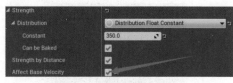

图 3-215

如图 3-216 所示，是现阶段预览窗口中粒子体的效果，粒子球围绕一个看不见的"中心点"做圆周运动。书中只能截取静帧，看不到动态，读者跟着步骤一起做的话就能看到动态了。现在只是完成了粒子体的动态，还需要给每个运动的粒子体加上一条长长的尾巴。

在 dots 粒子发射器窗口右边的空白区域单击鼠标右键，在弹出菜单中选择唯一的命令 New Particle Sprite Emitter，建立一个新的粒子发射器，如图 3-217所示。

图 3-216

图 3-217

添加新发射器后，发射器编辑窗口中，会在名为 dots 的发射器右边添加一个默认属性的发射器，如图 3-218 所示。我们将新发射器命名为 Trail。

图 3-218

在 Trail 发射器模块区空白位置单击鼠标右键，在弹出来的菜单中选择 Type Data 命令中的 New Ribbon Data，将粒子发射器变更为 Ribbion Data 条带类型，如图 3-219 所示。选中 Ribbion Data 模块，设置属性窗口中 Trail 下拉栏中的数值，如图 3-220 所示。

图 3-219

图 3-220

Sheets Per Trail：每个目标支持的条带数量，案例中设置的数值为 1，每个粒子球只拖一条尾巴。

Max Trail Count：同屏最多显示的条带数量。案例中数值是 200，同屏显示 200 条完全够用了。

Max Particle in Trail Count：一个条带发射器最多支持显示多少个粒子？这里不得不提一下条带的原理。一个条带是由一堆粒子体组成的，粒子体的间隔密度决定了条带的精细程度。

举个例子，Max Particle in Trail Count 数值设定为 100，粒子发射器同时发射 11 个粒子体，这 11 个粒子体中每个粒子体都要有拖尾，每条粒子体的尾巴由 10 个粒子组成。由于支持最大粒子显示属性赋值只有 100，第 11 个粒子体出现的时候便不会有拖尾。这个属性数值一般使用默认值，如果需要同屏显示的数量较多，可以适当加大数值。

Required 模块属性窗口中，Material 栏选择与 Dots 发射器中金色圆形粒子一样的材质球。

单击 Spawn 生成速率模块上的对勾按钮，将它设置为 图中的红叉，禁用这个模块。Spawn 模块在现在的案例中是无作用的。

在 Trail 发射器模块空白的地方单击鼠标右键，在弹出菜单中找到 Spawn 命令集，选择 Spawn PerUnit 模块并添加到发射器中，如图 3-221 所示。

图 3-221

Spawn PerUnit 模块是让每个目标粒子体都生成拖尾，生成的数量由模块参数来决定。

如图 3-222 所示，设置 Spawn PerUnit 模块的 Unit Scalar 参数，这个参数的作用是设置条带粒子密度间隔。我们可以将这个参数看作视频或图像的关键帧间隔，控制一秒播放一帧，还是十秒播放一帧。数值越小关键帧越密集，拖尾就越圆滑，数值越大拖尾间隔就越大。

图 3-222

如图 3-223 所示，是 Unit Scalar 数值 1 与数值 100 的对比图，上图数值是 1，粒子拖尾显得非常圆滑，下图数值是 100，拖尾路径很明显有硬角转折。该参数数值越小，需要消耗的系统资源越大，需要的条带显示数量就越多。条带显示的数量，可以对 Ribbion Data 模块中 Max Particle in Trail Count 参数进行调整。

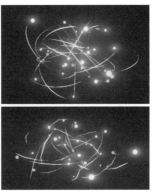

图 3-223

Spawn Per Unit 参数的意义是设置每个粒子拖尾的数量，如图 3-224 所示，赋值为 1，即为每个粒子体添加一条拖尾路径。数值是 2 则添加两条，以此类推。

图 3-224

请将 Can be Baked 选项禁用。此选项有可能导致屏幕中出现多层线条。这个开关默认是勾选的，用来处理 Spwan 模块的 Rate 属性，案例中 Spawn 模块禁用掉了，所以需要关闭对 Rate 的处理。

到这里预览窗口中还看不见有任何拖尾路径出现，我们还没有给条带发射器指定发射源。

在 Trail 粒子发射器模块区空白处单击鼠标右键，在弹出菜单中找到 Trail 命令集，添加 Source 模块到发射器中，如图 3-225 所示。单击 Source 模块，在属性窗口中将 Source Method 资源类型设置为 PET2SRCM Particle 类型，在 Source Name 中填写目标源发射器的名称，案例中需要发射金黄色圆形粒子的发射器作为拖尾的发射源，圆形粒子发射器的名字是 dots，所以在 Source Name 栏中填上 dots，如图 3-226 所示。

图 3-225

图 3-226

新建粒子发射器的时候，要对粒子发射器进行命名，原因就是有些操作需要提取发射器的名字，清晰的文件名也能使我们在查找元素时更方便。

现在粒子预览窗口中能看到圆形粒子的后面出现拖尾条带了。能看到预览效果，就要来修改粒子拖尾的形态了。

删除 Start Velocity 初始速度模块，不需要条带有自身的运动，选中这个模块按 Delete 键删除，或是单击模块后面的小对勾，把它禁用。

选择 Lifetime 生存时间模块，在属性窗口中把它的数据输入类型设置为固定常量类型，我们要对拖尾的生命长度做统一的调整。常量 Constant 数值越大，拖尾条带就越长。如图 3-227 所示，我们将数值设置为 0.5，每条拖尾存在时间为半秒。

图 3-227

Start Size 模块用于调整拖尾条带的宽度，dots 发射器中的圆形粒子体大小在 2 ~ 5 个单位，所以拖尾条带最好不要比圆形粒子大，如图 3-228 所示，我们把模块的数据输入类型改为固定常量类型，X、Y、Z 轴数值全部设置为 1。

图 3-228

Color Over Life 粒子生命颜色模块中，把它的颜色数值类型设置为固定常量类型，如图 3-229 所示，打开 Constant 下拉栏，R、G、B 通道的数值分别设置为 20、5、1，与金色圆形粒子颜色相似。

最后想调整粒子条带的形态，让条带在生成的时候保持原来大小，在消失的时候逐渐变得细长最后消失，条带整体呈锥形。这种形状变化与 Size 模块属性有关联，在这里给 Trail 发射器增加 Size By Life 这个模块做形态调整。

图 3-229

在粒子发射器模块区域空白的地方单击鼠标右键，在弹出的菜单中选择 Size 命令集，添加 Size By Life 模块，如图 3-230 所示。

图 3-230

单击 Size By Life 模块，在属性窗口中将 Constant Curve 菜单全部展开，如图 3-231 所示，这里只需要改变 1 号控制节点的属性，0 号控制节点保留默认的数值。1 号节点 Out Val 数值栏，将 X、Y、Z 轴数值全部归零。粒子生成的时候，保留原始尺寸，在粒子生命的最后，尺寸逐渐变小，最后消失。

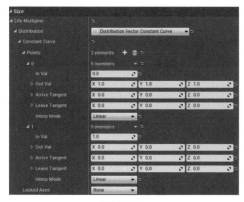

图 3-231

小结

本章对粒子系统 Type Data 各种类型进行了概括，并使用具体案例来说明常用粒子类型的使用方法以及常用发射器模块的功能。通过具体的案例制作将这些常用模块应用到实际中，希望读者能够分析这些案例的原理，制作属于自己的作品。

从第 4 章开始，将涉及真正的特效案例的制作。讲解从特效的原理分析开始，一步一步到素材整理、具体操作，直到整个案例制作完成。案例难度由易至难，涉及的知识点在特效制作中非常多，应用也非常广泛。

看完这一章粒子系统介绍，可以回忆一下学到的知识点，尝试自己用粒子系统做几个小案例巩固学习内容，为接下来的实战打下基础。

第

4

章

实例解析：火堆与火球

　　本章开始以实际案例为准，一步步解析制作流程。火焰特效在游戏场景与技能中属于出镜率比较高的类型。场景中火焰特效用来制作篝火、灯火或者某些墓地诡异的火苗等；技能中，有火球释放、受击效果等。

特效原理分析：

制作火焰需要了解火焰的动态、火焰中心生成内外焰、高亮高热、火苗形态随机喷射、纹理面积逐渐衰减、燃烧时伴随着黑烟与残渣四处飞扬、有小火星作点缀等。接下来制作一个简单的火焰案例。

● 4.1　场景火堆制作

4.1.1　火堆材质纹理制作

先来制作火焰的基础纹理。由于网上有很多特效贴图的素材库，有条件的读者可以在各大 CG 论坛中下载，这里讲一个在没有素材库的情况下制作火焰纹理素材的方法。

打开 Photoshop（编者使用的版本是 CS6），使用快捷键 Ctrl+N 新建一个高度和宽度都是 512 像素的空白图案，如图 4-1 所示。

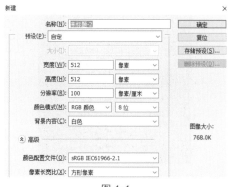

图 4-1

新建图案后，使用快捷键 D，将颜色表复位为前景色黑色，背景色白色。使用快捷键 Alt+Delete 将当前图层使用前景色——黑色填充，图层整个填充为黑色作为纹理底色。

找到编辑窗口右下侧"图层"面板，在下面  工具栏中单击"新建图层"按钮，新建空白的图层，黑色背景层上出现空白图层。选中这个新建的图层 1 开始纹理制作，如图 4-2 所示。

图 4-2

使用快捷键 Alt+Delete 在新图层中填充黑色，在 Photoshop 菜单栏找到"滤镜"菜单，选择"渲染"类的"分层云彩"，如图 4-3 所示。

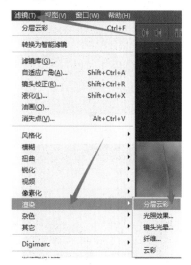

图 4-3

如图 4-4 所示，整张图片全部变成了黑白噪波纹理。如图 4-5 所示，随后选中左侧工具栏中的橡皮擦工具，在编辑窗口上方设置不透明度为 50%。在图层中使用橡皮擦工具对噪波纹理进行修整，最终修整为如图 4-6 所示的样式或者差不多的样式。这是火焰的基本纹理。

建议画不好的读者还是去 CG 论坛上找找现成的火焰纹理进行下面的制作，有耐心想学习手绘贴图的可以尝试自己绘制纹理。

图 4-4

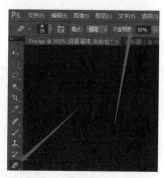

图 4-5

图 4-6

纹理制作完毕后，鼠标选中刚才绘制纹理的图层，使用快捷键 Ctrl+E 使图层向下合并，将两个图层合并为一个图层。

如图 4-7 所示，打开图层旁边的"通道"面板，单击下方图标新建 Alpha1 通道，按住 Ctrl 键，鼠标左键单击 RGB 通道图层，图案上出现动态的选区框，选中图层 Alpha1，使用快捷键 Alt+Delete 填充白色到选区，最后按 Ctrl+D 组合建取消选区，完成纹理的 Alpha 通道制作。

图 4-7

单击 Photoshop "文件"菜单，将纹理图片存储为 TGA 格式的文件，勾选保存通道，选择 32 位的格式存储（24 位不会存储 Alpha 通道）。基本的火焰纹理就制作完成了。接下来需要给这个基础火焰贴图加一个纹理叠加层，建议还是在网络各 CG 论坛中搜索一些火焰的纹理图案。案例中使用如图 4-8 所示的纹理作为火焰纹理的叠加层。

图 4-8

准备好这两张火焰纹理，打开 Unreal Engine 4 编辑器，把这两张纹理贴图导入到引擎 Content 根目录 Textures 文件夹中，做好文件命名，准备将纹理贴图制作成材质。

如图 4-9 所示，在 Materials 材质文

件夹下建立一个新的材质球，将它命名为 Fire，双击 Fire 材质球图标打开材质编辑窗口。由于火焰本身是光源，不会受到其他光源影响，高热高亮是它的基础属性，所以材质中，高亮叠加及无光模式是纹理表现的必要属性。

图 4-9

在材质属性窗口中将 Blend Mode 混合模式设置为 Additive 高亮叠加模式，光照模式 Shading Model 设置为 Unlit 无光模式，勾选 Two Sided 材质双面显示，如图 4-10 所示。

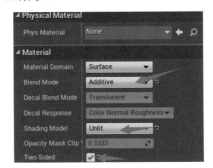

图 4-10

按住 T 键，在材质编辑窗口中单击鼠标左键，创建 Texture Sample 纹理表达式，在纹理表达式的属性窗口中添加刚才在 Photoshop 里制作的基础火焰纹理。

由于材质是用在粒子系统中的，还需要添加 Particle Color 表达式来允许粒子系统颜色模块控制材质颜色。将纹理表达式与粒子颜色表达式用乘法表达式连接，相乘结果连接到材质 Emissive Color 自发光通道，如图 4-11 所示。材质预览窗口中可以看见纹理基本样式了。

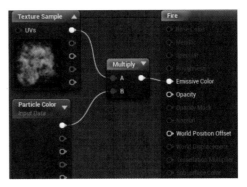

图 4-11

按住 T 键，在材质编辑窗口中单击鼠标左键，建立纹理表达式，属性窗口中选择另外准备的火焰叠加纹理，把这个贴图纹理添加到表达式中。

将火焰纹理表达式与火焰叠加纹理表达式的 Alpha 通道相乘，乘法结果与 Particle Color 的 Alpha 通道进行乘法运算，结果连接到材质 Opacity 透明通道，如图 4-12 所示。

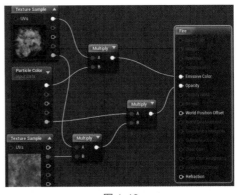

图 4-12

由于案例中火焰叠加纹理是 JPG 格式，没有 Alpha 通道，所以将 JPG 纹理表达式的 R 通道与火焰贴图 Alpha 进行相乘，这样也是可行的。R、G、B 通道与 Alpha 通道一样，属于单通道类型，单通道之间可以相互连接而不会出错。

实际应用中，火焰的材质纹理并不是完全静止的，火焰在燃烧的过程中不断地改变自身形态，参照这个原理，静态纹理之中还需要添加一些动态。

复制（Ctrl+C）红色火焰叠加纹理表达式，在旁边粘贴（Ctrl+V），按住 P 键，单击鼠标左键，在编辑窗口中建立 Panner 坐标平移表达式，如图 4-13 所示，将 Panner 表达式连接到复制出来的叠加纹理表达式 UVs 节点，Panner 属性窗口中将 X 轴数值设置为 0.05，使纹理从右至左滚动。

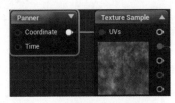

图 4-13

如图 4-14 所示，将 Panner 与 Texture Sample 表达式同时框选，然后复制粘贴出来，在粘贴出来的这一组中，将 Panner 属性窗口中的 X 轴数值归零，Y 轴数值设置为 0.1，使纹理从下至上滚动，与前面的一组滚动纹理在速度与方向上做区别。在任意一个 Panner 表达式前添加一个 TexCoord 纹理坐标表达式，用来调整纹理图案的 UV 拉伸。

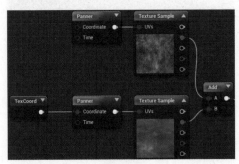

图 4-14

TexCoord 表达式属性窗口中，U 与 V 数值分别设置为 0.1、0.2，把纹理拉伸，将纹理 X 轴压缩至 10%，Y 轴压缩至 20% 大小。

将这两组纹理滚动表达式的 R 通道连接到 Add 加法表达式，使两个纹理图案相加。

再次复制火焰叠加纹理表达式并粘贴。单击鼠标右键查找 Rotator 旋转表达式并添加到编辑窗口。连接 Rotator 表达式到火焰叠加纹理表达式的 UVs 节点，如图 4-15 所示。完成以后，框选复制这两个表达式并粘贴，选择任意一个 Rotator 表达式，属性窗口中将 Speed 的数值改为 -0.1，区别两组纹理的旋转方向，Center Y 的数值改为 1，使纹理不规则旋转并错开两组纹理的旋转位置。将这二组旋转纹理表达式的 R 通道连接 Add 表达式进行加法运算，如图 4-16 所示。

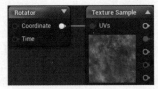

图 4-15

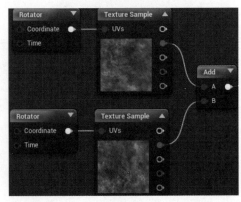

图 4-16

如图 4-17 所示，将连接滚动纹理与旋转纹理的两组 Add 加法运算结果，用乘法（Multiply）表达式连接起来。可以把控制纹理运动的表达式集合看作一个整体模块，统称为"纹理扰乱模块"。将连接了两组 Add 结果的乘法表达式，连接到新乘法表达式的 A 节点。复制火焰基础纹理表达式并粘贴，纹理表达式 Alpha 通道连接到乘法表达式 B 节点，使动态纹理强制在火焰基础纹理范围内运动。

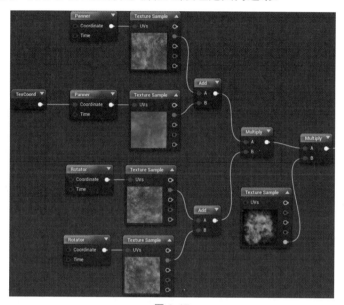

图 4-17

如图 4-18 所示制作完纹理扰乱，添加 Multiply 表达式，A 节点连接纹理扰乱动态的结果，B 节点连接一个数值为 0.2 的常量表达式。这组表达式是扰乱动态的控制开关，常量表达式用来控制强度。

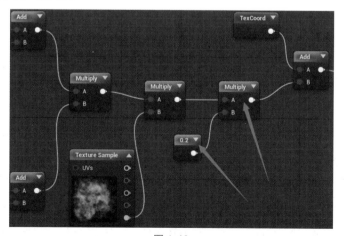

图 4-18

例如，这里常量的数值是 0，便不会显示扰乱动态，相当于将动态纹理开关关闭了。常量参数是 1，会完全显示扰乱纹理的动画，相当于把纹理动态开关打开。这里常量表达式的数值取 0.2，意思是只需要扰乱纹理动态 20% 的效果。数值为 1 时开启100% 效果。

如图 4-19 所示，扰乱纹理开关表达式右边，我们添加了加法（Add）表达式，按住 U 键并单击鼠标左键添加 TexCoord 表达式，将这个 TexCoord 表达式连接到加法表达式 A 节点。加法表达式的 B 节点连接前面扰乱纹理开关的乘法输出结果。将这个 Add 表达式的结果，分别连接到基础火焰纹理表达式与火焰叠加纹理表达式的UVs 节点。现在能够在材质预览窗口中看见纹理表面有一层水波样的动态纹理，这种制作扰乱纹理动态的方式称为纹理噪波。

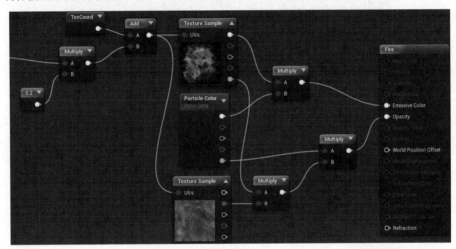

图 4-19

如图 4-20 所示，是火焰材质节点总图，虽然比较基础，一般来说也够用了。接下来在粒子系统中制作火焰。

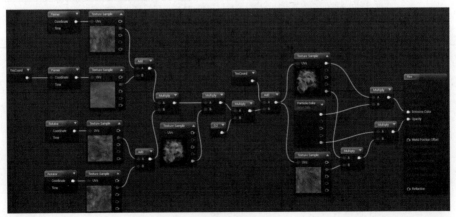

图 4-20

4.1.2 火堆主体制作

如图 4-21 所示，在虚幻引擎主面板资源浏览窗口 Content 根目录 Particles 文件夹中新建一个粒子系统，将它命名为 Fire。双击这个粒子系统图标打开粒子编辑窗口。

图 4-21

如图 4-22 所示，选中粒子发射器名称模块，在属性窗口 Emitter Name 栏将初始粒子发射器更名为 fire。

图 4-22

单击粒子发射器 Required 基础属性模块，在属性窗口 Material 栏中选择刚才完成的 Fire 材质，如图 4-23 所示。

图 4-23

预览窗口中粒子使用我们制作的火焰纹理已经在发射了。如图 4-24 所示，现在的粒子形态是初始发射形态，还需要对它的其他模块属性进行调整。

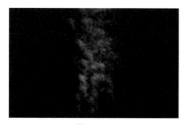

图 4-24

选择 Lifetime 模块，由于火焰生成与消亡的时间是随机的，有的火苗生存时间长，有的火苗生存时间短。如图 4-25 所示，案例中将粒子的最大生存时间 Max 数值设置为 0.75，最小生存时间 Min 数值设置为 0.5。

图 4-25

单击 Spawn 模块，设置每秒粒子的生成个数。火焰需要比较大的数量基数，所以 Rate 的 Constant 数值可以适当大一些。如图 4-26 所示，案例中将 Spawn 模块的生成数量设置为 100。

图 4-26

由于火苗的大小是有着足够随机性的，所以在 Start Size 粒子基础尺寸模块中数值也需要保留足够的随机空间。如图 4-27 所示，最大尺寸 Max 的 X、Y、Z 轴数值全部设置为 50，最小尺寸 Min 的 X、Y、Z 轴数值全部设置为 20。发射器会在 20 ～ 50 个单位尺寸随机调整尺寸大小。

图 4-27

如图 4-28 所示，单击 Start Velocity 初始速度模块，最大速度 Max 的数值分别设置为 15、15、100，最小速度 Min 的数值分别设置为 -15、-15、50，使火苗在 X 轴与 Y 轴四个方向有 15 个速度单位的偏移，最主要的动态是使火苗向 Z 轴上方运动，最快为 100 个速度单位，最慢的为 50 个速度单位。

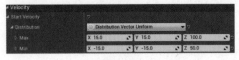

图 4-28

预览窗口中粒子火苗还是以统一的方向在运动，需要将纹理角度随机。在粒子发射器模块区域空白的地方单击鼠标右键，在弹出菜单中找到 Rotation 命令集中的 Initial Rotation 初始旋转角度模块并添加到发射器中，如图 4-29 所示。

图 4-29

如图 4-30 所示，在 Start Rotation 模块属性窗口中，将 Min 与 Max 数值分别设置为 -1、1。数值 1 代表 360°旋转，-1 代表 -360°旋转。最小与最大数值设置为 -1、1 使粒子生成时中间有 720°的随机值，纹理角度变得足够随机。

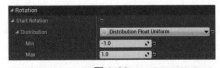

图 4-30

打开 Color Over Life 粒子生命颜色模块，将 Color Over Life 默认常量曲线 Constant Curve 下拉属性栏打开。

如图 4-31 所示，0 号节点中 Constant 的 R、G、B 通道数值分别设置为 30、5、1，1 号节点中将 Constant 的 R、G、B 通道数值分别设置为 15、2、0.1，粒子消亡时颜色会变得暗一些。打开下面的 Alpha Over Life 透明度部分，将透明度数据输入类型改为常量曲线类

型。如图 4-32 所示，单击 Points 后面的"垃圾桶"图标清除默认的控制节点数据。鼠标单击"+"（加号）控制四次，给粒子透明度部分添加四个控制节点。如图 4-33 所示，分别将 0、1、2、3 这四个控制节点的 In Val 数值设置为 0、0.3、0.65、1，Out Val 数值设置为 0.5、1、0.2、0，使粒子在生成时，透明度只有 50%，粒子生命的 1/3 处透明度 100% 完全显示，粒子生命 65% 时透明度 20%，粒子消亡时透明度降至 0% 不可见，完成粒子体淡入淡出效果。

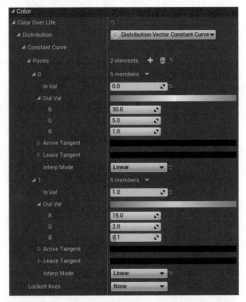

图 4-31

图 4-32

火苗的形态现在还是以顶点发射，真实火焰的燃烧中心是以区域而不是以顶点发射。我们需要给火焰发射器设定发射区域。在发射器模块区域空白的地

方单击鼠标右键，在弹出菜单中选择
Location 命令集，找到 Sphere 球形范围
模块并添加到发射器中，如图 4-34 所示。
预览窗口中，能看见粒子有比较大的随
机发射区域了，但是没经过调整的发射
区域有点儿过大了。

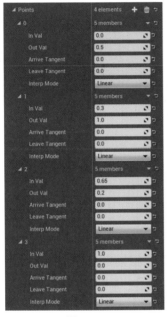

图 4-33

图 4-34

选中 Sphere 模块，在属性窗口中
将 Start Radius 范围 Constant 的数值改为
10，如图 4-35 所示。现在预览窗口中能
够看见火堆基本成形了。

图 4-35

火焰是光源，能够照亮周围环境，
现在的火堆在场景中还不能起到照明作
用，需要给火焰添加照明模块。鼠标右
键单击发射器模块空白区，在弹出菜单
中找到 Light 命令集，添加 Light 灯光模
块到发射器，如图 4-36 所示。

图 4-36

添加灯光模块后，发射器发射出来
的每个粒子都是独立的光源，我们需要
对 Light 模块的光照强度、光照范围与爆
发光做数值调整。

单击 Light 灯光模块，属性中只
需要调整 Brightness Over Life、Radius
Scale 和 Light Exponent 的数值。将这三
个属性的数值输入类型全部改为限制数
据类型，将它们的数值做限定随机。火
焰时刻都在变动，火苗跳动随机，所以
需要将光源做强弱、范围大小随机变化。

如图 4-37 所示，Brightness Over Life
光照强度的最小值 Min 与最大值 Max 分
别设置为 10、15，有 5 个单位的随机亮
度变化。

Radius Scale 光照范围 Min 与 Max
数值分别设置为 2、5，范围也有 3 个单
位的变化。

Light Exponent 曝发光强度 Min 与
Max 数值分别设置为 5、15，间隔 10 个
单位的随机变化，粒子在生成的时候爆
发光也有随机变化。

117

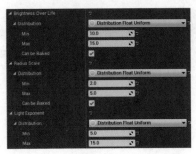

图 4-37

粒子发射器调整完成，回到引擎主面板，把资源浏览器 Particles 文件夹中制作的 Fire 粒子系统从文件夹中拖到场景编辑窗口，如图 4-38 所示。可以在场景编辑窗口中看到火焰粒子的形态。火焰在燃烧，周围地面因为受到火光的照射，忽明忽暗在变化。下一节将制作氛围烘托元素之一的烟雾。

图 4-38

4.1.3　烟雾材质制作

火焰燃烧会产生烟雾，烟雾是用来表现火焰体积以及明暗对比的元素。本节学习烟雾材质的制作。

需要用的纹理可以在网上搜索烟雾贴图，在各大 CG 论坛（如 www.cgjoy.com 论坛）资源库中下载，手绘功底强的读者可以自己绘制，其他读者建议下载现成的纹理贴图资源，可以节约时间，

提高工作效率。

案例中使用如图 4-39 所示的两种烟雾纹理。左边的纹理作为烟雾表现主体，右边的纹理作为烟雾纹理的叠加层，在材质编辑器里将两个纹理图层合并，使烟雾显得有体积感。

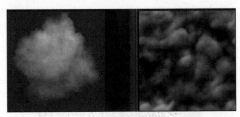

图 4-39

将两个纹理贴图导入 Unreal Engine 4 Content 根目录下的 Textures 文件夹中，案例中将这两个纹理贴图的名字分别命名为 smoke 与 smokeadd。在 Materials 材质文件夹中新建一个材质球，将其命名为 smoke。（导入资源与新建素材的步骤已经介绍过多次，所以不再赘述。）

如图 4-40 所示，双击 smoke 材质球图标打开材质编辑窗口，由于烟雾是用暗色表现的，Blend Mode 混合模式应设置为支持暗色的 Translucent 透明模式。由于烟雾可以被火光照亮，说明它支持光照效果，Shading Model 使用默认的 Default Lit 默认光照效果。打开材质的双面显示 Two Sided。

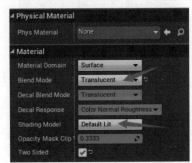

图 4-40

如图 4-41 所示，将两个纹理图案使用 Texture Sample 表达式添加到材质编辑窗口中，由于是给粒子系统使用，所以需要添加 Particle Color 粒子颜色模块。

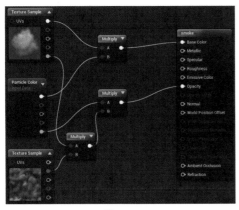

图 4-41

将烟雾主体纹理的表达式与粒子颜色表达式的 RGB 通道连接到乘法表达式 A 与 B 节点，乘法表达式输出结果连接到材质 Base Color 基础颜色通道。靠近火焰的烟雾会受到火焰粒子的灯光模块影响，所以不连接到材质自发光通道。

将烟雾纹理与烟雾的叠加纹理这两个表达式的单通道连接到乘法表达式 A 与 B 节点，相乘结果与 Particle Color 表达式的 Alpha 通道进行乘法计算，乘法结果连接到材质 Opacity 透明通道。

这样一个基本的烟雾材质就完成了。我们可以给这个基础材质制作一些动态效果。

如图 4-42 所示，材质的动态效果制作也不复杂，在烟雾叠加纹理表达式的左边添加 Panner 坐标平移表达式，将 Panner 表达式属性 Speed X 赋值为 0.01，Speed Y 赋值为 0.25，连接到叠加纹理表达式的 UVs 节点，打开纹理表达式的预览可以看到纹理向斜上方在滚动。

将粒子颜色表达式 Alpha 通道与两个纹理表达式连接的乘法结果，连接到新乘法表达式的 A 节点，建立数值为 3 的常量表达式连接到新乘法表达式的 B 节点。这里与常量相乘的乘法表达式起到开关作用，常量数值为 3，意义是将纹理 Alpha 通道亮度提升了三倍。

将提升了三倍 Alpha 亮度的乘法结果连接到 Depth Fade 表达式的 Opacity 节点，用来柔化可能会出现的两个物体交叉处的硬边。最后将 Depth Fade 表达式的输出结果连接到材质 Opacity 透明通道，烟雾的材质就制作完成了。

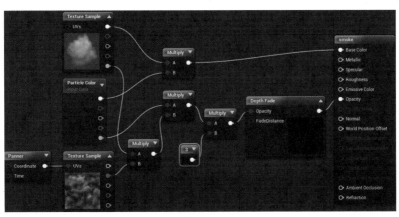

图 4-42

4.1.4　烟雾主体制作

完成了烟雾材质的制作，现在来制作烟雾主体粒子。打开 fire 粒子系统进入编辑窗口，如图 4-43 所示，在火焰发射器 fire 右边的空白区域单击鼠标右键，选中 New Particle Sprite Emitter 新建一个粒子发射器，将新建的粒子发射器命名为 smoke。

选中 smoke 发射器的 Required 模块，属性窗口中将刚才制作的烟雾材质 smoke 添加到 Material 栏。如图 4-44 所示，将下面 Emitter Origin 发射器坐标 Z 轴数值设置为 10，使粒子发射器上移 10 个单位，烟雾在火焰上方出现，把两个元素的发射器位置相隔 10 个单位。

图 4-43

图 4-44

选中 Spawn 粒子生成模块，烟雾粒子数量只需要火焰粒子数量的一半，所以这里的生成数量设置为 50 即可，如图 4-45 所示。如果感觉烟雾粒子数量过多，适当减小数值，感觉数量过少则加大数值。

选择 Lifetime 模块，在属性窗口中将最小生存时间 Min 与最大生存时间

Max 数值分别设置为 1 与 2，如图 4-46 所示。烟雾的生存时间与火焰对比生存时间较长。

图 4-45

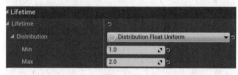

图 4-46

如图 4-47 所示，选中 Start Size 基础尺寸模块，将 Start Size 的数据输入类型改为限制数值类型，将最大尺寸 Max 的 X、Y、Z 轴数值设置为 80，将最小尺寸 Min 的 X、Y、Z 轴数值设置为 40，使最小值与最大值之间有 40 个单位的随机尺寸差异。

图 4-47

选择 Start Velocity 初始速度模块，在属性窗口中将初始速度的数据输入类型设置为限制数据类型。如图 4-48 所示，最大速度 Max 的 X、Y 轴数值设置为 5，Z 轴数值设置为 100，最小速度 Min 的 X、Y 轴数值设置为 -5，Z 轴数值设置为 50，使烟雾粒子以向上运动为主，速度有快慢变化，一部分烟雾粒子在 X 与 Y 轴中有正负 5 个单位的随机运动。

图 4-48

现在烟雾纹理方向都是统一的，需要让粒子在产生时方向随机。如图 4-49 所示，直接从 fire 发射器中提取修改粒子随机方向的模块，从 fire 发射器中将 Initial Rotation 复制到 smoke 发射器中。按住 Ctrl 键，鼠标单击并拖动 fire 发射器中的 Initial Rotation 模块，将这个模块拖到 smoke 发射器中。现在 Initial Rotation 模块就复制到 smoke 发射器中了，属性数值与源模块一样。

图 4-49

说到复制模块，虚幻引擎中模块的复制有两种类型，一种是按住 Ctrl 键拖动的类型，一种是按住 Shift 键拖动的类型。使用 Ctrl 键复制的模块是独立的，参数数值不会相互影响。使用 Shift 键复制的模块会共享属性数值并同步修改，也就是说按 Shift 键复制的模块，一旦改变某一个关联模块的数值，在同一个粒子系统中使用这种方式复制出来所有同类型模块数值都会一起改变。使用 Shift 键复制出来的模块，名字右边会有 "+" 号，表示是关联数值，像这样

Initial Rotation+ ☑ ☑ 。

接下来选择 Color Over Life 粒子生命颜色模块。颜色部分数值输入类型设置为常量曲线类型，我们要给粒子做颜色渐变。单击 Point 右边的 "加号" 按

钮两次，添加两个控制节点，如图 4-50 所示。

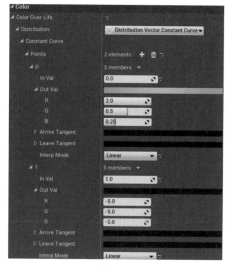

图 4-50

0 号节点 In Val 数值设置为 0，控制节点设置在粒子生命开始。1 号节点 In Val 数值设置为 1，控制节点设置在粒子生命结束。烟雾刚刚脱离火焰还会和火焰颜色有一些关联，我们使烟雾粒子在生命开始时为红色，表现烟雾生成的部分会受到火光的照亮。

0 号节点 Out Val 的 R、G、B 通道数值分别设置为 2、0.5、0.25，粒子颜色以红色调为主。1 号节点 Out Val 的 R、G、B 通道数值全部设置为 -5，最后让粒子颜色变为黑色。

打开下面的 Alpha Over Life 下拉菜单，设置烟雾淡入淡出效果。将数据输入类型设置为常量曲线类型。单击 Points 后面的 "加号"，控制节点添加至三个。要完成淡入淡出的过程，必须要三个控制节点，如图 4-51 所示。

0 号节点的 In Val 与 Out Val 数值全部归零，粒子生成的时候透明度为 0，使

它不可见。

1号节点 In Val 数值设置为 0.5，将控制节点设置在粒子生命中期，Out Val 数值设置为 1，粒子生命一半的时候，透明度完全显示。0号到1号节点完成粒子的淡入过程。

2号节点 In Val 数值设置为 1，控制节点设置在粒子生命结束处。Out Val 数值设置为 0，粒子生命消亡时透明度为 0，完成1号节点到2号节点粒子的淡出过程。

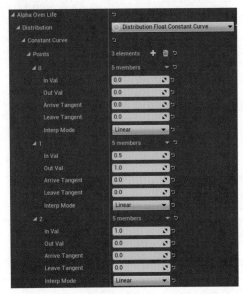

图 4-51

如图 4-52 所示，可以看到火焰上方烟雾形成时，颜色是红色，烟雾上升到一定高度时，红色转变为黑色，烟雾粒子在生命周期中完成颜色渐变。

按住 Ctrl 键从 fire 发射器复制 Sphere 球形范围模块到 smoke 发射器。

给 smoke 发射器添加鼠标右键菜单 Size 命令中的 Size By Life 模块，如图 4-53 所示。烟雾在上升过程中会不断扩大最后消散，还需要对粒子生命周期中的尺寸进行控制。

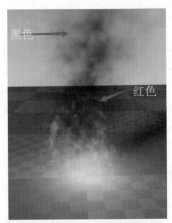

图 4-52

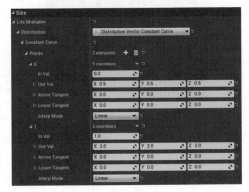

图 4-53

单击 Size By Life 模块，在属性窗口中将0号节点 In Val 数值设置为 0，节点设置在粒子生命开始，Out Val 的 X、Y、Z 轴数值全部设置为 0.5，粒子在生命开始时，尺寸只有 Start Size 模块数值的一半（数值1代表继承 Start Size 模块数值的原始尺寸）。

1号节点 In Val 数值设置为 1，将节点设置在粒子生命消亡。Out Val 的 X、Y、Z 数值全部设置为 2，在粒子生命最后，将尺寸扩大到 2倍 Start Size 属性数值大小。

调整完烟雾尺寸动态，使用加速

模块模拟烟雾受到微风吹散。在 smoke 发射器模块区空白的地方单击鼠标右键，在弹出菜单中找到 Acceleration 命令，添加 Acceleration 加速度模块  到粒子发射器中。

单击 Acceleration 模块，在属性面板中，将数据输入类型改为限制数据类型，使它能在两组数据之间随机取值。如图 4-54 所示，最大值 Max 的 X 轴与 Z 轴数值设置为 20，Y 轴数值归零。最小值 Min 的 X、Y、Z 轴数值全部归零。这样可以使加速度在最大值与最小值这两组数值中随机取值，使烟雾粒子受到来自两组 X 轴数值加速度随机影响，与来自 Z 轴的随机浮力。模拟微风吹动烟雾，改变烟雾的运动方向。具体的场景火堆制作时，需要根据场景需要，对烟雾飘散的方向进行调整。

图 4-54

4.1.5　碎火花材质制作

火焰与烟雾的主体制作完成了，还缺少一些细节上的元素。火焰在燃烧的过程中，会随机产生一些明亮或黯淡的火花残渣，使这些残渣作为火堆的细节。

先来制作明亮的火花元素。在项目 Content 根目录 Materials 文件夹中新建一个材质球，将这个材质球命名为 Spark。双击这个材质球打开编辑窗口。如图 4-55 所示，材质基础属性中的混合模式设置为 Translucent 类型，光照模式设置为 Unlit 无光类型，打开材质双面显示。

图 4-55

如图 4-56 所示，是基础粒子材质的连接方式，纹理表达式的 RGB 通道与粒子颜色表达式的 RGB 通道相乘，纹理表达式的 Alpha 通道与粒子颜色表达式的 Alpha 通道相乘，分别连接到材质自发光与透明通道。

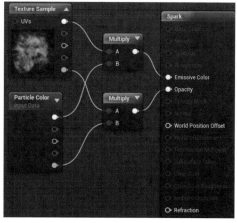

图 4-56

纹理表达式中使用之前制作的火焰纹理，粒子颜色表达式是允许以发射器的颜色模块调整纹理颜色与透明度。可以进一步完善这个材质的细节部分，如图 4-57 所示。

在纹理表达式的左侧添加一组扰乱纹理。复制两个纹理表达式，将其中一个纹理表达式的贴图替换为烟雾叠加层纹理。

将火焰纹理表达式与烟雾叠加纹理表达式 R 通道连接到一个乘法表达式。

烟雾叠加纹理表达式 UVs 节点连接

Panner 坐标平移表达式，将 Panner 属性 X 轴数值设置为 0.2，使烟雾叠加纹理滚动。将这两个纹理表达式的乘法结果连接 Add 加法表达式 B 节点，添加 TexCoord 纹理坐标表达式并连接到 Add 表达式的 A 节点。

加法结果连接火焰纹理表达式 UVs 节点。在预览窗口中可以看见纹理中有扭曲动态。这样做的目的是模拟火花碎片燃烧时的不规则，虽然碎片小，但是细节还是要考虑到的。材质完成以后记得单击 Apply 按钮应用材质。

明亮火花的材质制作完成了，在资源浏览窗口 Content 根目录 Materials 文件夹中 Spark 材质球图标上单击鼠标右键，在弹出菜单中选择 Duplicate，复制 Spark 材质球，将复制的材质球改名为 Spark-dark，如图 4-58 所示。

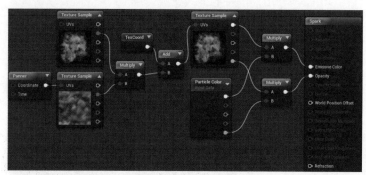

图 4-57　　　　　　　　　　　　　　　　　　　图 4-58

双击 Spark-dark 材质球图标进入编辑窗口，删除纹理表达式与粒子颜色表达式 RGB 通道连接的乘法表达式，直接将粒子颜色表达式的 RGB 通道连接到材质 Emissive Color 自发光通道，如图 4-59 所示。

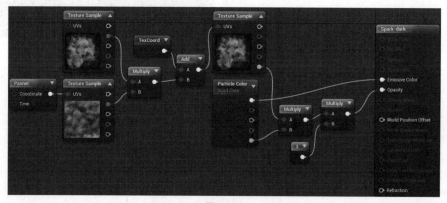

图 4-59

如图 4-60 所示，粒子颜色与纹理表达式 Alpha 通道乘积右边添加乘法表达式，连接前面乘法表达式的结果到新乘法表达式 A 节点，B 节点连接数值为 3 的常量表达式，这是将纹理 Alpha 通道的强度提升三倍，结果连接到材质 Opacity 透明通道。单击工具栏 Apply 按钮应用材质。

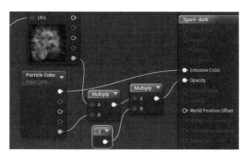

图 4-60

4.1.6　碎火花主体制作

火花和碎片的材质制作完成了，该来制作粒子主体了。打开 fire 粒子系统编辑窗口，在粒子发射器编辑面板中，新建一个粒子发射器并命名为 spark，如图 4-61 所示。

图 4-61

单击 Spark 发射器的 Required 模块，把刚才做好的 Spark 材质球在 Material 栏选中，Screen Alignment 屏幕对齐方式选择 PSA Velocity 速度对齐方式，使粒子飞扬的角度与速度方向对齐，如图 4-62 所示。

图 4-62

如图 4-63 所示，选中 Spawn 粒子

生成模块，把粒子生成模块的 Rate 数据输入类型设置为限制数据类型，最小数量 Min 设置为 20，最大数量 Max 设置为 50，使粒子生成数量随机，某段时间粒子生成数量较多，某段时间粒子生成数量较少。

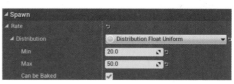

图 4-63

如图 4-64 所示，Lifetime 模块中，在属性窗口中将粒子最大生存时间 Max 与最小生存时间 Min 数值分别设置为 1.5、0.5，需要粒子消亡的时间随机。

图 4-64

如图 4-65 所示，Start Size 为基础尺寸模块，将它最大尺寸 Max 的 X、Y、Z 轴数值分别设置为 0.5、3、0.5，最小尺寸 Min 的 X、Y、Z 轴数值分别设置为 0.1、0.1、0.1，从数值上可以看出，两组数据 Y 轴数值对比是最大的。由于屏幕对齐方式是 PSA Velocity，粒子允许被拉长，所以尺寸模块中 X 轴数值控制粒子的宽度，Y 轴数值控制粒子的长度。Y 轴数值区别越大，粒子就被拉得越长。

如图 4-66 所示，单击 Start Velocity 速度模块，在属性窗口中将最大速度 Max 的 X、Y、Z 数值分别设置为 5、5、50，最小速度 Min 的 X、Y、Z 数值分别设置为 -5、-5、10，X 与 Y 轴有正负 5 个单位的速度分散，以 Z 轴向上运动为主，其间有 40 个速度单位的差异。

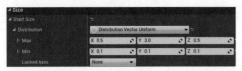

图 4-65

图 4-66

如图 4-67 所示，在 Color Over Life 模块中，把数据输入类型设置为固定常量类型，由于粒子尺寸较小，把颜色 R、G、B 通道的数值加大一些，案例中将 R、G、B 数值分别设置为 1000、200、10，粒子呈高亮金黄色。

图 4-67

打开 Alpha Over Life 透明度部分，将 Points 设置为三个节点，给粒子的透明度制作淡入淡出效果。制作淡入淡出的效果在制作烟雾时有说明，所以不再赘述。

在 fire 或者 smoke 发射器中找到 Sphere 球形范围模块，按住 Ctrl 键，鼠标左键选中 Sphere 模块并拖动到 spark 发射器模块中，使发射器的粒子发射范围与其他粒子发射器一致。

火花粒子的动态核心部分，在 spark 粒子发射器模块区空白的地方单击鼠标右键，在弹出的 ▣ 菜单中找到 Orbit 命令，添加一个 Orbit 模块到粒子发射器中，在预览窗口中可以看到粒子

开始做无规则运动了。

我们需要对 Orbit 模块进行调节，使粒子运动变得规律。打开 Orbit 模块属性窗口，在 Offset 属性栏中设置最大位移距离 Max 的 X、Y、Z 轴数值为 0、25、10，最小位移距离 Min 所有的数值归零，如图 4-68 所示。这两组数值设置粒子围绕 Y 轴做 0 ～ 25 个单位的偏移，围绕 Z 轴做 0 ～ 10 个单位的偏移。

图 4-68

如图 4-69 所示，打开下面 Rotation Rate 属性栏，将最大、最小数值的 X 与 Y 轴数值归零，Z 轴的数值分别设置为 0.5、0.1，在 Rotation Rate 属性中，数值 1 代表旋转 360°。案例的 Z 轴取值使粒子沿 Z 轴完成 1/10 或最多 1/2 圈旋转。

图 4-69

将 fire 粒子系统拖到引擎场景窗口中，能看见火堆之中有飞舞的火花了，如图 4-70 所示。现在只有明亮的火花，还需要暗色的碎片元素对火焰整体颜色做些层次。

回到 fire 粒子系统编辑窗口，在 spark 发射器上单击鼠标右键，在弹出菜单中选择 Emitter 命令中 Duplicate Emitter 复制粒子发射器，如图 4-71 所示。

图 4-70

图 4-71

将复制出来的发射器改名为 spark-dark，这个元素大部分模块数值与 spark 一样，暗色碎片元素只需要做一些小小的数值改动就好。

选择 spark-dark 发射器 Required 模块，属性窗口 Material 栏的材质替换为我们制作的 Spark-dark 材质球，屏幕对齐方式更改为 PSA Rectangle 矩形类型，允许粒子长与宽拉伸，如图 4-72 所示。

图 4-72

如图 4-73 所示，Start Size 模块，最大尺寸 Max 的 X、Y、Z 轴数值分别设置为 1、2、1，最小尺寸 Min 的 X、Y、Z 轴数值分别设置为 0.25、1、1，X 轴数值与 Y 轴数值之间有一定的尺寸差异。粒子体没有厚度，所以 Z 轴数值没有意义。

图 4-73

如图 4-74 所示，选择 Spawn 粒子生成速率模块，将最大生成数量 Max 的数值设置为 30，最小生成数量 Min 的数值设置为 10，暗色粒子元素不需要比火花数量多，设置粒子数量时，需要比火花粒子的数量少。

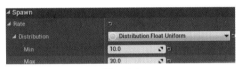

图 4-74

如图 4-75 所示，Color Over Life 模块，将颜色部分 R、G、B 通道的数值设置为 0、0、0，让粒子呈纯黑色显示，我们需要黑色的粒子元素。

图 4-75

调整完模块数值，还需要调整碎片的动画效果，使碎片在旋转上升的过程中有自转。要粒子体自身旋转，需要用到 Start Rotation Rate 模块。如图 4-76 所示，在发射器区域空白处单击鼠标右键，在弹出菜单中选择 Rotation Rate 命令中的 Initial Rotation Rate 模块添加到发射器中。如图 4-77 所示，属性窗口中最小旋转角度 Min 的数值设置为 -1，最大旋转角度 Max 的数值设置为 1，使粒子自转角度为 -360°～ 360°。回到引擎主面板，可以在场景中看到火堆燃烧了，如图 4-78

所示。

图 4-76

图 4-77

图 4-78

4.2　火球制作

4.2.1　火焰主体制作

　　这一节解析游戏技能中的火焰制作。技能制作中，火焰的动态表现要求比场景要高，特效表现过程中需要能够看清火焰的变化，如果使用 4.1 节给场景火堆制作的贴图纹理，纹理精度会很低，火苗变化也不丰富。要使火焰动态表现丰富，最直观的就是在纹理中下功夫。这个技能类火球案例中，使用序列纹理来制作火球的火苗动态与烟雾。

　　烟雾与火焰的特效纹理素材可以在各动画特效网站论坛的素材库中下载到，这种火焰烟雾类型的序列素材是最多的。

　　如图 4-79 所示，案例中使用的是下图横排六张图与竖排六张图组合的 6×6 格式火焰序列纹理。将这个纹理贴图导入到虚幻引擎 Content 目录 Textures 文件夹中，接着在 Materials 文件夹中新建一个材质球，将它命名为 fireball。鼠标双击 fireball 材质球打开材质编辑窗口。

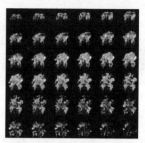

图 4-79

　　首先调整材质的基础属性，在属性窗口中将 Blend Mode 设置为 Additive 高亮叠加模式，Shading Model 设置为 Unlit 无光模式，最后勾选 Two Sided 打开材质双面显示。

　　设置完成材质基础属性，在编辑窗口建立如图 4-80 所示的基础粒子纹理材质。我们没有让纹理使用 Texture Sample 纹理表达式，而是使用 Particle SubUV 粒子子 UV 表达式。虽然 Texture Sample 纹理表达式同样可以使用，最好还是要养成良好习惯，使用 Particle SubUV 表达式处理序列纹理。

　　如图 4-80 所示，Particle SubUV 表达式与粒子颜色表达式的 RGB 通道进行相乘，乘法结果连接到材质自发光通道，纹理与粒子颜色表达式 Alpha 通道连接乘法表达式，乘法结果连接到材质透明通道。基础的粒子材质就制作完成了。

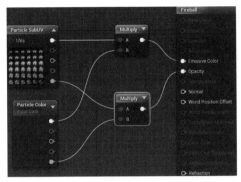

图 4-80

接下来在基础纹理材质之上做些进阶效果。如图 4-81 所示，添加 Depth Fade 深度衰减表达式，放置在纹理与粒子颜色 Alpha 通道相乘的结果右边，把两个表达式 Alpha 相乘的结果连接到 Depth Fade 的 Opacity 节点。连接 Depth Fade 表达式到材质透明通道。

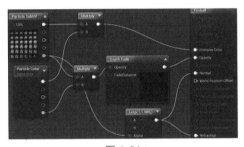

图 4-81

材质透明通道前面添加 Depth Fade 表达式，是用来柔化两个物体交叉时，交叉部位的硬切边效果。

添加 Lerp 线性插值表达式，Lerp 表达式属性窗口 Const A 与 Const B 数值分别设置为 1、1.085，将 Particle SubUV 表达式 Alpha 通道连接 Lerp 表达式 Alpha 节点，将 Lerp 表达式分别连接到材质的 Refraction 折射与 Normal 法线通道。

火焰燃烧时，周围的空气会受热扭曲，透过火焰观察景物也会因空气的受热而扭曲。Lerp 表达式就是用来制作这种扭曲效果。表达式 Const A 与 Const B 两个参数的数值差就是扭曲的强度，A 与 B 的数值差越大，扭曲就越夸张。

如果 Lerp 表达式连入材质折射通道后，材质的 Normal 通道仍是灰色不可用状态，就将材质基础属性中 Shading Model 光照模式更换为 Default Lit，连接好 Normal 法线通道后，再把光照模式更换回来，Normal 法线通道就启用了。

完成火焰的材质后，建立一个新的粒子系统。在引擎主面板 Content 根目录 Particles 文件夹中单击鼠标右键，新建 Particle System，将新建粒子系统命名为 fireball。双击 fireball 粒子系统进入编辑面板。将粒子系统中默认的发射器命名为 fireball。

首先来给粒子赋予材质，选中发射器 Required 面板，在 Material 栏中选择制作完成的 fireball 材质球。

在 Required 属性窗口继续往下寻找 Sub UV 属性栏。在 Sub UV 属性栏 Sub Images Horizontal（横向排列）与 Sub Images Verical（纵向排列）两个数值框内填上 6，我们的序列纹理是横向 6 张图，纵向 6 张图，共计 36 张图拼接而成。读者若使用自己的素材纹理，就按照纹理横向与纵向的图案数量来填写这两栏的数值即可。

如图 4-82 所示，填完横向纵向两栏数值后，将 Interpolation Method 类型设置为 Linear 线性或者 Linear Blend 线性混合类型。这个属性是序列纹理的读取方式，不设置序列纹理的读取类型，序列纹理就不会正常读取。

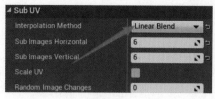

图 4-82

单击 Spawn 粒子生成速率模块。如图 4-83 所示，在属性窗口中将 Rate 的数据输入类型修改为限制数据类型（Float Uniform），最大生成数量 Max 数值设置为 20，最小生成数量 Min 数值设置为 10，火苗的生成数量是随机的，所以不能用速度平均的数值来设定。案例中设置上限数量与下限数量中间有 10 个数量单位的间隔，使火苗粒子的数量随机生成。

图 4-83

打开 Lifetime 模块的属性窗口，如图 4-84 所示，将 Lifetime 数据输入类型设置为限制数据类型，由于纹理序列是 36 张图，人眼观看到平顺的动画播放速度在 30 ～ 60 帧 / 秒之间，所以我们把粒子最大生存时间设置为 1 秒，最小生存时间设置为 0.65 秒。如果粒子生存时间过短，在规定时间内要播放完 36 张序列帧，会使动画变得非常快速。要使序列帧动画播放平顺，需要与粒子生存时间长度进行配合。如果使用 64 帧（8×8）的序列纹理，粒子生存时间最大数值为 2 秒比较合适。

选择 Start Size 模块，如图 4-85 所示，将数值类型设置为限制数据类型，最大尺寸与最小尺寸的 X、Y、Z 轴数值分别设置为 50 和 30，使最大与最小尺寸之间

有 20 个单位的尺寸变化。火焰随机的属性导致几乎所有的模块都用限制数据类型来限定最大数值与最小数值。

图 4-84

图 4-85

Start Velocity 模块中，如图 4-86 所示，初始速度类型设置为限制数据类型，最大速度 Max 的 X、Y 轴数值设置为 5，最小速度 Min 的 X、Y 轴数值设置为 -5，使火焰运动时向 X 与 Y 轴偏移 5 个速度单位。Z 轴数值取值 10 ～ 50，使火焰上升运动中有 40 个单位的速度变化。如果想使火焰喷射速度加快，就加大 Z 轴数值，拉大 Max 数值与 Min 数值之间的差值。

图 4-86

单击选中 Color Over Life 模块，如图 4-87 所示，颜色部分的数据输入类型设置为固定常量类型，R、G、B 通道的数值分别设置为 5、1.5、0.15，火焰颜色呈金黄色。

图 4-87

打开 Alpha Over Life 透明度部分，如图 4-88 所示，给粒子加上淡入淡出的

效果。单击 Points 栏右边的"+"（加号）按钮，建立三个控制节点。

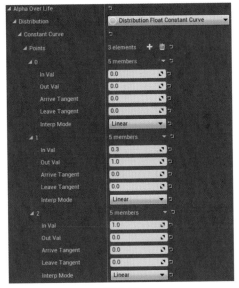

图 4-88

0、1、2 号控制节点 In Val 数值分别设置为 0、0.3、1，将这三个控制节点分布在粒子生命周期起点、1/3 处与粒子消亡。

0 号节点与 1 号节点只相隔 3/10 生命周期的时间，火苗粒子生成时淡入的时间短，能快速显示粒子体。

1 号节点与 2 号节点相隔 7/10 生命周期的时间，火苗粒子在完全显示至消亡的时间段较长，控制火焰燃烧的节奏。

三个控制节点的 Out Val 数值分别设置为 0、1、0，使粒子在生成时完全透明，到生命 30% 处完全显示，在生命周期的最后完全透明，完成淡入淡出。

调整完这些发射器模块后，该让粒子的序列纹理动起来了。在发射器模块空白处单击鼠标右键，在弹出菜单中选择 SubUV 命令集中的 SubImage Index 模块并加入到发射器中，如图 4-89 所示。

图 4-89

如图 4-90 所示，选中 SubImage Index 模块，在属性窗口中将默认 0 号节点的 In Val 数值设置为 0，节点设定在粒子生命开始，Out Val 数值同样设置为 0，粒子在生命起点开始读取序列纹理的第 1 张图。所有参数数值起始都是由 0 开始计数的。

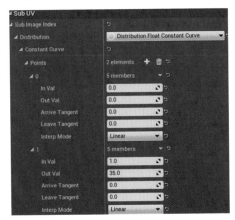

图 4-90

打开 1 号节点，In Val 数值设置为 1，把节点设定在粒子生命的消亡。Out Val 数值设置为 35。我们的序列纹理是 6×6 格式，一共由 36 张图片组成，粒子生命开始时读取 0 号图案，生命最后读取第 35 号图案。0 号到 35 号，一共 36 张图，与序列纹理相符合。

控制节点中的 Interp Mode 读取模式默认是 Linear 线性模式，控制节点读取序列纹理的时候以平均速度读取序列图片。如果对序列纹理读取速度有特殊要求，也可以使用 Curve Auto 自动曲线模式或者 Curve User 手动曲线来调整序列纹理读取时间间隔。

完成序列纹理动画，现在能在粒子预览窗口中看见纹理动态了，现在的粒子朝向还是一样的，需要给发射器添加 Start Rotation 模块，使粒子的起始方向随机。

如图 4-91 所示，最小角度与最大角度数值分别设置为 -1、1，使粒子在 −360°～360° 选择随机初始方向。

图 4-91

现在的火焰在形态上还有些欠缺，火苗在生成到消亡的过程中，体积会从小到大变化。

鼠标右键单击粒子发射器模块空白区域，在弹出菜单中选择 Size 命令集，添加 Size By Life 模块到发射器。如图 4-92 所示，在属性窗口中，打开 0 号控制节点，In Val 数值设置为 0，节点设置在粒子生命开始。Out Val 的数值设置为 0.65，粒子生成的时候，只有 65% 的 Start Size 模块属性大小。

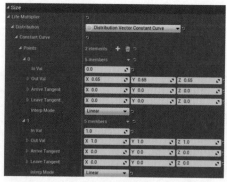

图 4-92

1 号节点 In Val 数值设置为 1，Out Val 数值设置为 1，使粒子在消亡的时候，恢复到 100% 的 Start Size 模块数值大小。

粒子从生命开始至结束的过程中，火苗的大小由 65% 扩大到了 100%，形成扩大动态。

火焰是光源，也是热源，火焰周围会被照亮。现在的案例如图 4-93 所示，只有火焰的形态与模拟热源，还没有给火焰添加光源。

图 4-93

在火焰粒子发射器模块空白区域单击鼠标右键，在菜单中选择 Light 命令添加 Light 灯光模块到发射器面板。由于火焰动态与生命的随机，光源强度与范围也需要表现其随机性。

如图 4-94 所示，打开 Brightness Over Life 光照强度、Radius Scale 光照范围和 Light Exponent 瞬时强度这三个属性栏，将数值输入类型全部改为限制数据类型。

案例中，将光照强度的数值取值范围设置为 20～35，光照范围取值设置为 10～20，瞬时强度取值为 10～20。这样火焰主体就制作完毕了，将粒子系统放置在场景编辑窗口中观察，感觉有问题的地方可以进一步对粒子模块参数进行调整。

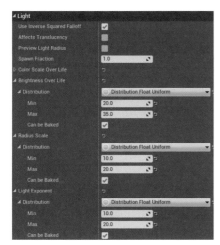

图 4-94

4.2.2 烟雾的制作

完成火焰的制作，接下来制作火焰燃烧产生的烟。我们使用序列纹理图案制作烟的材质。

如图 4-95 所示，案例中使用 8×8 的烟雾序列纹理，将贴图导入引擎 Content 根目录 Textures 文件夹。在 Materials 文件夹中建立新材质球并命名为 fireball-smoke。使用相同前缀的名称能快速定位查找。对同一个系列的资源文件命名时，前缀名称可以一致。

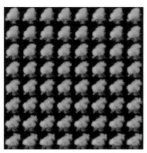

图 4-95

双击 fireball-smoke 材质球打开编辑窗口，如图 4-96 所示，在属性窗口中将 Blend Mode 混合模式设置为 Translucent

透明模式。由于烟是暗色系，所以需要用普通透明模式，Additive 叠加模式不能显示暗色。由于烟可以被灯光照亮，Shading Model 使用默认 Default Lit 模式，最后选择材质双面显示。

图 4-96

如图 4-97 所示，添加 Particle SubUV 表达式，选择烟雾序列纹理到表达式中，添加粒子颜色表达式到编辑窗口，建立纹理表达式，选择火堆案例中使用的烟雾叠加纹理。

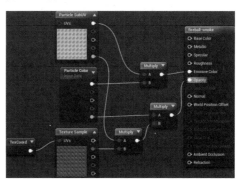

图 4-97

纹理表达式左边添加 TexCoord 纹理坐标表达式，TexCoord 属性窗口中 Utiling 与 Vtiling 数值都设置为 8，配合序列纹理的图案数量。叠加纹理平铺数量如果不能完全与烟雾序列纹理融合，粒子纹理就会闪烁。

烟雾序列纹理表达式与粒子颜色表达式的 RGB 通道使用乘法表达式连接，输入材质 Emissive Color 自发光通道。

将序列纹理表达式与烟雾叠加纹理表达式的 Alpha 通道进行乘法运算（案例

中烟雾叠加纹理是 JPG 格式，没有 Alpha 通道，所以案例使用 R 通道连接）。

两个纹理表达式的乘法运算结果与粒子颜色表达式 Alpha 通道连接到乘法表达式，把乘法结果连接到材质 Opacity 透明通道。单击工具栏 Apply 按钮应用材质，按 Ctrl+S 组合键保存项目文件。记得养成随时保存的习惯。

打开 fireball 粒子系统，在火焰元素粒子发射器右边新建一个发射器，将新发射器命名为 smoke，如图 4-98 所示。

图 4-98

单击 smoke 发射器的 Required 模块，在材质中选中刚才制作的 fireball-smoke 材质球，如图 4-99 所示，在下面 Sub UV 属性栏中将 UV 的卷动类型设置为 Linear Blend 线性混合，横向与纵向数值栏中填上 8，表示我们使用的纹理图案是 8×8 共计 64 张图的序列图案。

图 4-99

Sub UV 的属性数值输入正确后就能看到粒子贴图正常显示了，现在暂时是看不到动画的。

选择 Spawn 粒子生成速率模块，如图 4-100 所示，Rate 数据输入类型设置为限制数据类型，最大生成数量 Max 的

数值设置为 50，最小生成数量 Min 的数值设置为 30，使数量间有 20 个单位的变化。

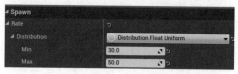

图 4-100

单击 Lifetime 粒子生存时间模块。前面说过，序列帧粒子的生存时间与序列纹理数量有关，案例使用的是 64 张图片组合的序列纹理，在保证序列动画以正常速度播放的情况下，生命时长应该在 2 秒左右。如图 4-101 所示。案例中将烟雾粒子的最大生存时间限定在 2 秒，最小生存时间由于顾及播放速度，最少需要 1 秒。为避免动画播放速度过快，Min 参数取值在 1～2 秒较合适。案例中设置粒子最小生存时间为 1.5 秒。

图 4-101

选中 Start Size 模块，将粒子的尺寸模块数据输入类型设置为限制数据类型。如图 4-102 所示，最大尺寸的 X、Y、Z 轴数值全部设置为 50，最小尺寸的 X、Y、Z 轴数值设置为 10，有 40 个单位的随机变化。

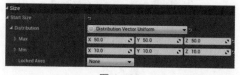

图 4-102

打开 Start Velocity 粒子初始速度模块，如图 4-103 所示，在属性窗口中修

改最大速度 Max 的 X、Y 轴数值为 5，最小速度 Min 的 X、Y 轴数值为 −5，使烟雾在 X 与 Y 轴运动上速度略小。Z 轴数值取值分别为 100、30，使粒子上升速度变化较大，拉开烟雾距离。案例中的数值仅作为参考，读者可以自行调整数值以求最好的效果。

图 4-103

Color Over Life 粒子生命颜色模块中，打开属性窗口中 Color Over Life 栏，将颜色的数据输入类型改为常量曲线类型，需要烟雾在上升过程中改变颜色。

烟雾在产生过程中，距离火焰近的烟雾会与火焰呈相近颜色，距离火焰较远的烟雾会变为黑色。因此，需要在粒子生命颜色模块中制作颜色渐变效果。

如图 4-104 所示，单击 Points 后面的 "+" 号两次，建立两个控制节点，0 号节点与 1 号节点 In Val 的数值分别设置为 0、1，把控制节点设置在粒子生命的开始与消亡处。

0 号节点 Out Val 的颜色 R、G、B 通道数值分别设置为 0.5、0.25、0，用小数值使颜色整体偏暗。现在的颜色是暗红色。

1 号节点 Out Val 的 R、G、B 通道的数值全部设置为 −0.5，这里设置为负数是为了将暗红色压制在离火焰近的地方。

打开下面 Alpha Over Life 属性栏，参照前面的案例，制作粒子淡入淡出的变化效果。

图 4-104

我们需要给粒子发射器指定发射范围，在模块区域空白的地方单击鼠标右键，在弹出菜单中选择 Location 命令集，添加 Sphere 球形发射范围。如图 4-105 所示，将 Start Radius 的 Constant 属性数值设置为 8，范围设置在 8 个单位大小。选中 Surface Only 表面发射选项，使粒子在球形范围的边缘发射，让烟雾粒子包裹火焰顶端。

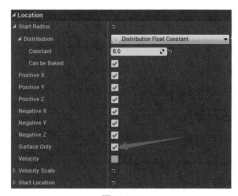

图 4-105

如图 4-106 所示，在 fireball 火焰粒子发射器中选中 Initial Rotation 模块，按住 Ctrl 键，将它从 fireball 发射器中，用鼠标拖动到 smoke 发射器模块栏。沿用这个模块的属性值，可以节约制作时间。

图 4-106

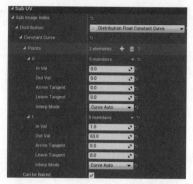

图 4-107

现在要使烟雾正常播放序列动画了。在 smoke 发射器模块空白区单击鼠标右键，菜单中找到 SubUV 命令集，添加 SubImage Index 模块到发射器中。直接复制 fireball 发射器中的这个模块也可以。

在同一个粒子系统中，发射器的模块几乎都可以相互复制后再改变模块的数值。如果需要复制的模块间数值同步，则按 Shift 键拖动复制模块。

如图 4-107 所示，选中烟雾粒子 SubImage Index 模块，打开 Points 顶点设置，由于是复制的模块，数值有残留。1 号节点的 Out Val 原始数值是 35，现在的烟雾序列纹理为 8×8，一共 64 张图案，所以要将 1 号节点 Out Val 的数值设置为 63，上面 0 号节点的数值不做修改。可以在预览窗口中看到烟雾序列纹理动画了。

回到引擎主面板，把这个粒子系统从资源浏览窗口中拖到场景编辑窗中观察，真实的火焰燃烧过程中烟雾是会有投影的。在主面板右侧 World Outliner 窗口中选中 Fire 粒子系统，在主面板右下角 Details 粒子属性窗口中找到灯光 Lighting 属性栏下面的 Cast Shadow 选项，将选项勾上。如图 4-108 所示，现在能够在场景中观察到地面有烟雾的投影了。

图 4-108

火焰的材质光照模式是 Unlit 无光模式，无光模式不会产生投影，而烟雾材质使用的是默认光照模式，所以在场景中勾选粒子系统 Cast Shadow 选项时，烟雾就产生投影了，如图 4-109 所示。

图 4-109

现在烟雾的形态还不完善，烟雾在上升过程中需要由小变大，最后扩散消失，而我们的烟雾粒子还缺少尺寸形态变化的过程。

回到 Fire 粒子系统编辑窗口，鼠标右键单击 Smoke 发射器模块空白区，在弹出菜单中找到 Size 命令集，添加 Size By Life 粒子生命尺寸模块到发射器。

如图 4-110 所示，打开 Constant Curve 下拉栏，0 号节点 Out Val 的数值全部设置为 0.65，1 号节点 Out Val 的数值全部设置为 1.5，使粒子产生时只有 65% 的 Start Size 尺寸大小，在粒子消亡时扩大到 150% 的 Start Size 尺寸大小。

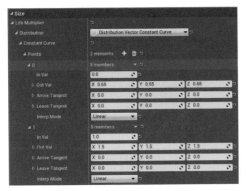

图 4-110

烟雾在上升过程中会受到大气压力影响导致上升速度越来越慢，我们也能模拟这个因素。

鼠标右键单击模块区空白处，在菜单中找到 Acceleration 命令集，选择添加 Drag 拉力模块到粒子发射器，如图 4-111 所示。Drag 模块我们不做调整，使用默认数值就好。

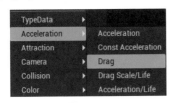

图 4-111

做到这里的烟雾形态基本成型了，如果读者感觉哪里有问题或者有更好的想法，可以自己尝试调整模块参数，或是增加控制模块。

4.2.3　火花粒子的制作

完成了火焰与烟雾的制作，接下来要添加细节上的东西了。打开 fireball 粒子系统编辑窗口，在 smoke 发射器右边新建一个名为 spark 的新粒子发射器。下面来为这个元素制作小火花材质。

打开绘图软件 Photoshop。需要的纹理图案比较小，所以新建图案时不需要太大的图。

Photoshop 中使用快捷键 Ctrl+ N 建立一个新图片文件，图片的高度与宽度都使用 128 像素大小，单击"确定"按钮建立空白图片，如图 4-112 所示。

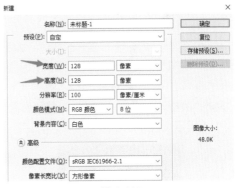

图 4-112

按 D 键复位前景色与背景色，然后使用快捷键 Alt+Delete 给默认图层填充黑色作为背景色。如图 4-113 所示，在"图层"面板下方找到"新建图层"按钮并单击，在黑色背景层上方新建空白图层，新建的图层是将要绘制图案的纹理层。选中图层 1，如图 4-114 所示，使用圆形选区工具在图层上绘制一个圆形选区，按快捷键 Ctrl+Delete 使用背景色填充选区，完成后按 Ctrl+D 组合键取消选区。

图 4-113

图 4-114

如图 4-115 所示，在"图层"面板中选中图层 1，使用快捷键 Ctrl+T 给画出的圆添加一个变形修改框，按住 Ctrl 键拉动边框点，最终把形态调整为如图 4-116 所示上宽下窄的形态。

图 4-115

图 4-116

如图 4-117 所示，打开"图层"面板旁的"通道"面板，单击下方"新建图层"按钮，新建 Alpha1（默认）图层。

如图 4-118 所示，按住 Ctrl 键然后鼠标左键单击 RGB 通道，勾勒出 RGB 通道内纹理的边框。如图 4-119 所示，选中 Alpha1 通道层，按 Alt+Delete 组合键填充前景颜色。

图 4-117

图 4-118

图 4-119

单击 Photoshop 的"文件"菜单，将图片文件存储为 TGA 文件。要记得勾上 Alpha 通道，并存为 32 位格式。案例中将这个图片命名为 fireball-spark。

将制作完成的 TGA 纹理导入到虚幻引擎 Content 根目录 Textures 文件夹中，在 Materials 文件夹中新建一个材质球，命名为 fireball-spark。鼠标左键双击这个材质球或按 Enter 键进入材质编辑窗口。

在材质属性窗口中，将 Blend Mode 混合模式改为 Translucent 透明模式，Shading Model 光照模式改为 Unlit 无光模式，勾选 Two Sided 双面显示。

在编辑窗口中添加 Texture Sample 纹理表达式，单击鼠标右键，在弹出窗口中输入 Particle Color，查找并添加粒子颜色表达式。

如图 4-120 所示，将两个表达式的 RGB 通道进行乘法运算，结果连接到材质 Emissive Color 自发光通道。将两个表达式的 Alpha 通道进行乘法运算，结果连接到材质 Opacity 透明通道。单击工具栏 Apply 按钮应用材质，按 Ctrl+S 组合键保存，完成小火花的材质纹理制作。

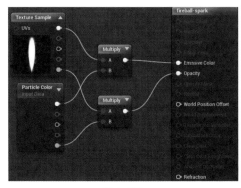

图 4-120

回到 Fire 粒子系统编辑窗口，选择 spark 粒子发射器 Required 模块，把刚才制作的小火花材质添加到 Material 栏，屏幕对齐方式改为 PSA Velocity 速度对齐方式，如图 4-121 所示。

图 4-121

在 Spwan 粒子生成速率模块中，如图 4-122 所示，Rate 的数据输入类型设置为限制数据类型，最大生成数量 Max 的数值设置为 50，最小生成数量 Min 的数值设置为 25。

图 4-122

如图 4-123 所示，Lifetime 粒子生存时间模块中，最大生存时间 Max 的数值设置为 1.5 秒，最小生存时间 Min 的数值设置为 0.5 秒。

图 4-123

在 Start Size 初始尺寸模块中，由于 Required 模块里屏幕对齐方式设置的对齐方式是速度对齐，初始尺寸参数可以调整速度对齐状态下的粒子长度。

如图 4-124 所示，最大尺寸 Max 与最小尺寸 Min 的 X 轴与 Z 轴（由于粒子无厚度，所以 Z 轴数值无意义）数值设置为 1，Y 轴的最大值与最小值设置为 5、1。

图 4-124

如图 4-125 所示，Start Velocity 初始速度模块中，X 与 Y 轴使用默认数值，Z 轴最大速度 Max 数值设置为 50，最小速度 Min 数值设置为 20，数值间隔 30 个单位，使碎火花的运动速度随机。

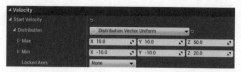

图 4-125

打开 Color Over Life 粒子生命颜色模块，颜色部分的数据输入类型设置为限制数据类型。由于火花体积小，而且高亮，所以这里要让火花亮起来。

如图 4-126 所示，案例中将 R 通道的数值设置为 200，以红色为主要颜色，G 通道数值设置为 30，B 通道数值设置为 1，现在小火花颜色是高亮金色。

图 4-126

打开 Alpha Over Life 属性栏，在 Points 栏添加三个节点，给粒子透明度制作淡入淡出的效果即可。

火星在燃烧上升的过程中会逐渐消失，在制作中也要考虑到这个特性。在发射器模块区域空白的地方单击鼠标右键，在弹出的菜单中选择 Size 命令集，添加 Size By Life 模块到发射器。小火花要变得越来越小，就需要粒子在有效生命周期内完成缩小动态。

如图 4-127 所示，将模块 0 号节点 In Val 数值设置为 0，节点定位在粒子生命开始，Out Val 的 X、Y、Z 轴数值全部设置为 1，让粒子在生命初期，维持 Start Size 的大小。

1 号节点 In Val 的数值设置为 1，节点定位在粒子消亡。Out Val 的 X、Y、Z 轴数值设置为 0，使粒子在生命最后变小消失，模拟小火花逐渐燃烧殆尽。

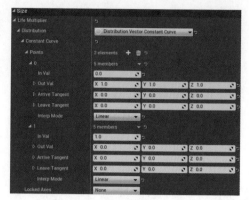

图 4-127

现在小火花基本成型，但是在运动形态上不好看。我们给小火花的发射器加上 Orbit 模块，对小火花的动态效果做些美化。

在模块区空白处单击鼠标右键，在弹出菜单中选择 Orbit 命令集，添加 Orbit 模块到发射器。在属性窗口中，打开 Offset 属性栏，将最大位移 Max 的 Y 轴数值设置为 20，最小位移 Min 的 X、Y、Z 数值全部归零，如图 4-128 所示。这是将旋转半径定位在 Y 轴的最大值 20 与最小值 0 之间随机取值。如果不需要随机取值，就把数据类型设置为固定常量类型，然后调整数值即可。

图 4-128

打开 Orbit 属性窗口中的 Rotation Rate 下拉属性栏，这个属性是用来调整粒子沿某个坐标轴旋转的圈数。如图 4-129 所示，案例将最大旋转 Max 的 X、Y、Z 轴数值分别设置为 0.1、0.1、0.5，最小旋转 Min 的 X、Y、Z 轴数值设置为 0、0、0.1，目的是让小火花在 X 轴与 Y 轴上也有一些运动，不过运动范围小，粒子运动的重点在 Z 轴上，最大值与最小值之间隔开 0.4 个圆周距离。0.5 表示旋转半圈，最多让粒子围绕着火焰旋转半圈，最少让粒子旋转 0.1 圈，使运动速度与轨迹拉开距离。

图 4-129

如图 4-130 所示，火焰的小火花有了，现在的小火花是金黄色高亮的，从构图上来说还缺少暗色来提升颜色层次。

图 4-130

如图 4-131 所示，鼠标右键在 spark 发射器模块区空白区单击，选择菜单 Emitter 命令集 Duplicate Emitter 复制 spark 粒子发射器，复制的发射器命名为 spark-dark，这个发射器制作暗色小火花元素。

图 4-131

保留大部分模块的数值与 spark 发

射器一致，只调整其中几个模块的数值就能够制作暗色火花部分。

由于暗色火花表现的数量少，需要对 Spawn 模块进行修改。单击 spark-dark 粒子发射器的 Spawn 粒子生成模块，在属性窗口中将粒子数量最大值与最小值设置为金色火花的一半甚至更少。如图 4-132 所示，案例中数量设置为每秒发射 10 ～ 25 个粒子。目的是将暗色火花穿插在明亮的火花中间，数量不能过多，数量过多不仅起不到点缀作用，还会影响特效的美观。

图 4-132

还需要调整暗色火花的尺寸。燃烧后的火花体积比燃烧时要大，燃烧完的残渣是膨胀的，要了解这一点。选中 Start Size 粒子初始尺寸模块，在属性窗口中修改最大尺寸与最小尺寸的 X、Y、Z 轴数值。如图 4-133 所示，X 轴的数值设置为 2 ～ 5，Y 轴的数值设置为 2 ～ 3。暗色火星是燃烧殆尽的物质，需要加宽粒子尺寸，长度上没有必要和发光的火花一样拉得太长。

图 4-133

燃烧完的小火花受到上升空气浮力影响加上自身膨胀，导致重量要比普通高亮的火花轻。由于重量轻，受到空气上升浮力影响比普通火花要大，上升的速度会比燃烧的火星快。如图 4-134 所示,选中 Start Velocity 粒子初始速度模块,在属性窗口中将最大速度 Max 的 Z 轴数值设置为 80,其他的数值保留。

图 4-134

最后来调整火花灰烬的颜色。由于 spark 材质的混合模式是使用的 Translucent 模式,支持暗色,所以可以直接沿用亮色火花的材质。如图 4-135 所示,将粒子发射器 Color Over Life 粒子生命颜色模块的 RGB 通道数值全部设置为 0,让粒子显示黑色。

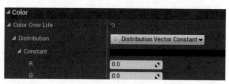

图 4-135

制作完粒子火焰,我们来看整个粒子系统中的粒子发射器排列状态。之前说过粒子系统读取发射器顺序是由右至左的,也就是说靠右的发射器发射的粒子元素始终遮盖靠左发射器的粒子元素。类似 Photoshop 中的图层,如图 4-136 所示。

图 4-136

那么我们来对四个发射器进行排序。首先可以确定亮色粒子火花是在火焰中

产生的,它可以被火焰层覆盖,按照这个逻辑,亮色火花发射器应该在火焰发射器的左边位置。

再来分析烟雾与火焰的关系,烟雾是在火焰中产生,但是烟雾在火焰中会被火光所遮挡,按照这个逻辑,烟雾也应该在火焰左边。

此时再来对火焰左侧的烟雾与火花排序。火花属于高亮碎片,烟雾遮挡不了,因此,火花发射器层级应在烟雾层级之上。将烟雾发射器调整到高亮火花发射器左边。

最后来看暗色火花,由于颜色比较暗,被火焰或烟雾遮挡以后就看不到了,作为点缀物,将它的显示层级安排在粒子系统发射器最上层。也就是把 spark-dark 这个发射器移动到所有发射器的最右边。

移动粒子发射器的层级,选中粒子发射器后,按键盘方向箭头键 ←、→ 进行左右移动。

回到引擎主面板,把火焰粒子系统拖到场景中,单击场景编辑面板左上角 Show(显示)按钮,如图 4-137 所示,打开自动抗锯齿效果后,再观察火焰就显得不那么生硬了,如图 4-138 所示。

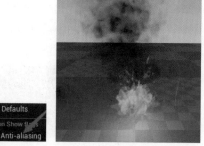

图 4-137　　　　　　图 4-138

小结

本章学习了使用 Photoshop 制作常用的贴图，案例中将 Photoshop 的使用一笔带过，有兴趣想进行深入学习的读者可以查阅相关书籍来学习软件。网上很多 CG 论坛有特效贴图库下载，作为一个想往特效方向发展的新人，需要建立自己的特效贴图库，制作特效的时候能够节约很多绘制纹理的时间。

材质方面学习了制作粒子普通材质与序列材质，很多的高级材质效果都是以最小化材质为基础，在材质编辑器中另行添加大量表达式，来完成材质的高级动画效果，实现物体中更多的细节。

火焰制作环节由基础理论到形态变化分析，应用粒子发射器模块完成火焰形态并添加烟雾与火花细节。从两种不同火焰案例制作过程中逐渐熟悉对粒子模块的应用，实现要达到的效果。

在后面的章节学习中，会涉及更多粒子发射器的表现形态。对材质基础与粒子基础了解得不太清楚的读者可以回头看看前面的章节，将基础打牢固一些，好在后面的案例学习中做到得心应手。本书案例的复杂程度是随着学习的深入而逐渐增加的，边学习边实际操作才是硬道理。多动脑，多模仿，弄清楚原理后就能制作属于自己的作品了。

第

章

实例解析：爆炸

　　这一章学习使用粒子系统完成爆炸特效的制作，从基础爆炸的理论分析到纹理贴图的选择与制作，从大体效果到细节一步步分解爆炸特效的各部分。通过堆积粒子发射器组，了解发射器层级的遮挡关系。

特效原理分析：

由于爆炸多半是火焰引爆，特效制作中火焰元素占比很大。这种表现伤害的特效要强调视觉冲击性与破坏性，调整爆炸的强曝光与火焰烟雾纹理的表现动态。

爆炸效果的核心纹理是火焰，优先使用火焰序列纹理。使用放射光纹理作强曝光点，在瞬时曝光与火焰纹理出现后，还需要火焰背景纹理。如图 5-1 所示，由于爆炸引起空气膨胀，会有冲击波向四周扩散，爆炸火焰燃烧不完全，爆炸完成后会伴有大量黑色烟雾和未燃烧完全的杂质火花。

图 5-1

5.1　普通爆炸

5.1.1　爆炸元素材质制作

分析完爆炸特效的原理，下面来制作一个初级的爆炸特效。首先需要准备

一些贴图纹理，从现在的案例开始，就需要使用成品纹理图案了，读者们可以在一些 CG 论坛的资源库中下载到。爆炸与烟雾类的纹理与序列图片是最多的，美术基础好的读者可以自己绘制一些纹理贴图提高自己的手绘能力。

我们为爆炸特效案例准备了六张纹理贴图，如图 5-2 所示，分别是爆炸的主体序列纹理、背景火焰纹理层贴图（融合爆炸与背景烟雾颜色）、爆炸产生的冲击波纹理、曝光点纹理、烟雾贴图和飞溅的粒子火花贴图。当然，最后的闪光点与残渣也是用这个贴图所制作的。如图 5-3 所示，是爆炸特效使用的粒子发射器，图小看不清楚没关系，能够大致了解需要多少发射器配合就好。实际项目制作中，这组粒子发射器不算多。

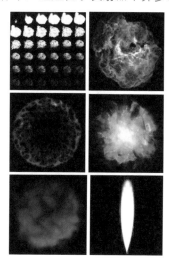

图 5-2

图 5-3

在引擎主面板 Content 目录下建立工程文件夹，命名为 Explode。从本节开始，每个案例都会建立单独的工程文件夹，工程文件夹中会存放这个特效使用的所有材质、粒子和纹理贴图等。将文件归类能够使人一目了然，养成良好工作习惯。

如图 5-4 所示，在 Explode 文件夹下分别建立存放材质、粒子系统与纹理贴图的三个文件夹，将准备的六个纹理贴图都放进 textures 文件夹中。

图 5-4

在 materials 文件夹中建立一个新材质并命名为 Explode。双击材质球，打开材质编辑窗口。

火焰爆发初期高亮，爆发后会因温度的降低而变暗，材质混合模式选择能支持高亮与暗色的 Translucent 透明类型。爆炸火光自身是光源，不会受到其他光照效果影响，Shading Model 光照模式类型，应选择 Unlit 无光类型。勾选 Two Sided 双面显示。

如图 5-5 所示，在表达式编辑窗口中添加 Particle SubUV 表达式，将爆炸序列纹理添加到粒子子 UV 纹理表达式中，添加 Particle Color 粒子颜色表达式，连接粒子 UV 纹理表达式与粒子颜色表达式的 RGB 通道到乘法表达式，乘法结果连接材质 Emissive Color 自发光通道。

粒子颜色表达式和粒子 UV 纹理表达式的 Alpha 通道连接乘法表达式，相乘结果连接到材质 Opacity 透明通道，完成基础序列纹理材质制作。

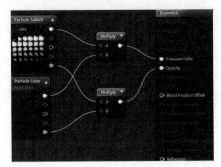

图 5-5

材质已经可以正常使用了，也可以在基础纹理之上加入更多的细节。找到前面章节中制作火堆时使用的火焰叠加纹理，如图 5-6 所示，使用 Texture Sample 表达式将这个纹理图案添加到材质编辑窗口。

图 5-6

如图 5-7 所示，我们使用的 Particle SubUV 序列纹理是由 6×6 一共 36 张图案拼接而成，使用火焰叠加纹理时需要将叠加纹理图案平均分配到序列对应的每一个纹理图案中。给火焰叠加纹理添加 TexCoord 表达式，TexCoord 表达式属性横向 Utiling 与纵向 Vtiling 数值设置为 6，连接 TexCoord 表达式到 Texture Sample 的 UV 节点。现在火焰叠加纹理也成了 6×6 的序列样式。

将 Particle SubUV 表达式与 Texture Sample 纹理表达式提取单通道连接到乘法表达式。Particle SubUV 提取 Alpha 通道，Texture Sample 纹理表达式提取任意单通道（火焰叠加纹理是 JPG 格式，无

Alpha 通道，但也不能用 RGB 通道）连接乘法表达式，将乘法结果与粒子颜色表达式 Alpha 通道连接到另一个乘法表达式，相乘结果连接到材质 Opacity 透明通道中。

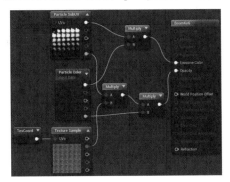

图 5-7

如图 5-8 所示是对比爆炸序列纹理使用火焰叠加纹理与不使用火焰叠加纹理的效果图。能看到使用叠加纹理后材质细节更多一些，火焰更有体积感。

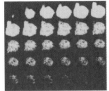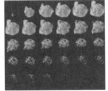

图 5-8

下面来添加一些扰乱效果使材质动态更丰富。框选火焰叠加纹理表达式与 TexCoord，按 Ctrl+C 组合键复制这两个表达式，在旁边按 Ctrl+V 组合键粘

贴。复制出来的这两个表达式按住 Alt 键加鼠标左键使表达式连接断开，在中间添加 Panner（坐标平移）表达式，在 Panner 属性窗口中将 Speed X 设置为 0.1。如图 5-9 所示，将 TexCoord、Panner 和 Texture Sample 表达式连接。

图 5-9

如图 5-10 所示，复制这一组三个表达式并粘贴，新复制出来的这组表达式 Panner 表达式属性的 Speed Y 设置为 0.05，Speed X 数值归零。添加 Multiply（乘法）表达式连接复制的这两组表达纹理，乘法结果连接 Add（加法）表达式 B 节点，添加 TexCoord 表达式并连接到 Add 表达式 A 节点。Add 加法结果连接火焰叠加纹理表达式 UVs 节点。图 5-11 是材质纹理节点图示，现在预览窗口中可以看见纹理有扭曲流动的动画了。

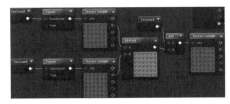

图 5-10

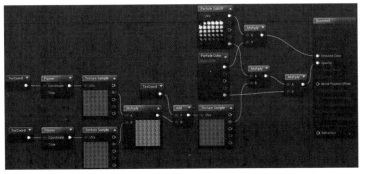

图 5-11

5.1.2 爆炸主体材质制作

材质制作完成，接下来要制作爆炸主体的粒子系统了。找到引擎资源窗口 Content 目录 Explode 项目目录，在项目目录 Particles 文件夹中建立一个粒子系统并命名为 Explode。鼠标双击这个粒子系统图标或按 Enter 键打开编辑面板。

将这个粒子系统默认的发射器命名为 Explode，在发射器 Required 模块 Material 材质栏选择刚刚制作的爆炸序列材质，继续往下找到 Sub UV 属性栏，如图 5-12 所示，将序列纹理读取模式设置为 Linear Blend 线性混合模式，该类型读取纹理序列不会叠加曝光，使用 Linear 模式，纹理会叠加亮度。将 UV 的横向排列 Sub Images Horizontal 与纵向排列 Sub Images Vertical 数值设置为 6，将整个纹理材质分割为 6×6 格式，与材质序列纹理一致。

图 5-12

如图 5-13 所示，打开 Spawn 模块，在属性窗口中将 Rate 生成数量的 Constant 数值归零，不允许粒子持续发射。

打开下面的 Burst 属性栏，鼠标单击 Burst List 栏后面的"+"（加号）按钮，添加一组粒子喷射行为属性。在 0 号节点位置，将 Count 数量设置为 10，意思是 Time 为 0 秒时，发射器一次性产生 10 个粒子。

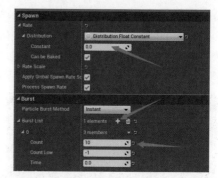

图 5-13

选择 Lifetime 粒子生命模块，在属性窗口中设定粒子最长与最短生存时间。之前提到过 30 ～ 60 帧的序列纹理，最长生存时间在 1 ～ 2 秒最为合适，我们的序列纹理有 36 张图案，所以粒子的最长生存时间属性中赋值为 1，最短生存时间设置为 0.35，如图 5-14 所示。在爆炸特效表现过程中，有些需要快速消失的火苗，数值 0.35 ～ 1 有着 0.65 的间隔，发射器会在两个参考数值中随机取值作为粒子的生命时长，序列读取时间变化较大。

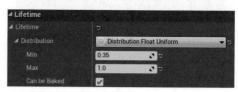

图 5-14

选择 Start Size 粒子初始尺寸模块，如图 5-15 所示，在属性窗口中将最大尺寸 Max 的 X、Y、Z 轴数值全部设置为 80，最小尺寸 Min 的 X、Y、Z 轴数值全部设置为 40，最大尺寸与最小尺寸中间间隔 40 个单位。

图 5-15

如图 5-16 所示，找到 Color Over Life 模块，在属性窗口中打开 Color Over Life 下拉栏，颜色部分数据输入类型设置为常量曲线类型，在 Points 栏中给粒子生命颜色增加两个控制节点。

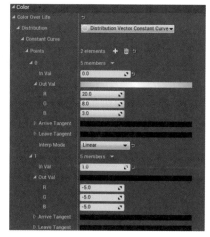

图 5-16

0 号节点中将 In Val 的数值设置为 0，节点放置在粒子生命开始，Out Val 的 R、G、B 通道数值分别设置为 20、8、3。

1 号节点中 In Val 数值设置为 1，节点放置在粒子生命消亡处，打开 Out Val 的 R、G、B 通道，R、G、B 通道的数值全部设置为 –5。

粒子生命开始时，由于 R、G、B 通道有几十倍的颜色亮度而爆发出强光，随后变弱直到粒子纹理颜色变为黑色。

如图 5-17 所示，打开 Alpha Over Life 部分，0 号节点 In Val 数值保持为 0，控制节点安置在粒子生命开始，Out Val 数值设置为 1，粒子生命开始时是完全可见的。

1 号节点中将 In Val 的数值设置为 1，节点定位粒子生命消亡处，Out Val 数值设置为 0。

图 5-17

粒子生命初期，由于 Alpha 数值为 1，粒子透明度全部显示，配合 Color Over Life 的高亮颜色来表现视觉冲击力。随着时间推进，纹理慢慢变为黑色，透明度也会完全透明。

最后两个控制节点 Interp Mode 类型都设置为 Cruve Auto 自动曲线类型过渡，粒子序列纹理颜色与透明度曲线可增强爆发力。

在粒子发射器的模块空白区单击鼠标右键，在弹出菜单中找到 Rotation 命令集，添加 Start Rotation 初始旋转模块到发射器中。如图 5-18 所示，打开属性窗口，将粒子初始的旋转角度最大值 Max 与旋转角度最小值 Min 分别设置为 1 和 –1，使角度可从 –360°～360° 随机选择，粒子体方向随机。

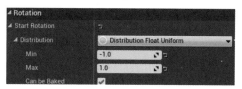

图 5-18

在发射器的模块空白区单击鼠标右键，在弹出菜单中找到 Size 命令集中的 Size By Life 粒子生命尺寸模块并加入到发射器中。

如图 5-19 所示，打开 Sizy By Life 的属性栏，数值输入类型修改为常量曲线类型，单击 Points 栏后面的 "+"（加号）按钮，增加控制节点到三个。

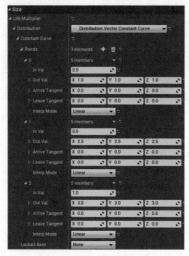

图 5-19

0 号节点 In Val 的数值设置为 0，Out Val 的 X、Y、Z 数值全部设置为 1，使粒子初始尺寸为 Start Size 属性的原有尺寸。

1 号节点 In Val 的数值设置为 0.5，Out Val 的 X、Y、Z 数值全部都设置为 2.5，粒子生命到一半时，尺寸扩大到 Start Size 模块数值的 2.5 倍。

打开 2 号节点，In Val 数值设置为 1，Out Val 的 X、Y、Z 数值全部设置为 3，使粒子体在生命消亡期尺寸扩大到 Start Size 模块属性的 3 倍大小。

这里需要火焰爆炸初期快速膨胀，膨胀到一定程度时速度变慢，所以使用了三个控制节点来完成这个效果。

现在粒子发射器的发射范围还是以一个原点发射，需要对粒子的发射范围做些调整。

鼠标右键单击粒子发射器模块区域空白地方，在弹出菜单中找到 Location 命令集，添加 Sphere 球形范围模块到发射器。在属性窗口中将 Constant 发射范围数值设置为 10，如图 5-20 所示。

图 5-20

粒子的形态变化差不多了，需要让粒子序列纹理动起来了。鼠标右键单击粒子发射器模块空白地方，在弹出菜单中选择 SubUV 命令集，添加 Sub Image Index 模块到粒子发射器。

如图 5-21 所示，打开 Sub Image Index 模块属性窗口中 Distribution 下拉菜单，0 号节点的 In Val 和 Out Val 数值全部归零。

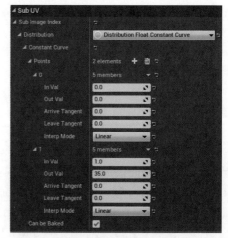

图 5-21

1 号节点 In Val 数值设置为 1，Out Val 设置为 35，我们的序列纹理是 6×6 一共有 36 张，所以数值设置为 35。计数由 0 开始，所以 36 张序列纹理，取值是 0 ~ 35。

如图 5-22 所示，到这里就完成火焰爆炸的主体粒子制作了。高亮火球会炸裂，放热扩散，最后燃烧殆尽，完成一轮粒子序列纹理动画的播放。

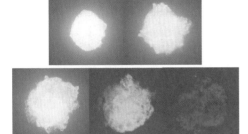

图 5-22

5.1.3　火焰背景材质球制作

制作完爆炸的主体，再来制作爆炸后的残余火焰。这部分是模拟爆炸产生后，冷却下来的部分火光。这个火焰背景层元素能够融合黑色烟雾，表现动态元素间的过渡。

在 项 目 文 件 夹 Explode 目 录 Materials 文件夹中建立新材质，命名为 backburning。鼠标左键双击这个材质球图标或选中这个材质球，按 Enter 键打开材质编辑窗口。

由于这个元素需要连接爆炸与烟雾这两种颜色的元素，所以选择材质属性时需要它支持高亮颜色与暗色，Translucent 透明模式作为材质的混合模式就比较合适了。

烟雾会被火光照亮并投影，所以材质的光照模式需要使用 Default Lit 默认光照模式。勾选材质双面显示 Two Sided 选项。

如图 5-23 所示，在材质编辑窗口中按住 T 键，单击鼠标左键建立 Texture Sample 纹理表达式，将火焰背景纹理加入到纹理表达式中。

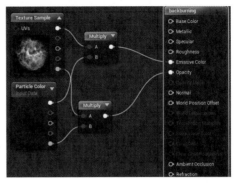

图 5-23

在编辑窗口空白处单击鼠标右键，查找 Particle Color 粒子颜色表达式并加入编辑窗口中。按 M 键单击鼠标左键建立两个 Multiply（乘法）表达式。

将 纹 理 表 达 式 RGB 混 合 通 道 和 Particle Color 表达式的 RGB 混合通道进行乘法运算，乘法结果连接到材质 Emissive Color 通道。纹理表达式与粒子颜色表达式的 Alpha 通道连接第二个乘法表达式进行计算，结果连接到材质 Opacity 透明通道，这样最小化的粒子材质球就制作完成了。

到这里，这个材质就已经是能用的了，如果只想用基础材质的读者可以跳过这一段直接学习粒子系统主体的制作，想进一步制作更多材质动态的读者可以继续往下看。

如图 5-24 所示，是材质纹理动态升级版的节点图示，看似连线较多，但是并不复杂。下面来分析一下这些材质连线的作用。

如图 5-25 所示，材质通过两个 Texture Sample 贴图纹理表达式的 RGB 混合通道与单通道分别连接两个乘法表达式，提取两个贴图的叠加纹理与叠加 Alpha 通道。

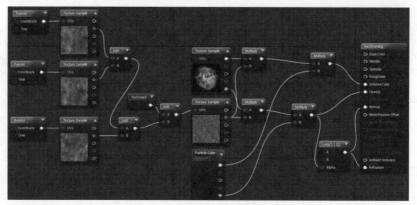

图 5-24

随后加入粒子颜色表达式，分别用粒子颜色表达式的 RGB 混合通道和 Alpha 通道与两个贴图纹理表达式的乘积分别再作乘法运算。乘法结果连接到材质 Emissive Color 自发光通道与 Opacity 透明通道，如图 5-26 所示。

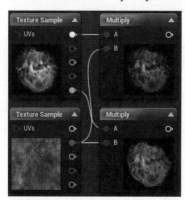

图 5-25

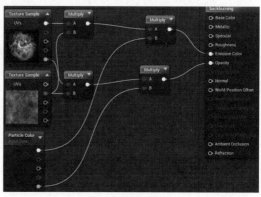

图 5-26

通过火焰观察到的景物会产生光线扭曲，需要给材质增加这样的视觉效果。可能在特效纹理的表现中不是很明显，但是仔细观察的话，这些细节还是会被看到的。

如图 5-27 所示，在材质编辑窗口中添加一个 Lerp 线性插值表达式。按住 L 键，在编辑窗口中单击鼠标左键建立线性插值表达式。单击 Lerp 表达式，在属性窗口中将 Const A 与 Const B 的数值分别设置为 1、1.2，两个数值之间空出 0.2 的差值，这个差值作为折射数值。

将连接了两个贴图表达式与粒子颜色表达式 Alpha 通道的乘法表达式，连接到 Lerp 表达式 Alpha 节点。Lerp 的结果连接到材质 Refraction 折射通道与 Normal 法线通道。

按 Ctrl+C 组合键复制火焰叠加层 Texture Sample 表达式，按 Ctrl+V 组合建粘贴到编辑窗口。按住 P 键，单击鼠标左键添加 Panner（坐标平移）表达式，表达式属性中的 Speed X 的速度改为 0.1，然后连线到火焰叠加纹理表达式的 UVs 节点，如图

5-28 所示。

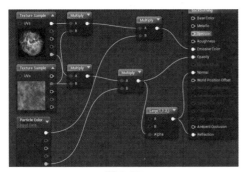

图 5-27

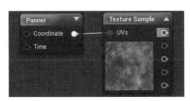

图 5-28

复制 Panner 和 Texture Sample 这两个连接好的表达式并粘贴，修改第二个 Panner 表达式的数值，Speed Y 属性数值设置为 0.05，Speed X 属性数值归零。提取这两组表达式的单通道用 Add 加法运算表达式连接起来，使两组运动纹理叠加，如图 5-29 所示。

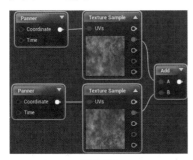

图 5-29

复制一个火焰叠加纹理的表达式，查找并建立一个 Rotator（纹理旋转）表达式，将该表达式属性窗口中 Speed 数值设置为 -0.1，使纹理呈顺时针方向旋转。如图 5-30 所示，将这组旋转纹理单

通道节点与前面两组平移叠加纹理表达式的 Add 之和进行 Add 加法运算，保留这三种动态。

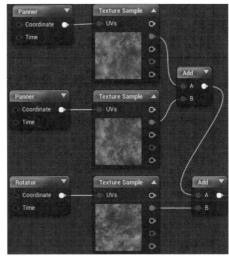

图 5-30

如图 5-31 所示，将贴图的三种动态结果，使用一个 Add 加法表达式与 TexCoord 纹理坐标表达式进行相加，加法结果连接到火焰叠加纹理表达式 UVs 节点。

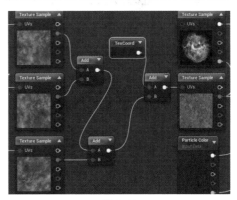

图 5-31

🔔提示

记住，做扰乱动态时所用的其他纹理一定不要用 RGB 混合通道进行连接，否则会报错。

5.1.4 火焰背景主体制作

材质已经制作完成了，单击材质工具栏中的 Apply 按钮应用材质。打开 Explode 粒子系统，在爆炸发射器右边空白处单击鼠标右键，选择 New Particle Sprite Emitter 建立新的粒子发射器，命名为 backburning。

对发射器排序，由于爆炸元素需要在背景火焰的上层表现，所以将 backburning 发射器使用键盘左右方向箭头键调整到爆炸元素粒子发射器的左边，如图 5-32 所示。这样这个发射器发射的粒子会被爆炸完全遮盖，没有被爆炸动态遮盖住的部分正常显示。

单击 backburning 发射器的 Required 模块，如图 5-33 所示，在属性窗口中把刚才制作好的材质在 Material 属性栏选中，将材质赋予粒子发射器。

图 5-32

图 5-33

如图 5-34 所示，单击粒子发射器最顶端的模块，将 S 按钮点亮，单独显示这个粒子发射器，隐藏其他发射器的粒子。选中"√"这个按钮使这个粒子发射器正常显示，将对号按钮关闭则隐藏发射器的粒子显示。在粒子发射器比较多的情况下可以使用这几个功能对其他发射器的状态进行屏蔽或隐藏自身状态。

图 5-34

如图 5-35 所示，打开 Spawn 粒子生成数量模块，在属性窗口中把 Rate 生成数值改为 0，不允许发射器持续喷射粒子。打开 Burst 属性栏，单击 Burst List 后面的"+"（加号）按钮添加喷射行为。只需要粒子一次性喷发，在 0 号节点 Count 数量属性中填入数值 10，其他参数不做改动。

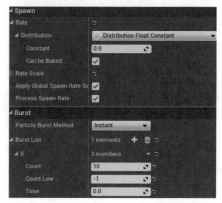

图 5-35

如图 5-36 所示，在 Lifetime 模块属性中，将最小生存时间 Min 与最大生存时间 Max 的数值分别设置为 0.35 与 0.8，使粒子的生命时长在 0.35 ~ 0.8 秒。由于爆炸元素 Lifetime 的最大值是 1 秒，在这里不能让爆炸背景的烟火生命时长超过主爆炸元素的时长。

图 5-36

如图 5-37 所示，单击 Start Size 模块，将最大尺寸 Max 的 X、Y、Z 轴数值全部设置为 75，最小尺寸 Min 的 X、Y、Z 轴数值全部设置为 50。由于是爆炸引起的火焰，所以尺寸的最小值一定不能低于爆炸粒子尺寸的最小值，但最大尺寸也不能太大，后面还需要制作烟雾，得预留出烟雾的粒子尺寸。

图 5-37

如图 5-38 所示，单击 Start Velocity 初始速度模块，将最大速度 Max 的 X、Y、Z 轴数值全部设置为 50，最小速度 Min 的 X、Y、Z 轴数值全部设置为 -50，将它的速度方向做随机扩散，速度不宜过大。

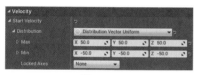

图 5-38

找到 Color Over Life 模块，单击模块并打开模块属性窗口 Color Over Life 属性栏，0 号节点 In Val 的数值设置为 0，控制节点定位在粒子出生位置，Out Val 的 R、G、B 数值分别设置为 1、0.3、0.05，初始颜色呈火焰般的桔红色，如图 5-39 所示。

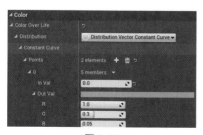

图 5-39

如图 5-40 所示，打开 1 号节点，In

Val 数值设置为 1，定位在粒子生命消亡，Out Val 的 R、G、B 通道数值分别设置为 0.5、0.1、0.05，使纹理呈暗红色，表现粒子从生命周期开始的桔红色到生命周期最后转变为暗红色的过程。

图 5-40

如图 5-41 所示，打开 Alpha Over Life 属性下拉菜单栏，单击 Points 后面的 "+" 号按钮，把控制节点增加到三个。

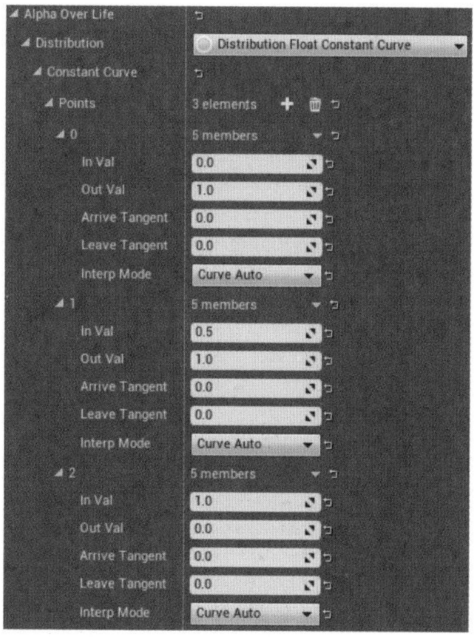

图 5-41

0 号节点 In Val 数值设置为 0，把这个节点设置在粒子生命开始，Out Val 数值栏中填上数值 1，让粒子纹理在生命开始时就完全显示。

1 号节点 In Val 数值设置为 0.5，把节点设置在粒子生命中期，Out Val 数值设置为 1，使粒子从出生到生命中期透明度都完全显示。

2 号节点 In Val 数值设置为 1，节点设置在粒子生命消亡，Out Val 的数值归零，使粒子生命中期到粒子生命的最后这段时间内逐渐消失。

将三个控制节点的 Interp Mode 属性类型全部设置为 Curve Auto 自动曲线模式。

找到 Explode 爆炸粒子发射器中 Start Rotation 模块，按住 Ctrl 键，用鼠标拖动这个模块到 backburning 发射器中。因为 backburning 发射器也需要粒子生成的方向随机，所以复制一个需要的模块过来就可以了。

如图 5-42 所示，给粒子发射器添加一个 Size By Life 粒子生命尺寸模块，在属性面板中单击 Points 后面的 "+"（加号）按钮，将控制节点增加到三个。

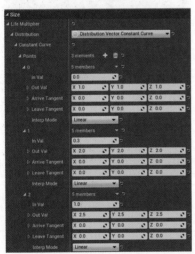

图 5-42

0 号节点 In Val 的数值设置为 0，把节点设置在粒子生命开始，Out Val 的 X、Y、Z 轴数值全部设置为 1，粒子生成的时候，沿用 Start Size 模块初始尺寸的数值。

1 号节点 In Val 数值设置为 0.3，节点设置在粒子生命全程的 1/3 处，将 Out

Val 的 X、Y、Z 轴数值全部设置为 2，在粒子生命的约 1/3 处，从 1 倍的尺寸大小扩大到 2 倍的 Start Size 尺寸。

在 2 号节点处将 In Val 数值设置为 1，节点设置在粒子生命消亡，Out Val 的 X、Y、Z 轴数值全部设置为 2.5，粒子爆发扩大以后直到消亡都是缓冲时间，所以在冲击之后的 2/3 生存时间里只扩大了 0.5 倍 Start Size 尺寸大小，后面的扩散效果作为爆发的缓冲。

如图 5-43 所示，我们制作的就是这样一种爆炸火焰与烟雾衔接的效果，并且需要突出火焰的热量和透过火焰看到的受热扭曲背景。5.1.5 节开始制作爆炸后产生的烟雾。

图 5-43

5.1.5　烟雾材质制作

在虚幻引擎主面板中找到 Explode 爆炸特效项目目录，在 Explode 目录的 Materials 文件夹中建立一个新材质球，将这个材质球命名为 smoke，鼠标双击材质球进入材质编辑面板。

首先调整这个材质的基础属性，由于烟雾需要表现暗色并且透明，所以材质需要支持暗色与透明通道。如图 5-44 所示，材质 Blend Mode 混合模式类型选择 Translucent 透明类型，Shading Model 设置为 Default Lit，勾选 Two Sided 材质双面显示。

图 5-44

如图 5-45 所示，导入烟雾纹理贴图，在材质编辑窗口中按住 T 键，然后单击鼠标左键，创建一个新的 Texture Sample 纹理表达式，将烟雾纹理贴图加入到纹理表达式中。

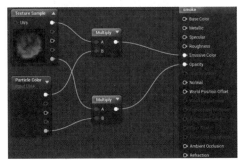

图 5-45

在编辑窗口中单击鼠标右键或在表达式浏览窗口中添加一个 Particle Color 粒子颜色表达式到编辑窗口。将纹理表达式的 RGB 通道与粒子颜色表达式的 RGB 通道提取出来，使用乘法表达式进行乘法运算，结果输入到材质 Emissive Color 自发光通道。

将纹理表达式与粒子颜色表达式的 Alpha 通道提取出来进行乘法运算，结果连接到材质的 Opacity 透明通道，这样就建立好了基础且可用的烟雾材质。

接下来需要在这个基础的材质纹理之上进行扰乱动态制作。如图 5-46 所示，在材质编辑窗口中按住 T 键单击鼠标左

键创建一个 Texture Sample 纹理表达式，在纹理表达式中导入烟雾叠加纹理贴图，将烟雾纹理表达式与烟雾叠加纹理表达式的 RGB 通道连接到乘法表达式。

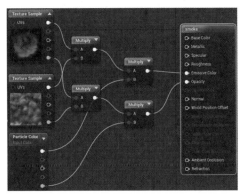

图 5-46

两个纹理表达式的 Alpha 通道也连接到乘法表达式。建立另外两个乘法表达式，把两个纹理表达式 RGB 通道相乘的结果连接到一个新乘法表达式的 A 节点中，两个纹理表达式的 Alpha 相乘结果连接到另一个新乘法表达式的 A 节点中。

将 Particle Color 粒子颜色表达式的 RGB 和 Alpha 通道分别连到与纹理表达式乘法结果对应的乘法表达式中。RGB 通道的乘积连接到材质 Emissive Color 自发光通道，Alpha 通道的乘积连接到材质 Opacity 透明通道。

做到这里大概完成材质总进度的一半，接下来要在静态的烟雾纹理表达式上制作动态流动扰乱动画。

选中烟雾纹理图案表达式，使用快捷键 Ctrl+C 复制，然后按 Ctrl+V 组合键粘贴出来，随后建立 Panner 表达式。在 Panner 表达式的属性中将 Speed X 数值改为 0.1，连接 Panner 表达式到复制出

来的烟雾纹理表达式UVs节点，如图5-47所示。

图 5-47

鼠标框选这两个表达式，使用Ctrl+C组合键复制这两个表达式，在旁边按Ctrl+V组合键粘贴，选中这组新表达式中的Panner表达式，在属性窗口中设置Speed Y的数值为0.05，Speed X的数值归零，使这组新的纹理从下至上位移。

两组表达式纹理位移制作完成后，将两组纹理表达式的单通道提取出来，连接Add加法运算表达式，如图5-48所示。

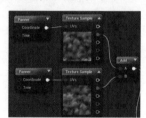

图 5-48

再次复制一个烟雾的叠加纹理表达式，在编辑窗口空白处单击鼠标右键，找到Rotator（纹理旋转）表达式，在纹理旋转表达式的属性窗口中，将Speed数值修改为-0.2或者-0.25，将旋转方向设置为顺时针旋转。最后连接表达式到复制出来烟雾的叠加纹理表达式UVs节点。

如图5-50所示，选中烟雾纹理表达式，使用Ctrl+C组合键复制这个表达式，Ctrl+V组合键粘贴出来，在编辑窗口空白处单击鼠标右键，输入Rotator找到纹理旋转表达式并添加到编辑窗口中，在Rotator表达式属性窗口中Speed数值设置

为0.15，连接到我们复制出来的烟雾纹理表达式的UVs节点。

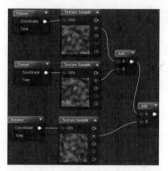

图 5-49

图 5-50

如图5-51所示，将三个烟雾的叠加纹理表达式进行加法运算，叠加纹理加法运算的结果与烟雾纹理旋转表达式相乘。这里乘法的作用是把圆形烟雾的外框勾出来，不再占用整个纹理框。将它们的乘法结果连接到新的Add加法运算表达式B节点。

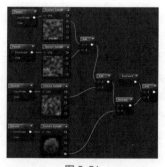

图 5-51

按住U键单击鼠标左键添加一个TexCoord表达式，将这个TexCoord表达式连接到Add表达式A节点。

如图 5-52 所示，最后将动态纹理与 TexCoord 相加的结果连接到烟雾纹理 Texture Sample 表达式 UVs 节点，预览窗口中就可以看见烟雾纹理的动态效果了。

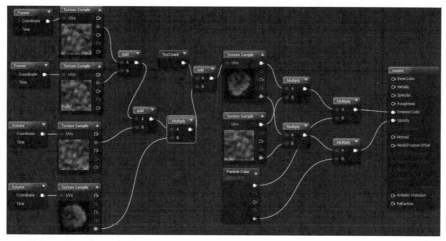

图 5-52

烟雾原本就是不停变化的，我们从材质入手在纹理上做一些动态变化，再在粒子系统中对其做粒子动态变化，双重形态变化能够使烟雾的变化更为丰富，模拟真实烟雾效果。

5.1.6　烟雾主体制作

回到虚幻引擎主面板资源窗口，找到 Content 目录中的 Explode 项目，在 Particles 文件夹中用鼠标双击 Explode 粒子系统图标，进入粒子编辑窗口。在背景火焰与爆炸粒子发射器右边新建一个粒子发射器，将这个新的发射器命名为 smoke。由于显示层级的存在，需要将这个烟雾粒子进行层级排序。黑色烟雾是爆炸之后由未充分燃烧的火焰变化而成，因此它的层级在燃烧背景之后，被背景火焰燃烧层遮盖。在 smoke 粒子发射器最上层单击鼠标左键，选中这个发射器，使用键盘左右方向箭头键将发射器移动到发射器组最左边完成排序，如图 5-53 所示。

图 5-53

选中 smoke 粒子发射器的 Required 模块，在属性窗口里把刚才制作好的材质在 Material 属性栏中选中。

如图 5-54 所示，选中 Spawn 粒子生成模块，在属性窗口中把 Rate 粒子生成数量 Constant 的数值归零，不需要粒子持续发射。

打开 Burst 属性栏，单击 Burst List 属性栏后的"+"号，添加一个喷发属性，0 号节点的 Count 数值中填入 25。

默认时间 Time 为 0 时一次性喷射 25 个粒子。Count Low 栏默认数值是 -1，指正常情况下一次性喷射 25 个粒子，但也允许有误差范围，-1 是指少一个粒子，就是说可能一次喷射的只有 24 个粒子，作差值范围使用。使用中意义不大，了解一下就可以了，一般保持默认即可。

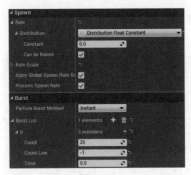

图 5-54

如图 5-55 所示，选择发射器 Lifetime 生存时间模块，在属性面板中将最大生存时间 Max 赋值为 1，最小生存时间 Min 赋值为 0.5，让粒子在 0.5 ～ 1 秒随机消散。

图 5-55

如图 5-56 所示，单击 Start Size 粒子尺寸模块，在属性窗口中把最大尺寸 Max 的 X、Y、Z 轴数值全部设置为 100，最小尺寸 Min 的 X、Y、Z 轴数值全部设置为 60，将最小值与最大值之间拉开 40 个单位距离。

图 5-56

如图 5-57 所示，选择 Start Velocity 初始速度模块，最大速度 Max 的 X、Y、Z 轴数值统一设置为 10，最小速度 Min 的 X、Y、Z 轴数值统一设置为 -10。粒子会以 360°随机方向发射，因为速度数值比较小，所以粒子速度不会有很大的变化。

图 5-57

如图 5-58 所示，选中 Color Over Life 粒子生命颜色模块，在属性窗口中将粒子颜色部分的数据输入类型设置为固定常量类型。烟雾不需要使用动态过渡颜色，直接设置为全黑色就可以了。双击或单击小三角形打开 Constant 下拉数据栏，R、G、B 通道数值全部设置为 0。

图 5-58

接着在下面的菜单栏中打开 Alpha Over Life 的属性栏，如图 5-59 所示，使输入数值类型为常量曲线类型；单击 Points 后面的"+"（加号）按钮，如图 5-60 所示，将控制节点增加至三个。

图 5-59

0 号节点 In Val 数值设置为 0，Out Val 的数值设置为 0.5，使粒子在出生时显示一半透明度，有些许视觉冲击感，但是不会显得过于突兀。

1 号节点的 In Val 数值设置为 0.5，Out Val 数值设置为 1，让粒子在生命中期完全显示，由粒子生命之初烟雾的一半透明度到生命中期的完全显示有逐渐变浓的过渡。

2 号节点的 In Val 数值设置为 1，Out Val 数值归零，粒子中期的透明度最高，随后向生命后期过渡，烟雾纹理颜色逐渐变淡直至消失。

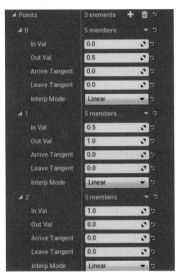

图 5-60

选中爆炸发射器或者背景火焰粒子发射器中 Start Rotation 初始旋转方向模块，按住 Ctrl 键，然后鼠标左键拖动这个模块到 smoke 粒子发射器模块中，沿用这个模块在其他发射器中的数值属性，省去查找添加与重新赋予属性数值的时间，提高工作效率。

烟雾现在看起来比较像样了，动态是有了，形态上还有一些不足。现在的烟雾只有移动上的变化，没有烟雾扩散的形态变化。为了让烟雾在扩散形态上产生一定变化，需要给它加上新的动态模块。鼠标右键单击模块空白区域，在弹出菜单中找到 Size 命令集，添加一个 Size By Life 粒子生命尺寸模块到发射器中。打开 Life Multiplier 下拉属性栏，单击 Points 后面的"+"（加号）按钮，将控制节点添加至三个。

如图 5-61 所示，0 号控制节点 In Val 数值设置为 0，Out Val 的 X、Y、Z 轴数

值全部设置为 1，粒子在生成时尺寸保持 Start Size 自身大小。

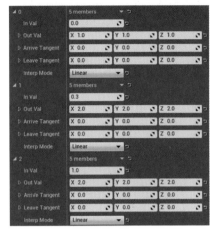

图 5-61

1 号节点 In Val 数值设置为 0.3，Out Val 的 X、Y、Z 轴数值统一设置为 2，使粒子出生到粒子生命 1/3 时从原始大小扩大到 2 倍的 Start Size 尺寸，由于缩放动画时间间隔短，会有突然膨胀的感觉。

2 号节点 In Val 数值设置为 1，Out Val 的 X、Y、Z 轴数值全部设置为 2 或者 2.2 左右，使粒子在生命剩下的 2/3 处保持 2 倍的大小或者再膨胀一点点。模拟烟雾出现后快速膨胀，到一定程度后扩张变慢，与 Alpha Over Life 属性交叉影响而慢慢消失。

最后需要烟雾粒子有一定的发射范围，鼠标右键单击发射器模块空白区域，找到 Location 命令集，添加 Sphere 球形范围模块到发射器中。

如图 5-62 所示，修改 Start Radius 起始范围的数值属性为固定常量类型，Constant 常量属性数值设置为 10，将发射器的发射范围设置为 10 个单位尺寸大小。

图 5-62

如图 5-63 所示，到这里我们的烟雾也制作完成了，其实不需要用序列帧纹理图案素材也能够把烟雾做好，只要在材质与粒子发射器中给予烟雾足够的动态效果，模拟真实的烟雾运动，单帧纹理素材同样可以将烟雾表现得很完美。

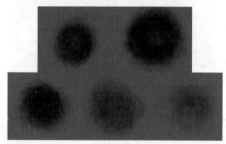

图 5-63

5.1.7 曝光点材质球制作

曝光点是在爆炸瞬间产生强烈的光照效果，闪亮瞬间后亮度迅速回归到正常水平，对视觉产生冲击，使特效有冲击感。

首先来制作曝光元素的材质，在引擎的资源浏览窗口 Explode 目录 Materials 文件夹中建立一个新材质，命名为 lightglow，鼠标双击这个材质球进入编辑窗口。由于曝光点出现时间短暂，所以材质连线要求不高，制作基础材质连线即可。

材质需要支持高亮，在 Blend Mode 混合模式选择 Additive 高亮叠加模式，Shading Model 光照模式选择 Unlit 无光模式，最后勾选材质双面显示 Two Sided 选项完成基础属性设定。

按 T 键和单击鼠标左键，把 Texture Sample 贴图纹理表达式加入到材质编辑窗口，找到曝光纹理贴图并添加到纹理表达式中。

如图 5-64 所示，单击鼠标右键，查找添加 Particle Color（粒子颜色）表达式到编辑窗口，将贴图纹理表达式 RGB 通道与粒子颜色表达式 RGB 通道进行乘法运算，结果连接到材质 Emissive Color 自发光通道。

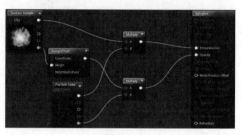

图 5-64

将贴图纹理表达式的 Alpha 通道，连接到 Bump Offset（键盘快捷键 B）（纹理凹凸）表达式 Height 节点，将纹理凹凸处理结果与粒子颜色表达式 Alpha 通道使用乘法表达式连接，结果连接到材质 Opacity 透明通道。单击材质工具栏中的 Apply 按钮应用材质，按 Ctrl+S 组合键保存。

5.1.8 曝光点主体制作

回到 Unreal Engine 4 主面板，在资源浏览窗口 Explode 目录 Particles 文件夹中打开 Explode 粒子系统，在粒子发射器组右侧的空白位置单击鼠标右键，建立新的粒子发射器，并将新发射器命名为 lightglow。

曝光点出现时间短暂，高亮后消失，消失过程可以用爆炸来遮挡它，那么分析出，需要爆炸元素对它进行遮挡，层级在爆炸元素之下。选中 lightglow 发射器，使用键盘方向键移动到 explode 发射器左边，如图 5-65 所示。

图 5-65

首先删除 lightglow 发射器中的 Start Velocity 初始速度模块，选中 Start Velocity 初始速度模块，按 Delete 键删除。曝光点元素不需要移动位置。

选中发射器 Required 基础属性模块，在属性窗口 Material 栏将制作好的曝光纹理 lightglow 选中。

如图 5-66 所示，选中 Spawn 粒子生成模块，在属性窗口中将 Rate 粒子生成数量的 Constant 属性数值设置为零，禁止粒子持续发射。打开 Burst 属性栏，单击 Burst List 后面的 "+"（加号）按钮，添加一个喷射行为。打开 0 号节点，Count 喷发数量数值设置为 1。

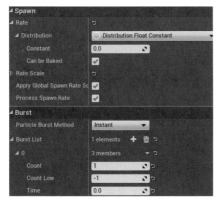

图 5-66

如图 5-67 所示，单击粒子的生存时间 Lifetime 模块，在属性窗口中将数值输入类型设置为固定常量类型，案例中 Constant 的数值设置为 0.15。曝光点不宜过久，生存时间在 0.1 ～ 0.15 秒最为合适，粒子生存时间过长会起到反作用。

图 5-67

打开 Start Size 粒子尺寸模块，在属性窗口中将它的数据输入类型改为固定常量类型。

曝光点只发射一个粒子，所以没有必要在粒子大小上做差异化。如图 5-68 所示，案例将 Constant 的 X、Y、Z 轴数值统一设置为 200。

图 5-68

数值读者可以自行尝试，不宜过大也不宜过小。数值太大影响后续粒子表现，过小曝光点会变弱甚至不及爆炸本身光线的强度，失去曝光点元素意义。

选中 Color Over Life 粒子生命颜色模块，在属性窗口中，先设置 Color Over Life 属性栏。如图 5-69 所示，颜色部分的数据输入类型设置为固定常量类型。RGB 红色通道 R 数值设置为 200，绿色通道 G 数值设置为 50，蓝色通道 B 数值设置为 5。在预览窗口中观察粒子体亮度，能够感觉到爆炸时有高亮反应就可以了。

打开 Alpha Over Life 属性栏，0 号节点 In Val 属性设置为 0，Out Val 数值设置为 1。

1 号节点的 In Val 数值设置为 1，Out Val 数值设置为 0，对曝光点元素制作淡出效果。

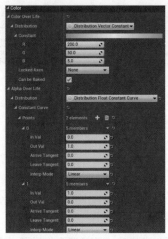

图 5-69

最后需要给这个曝光元素增加光源，高亮光源是可以将周围物体照亮的。如图 5-70 所示，在发射器空白区域单击鼠标右键，找到 Light 命令集，添加 Light 模块到发射器中，选中光源模块，在属性窗口中打开 Brightness Over Life 光照强度，数据输入类型改为限制数据类型，最大强度 Max 与最小强度 Min 数值分别设置为 100 与 60，粒子体发射时光照强度在这两个数值间随机取值。

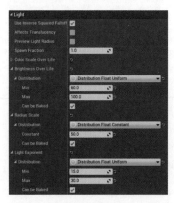

图 5-70

Radius Scale 光照范围的数据输入类型改为固定常量类型，给 Constant 数值取固定值，案例中设置为 50。

Light Exponent 光线瞬时强度，数据输入类型设置为限制数据类型，最大强度 Max 与最小强度 Min 的数值分别设置为 30 和 15。

最后把设置好的 Light 光源模块，按住 Ctrl 键并用鼠标左键拖动到 Explode 爆炸发射器中，给爆炸元素也添加光源显得更真实合理，如图 5-71 所示。

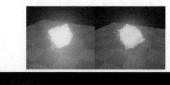

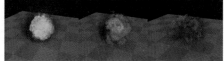

图 5-71

5.1.9 冲击波材质制作

爆炸瞬间膨胀产生中心向外的扩散冲击，这种冲击力是肉眼看不到的，但是作为游戏，可以用特效表现这样的推力，这种空气膨胀爆发的效果俗称冲击波。

先来制作冲击波的材质。回到引擎主面板 Explode 目录，在 Materials 文件夹中建立一个新的材质，命名为 shockwave。双击这个材质球进入材质编辑面板。

冲击波是无色透明的，需要有空气波动扭曲的感觉即可。在制作材质的时候最好能让纹理完全显示，完全可视纹理在粒子编辑制作时可以看到效果全貌，粒子动画制作完毕后再修改材质，让纹理变透明。

在材质属性窗口中，Blend Mode 混合模式设置为 Additive 高亮叠加模式，Shading Model 光照模式设置为 Unlit 类型，最后勾选 Two Sided 材质双面显示选项。

如图 5-72 所示，按住 T 键单击鼠标左键在编辑窗口中加入 Texture Sample 纹理表达式，在属性窗口中加入冲击波纹理贴图到表达式中。在编辑窗口中单击鼠标右键，找到 Particle Color 粒子颜色表达式并加入编辑窗口。按住 M 键加鼠标左键单击两次，创建两个乘法表达式。

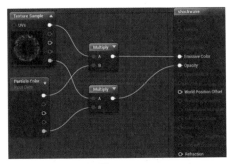

图 5-72

连接纹理表达式与粒子颜色表达式 RGB 通道到第一个乘法表达式，乘法结果连接材质 Emissive Color 自发光通道。

纹理表达式与粒子颜色表达式 Alpha 通道连接到第二个乘法表达式，乘积连接到材质 Opacity 透明通道。

给材质加一些扰乱细节。选中 Texture Sample 纹理表达式，按 Ctrl+C 组合键复制表达式，在旁边按 Ctrl+V 组合键粘贴，鼠标右键单击编辑窗口空白处，查找 Rotator 纹理旋转表达式并添加到编辑窗口中，将纹理旋转表达式连接到复制出来的纹理表达式 UVs 节点。

如图 5-73 所示，框选这两组表达式，再次复制粘贴，将粘贴出来的这两个表达式其中一个 Rotator 表达式属性 Speed 数值改为 -0.3。

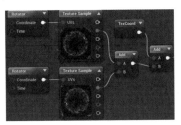

图 5-73

按住 A 键单击鼠标左键建立 Add 表达式，把两个旋转的纹理图案连接到这个加法表达式中。

再次添加一个 Add 表达式，按住 U 键单击鼠标左键，添加 TexCoord 表达式，将 TexCoord 表达式与前面的加法结果连接到新的 Add 表达式 A 节点。连接旋转纹理加法输出结果到 Add 表达式 B 节点，最后连接 Add 表达式到主纹理表达式 UVs 节点。

这样就完成了第一版材质，由于最后需要修改材质，现在材质纹理可以清楚地在粒子系统中看见，方便对元素进行编辑，如图 5-74 所示。

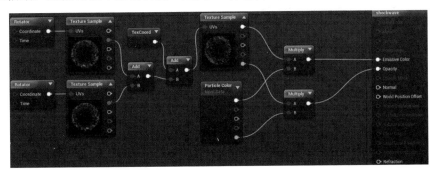

图 5-74

5.1.10　冲击波主体制作

回到 Unreal Engine 4 主面板，打开资源浏览窗口 Explode 目录 Particles 文件夹，双击 Explode 粒子系统进入粒子编辑窗口。

在粒子发射器组右边空白处单击鼠标右键，新建一个粒子发射器，将这个发射器命名为 shockwave，冲击波最后是完全透明的，粒子排序可以不调动，如图 5-75 所示。

图 5-75

删除 Start Velocity 粒子初始速度模块。选中 shockwave 发射器 Required 基础属性模块，在属性窗口 Material 栏选中冲击波材质 shockwave。

如图 5-76 所示，选中 Spawn 粒子生成模块，在属性窗口中将 Rate 粒子生成数量的 Constant 属性数值设置为零，禁止粒子持续发射。如图 5-77 所示，打开 Burst 属性栏，单击 Burst List 后面的"+"（加号）按钮，添加喷射行为。打开 0 号节点，将 Count 喷发属性的数值设置为 1，Time 喷发时间属性数值保持 0。发射器粒子生成时只喷射一个粒子体，爆炸只需要一个冲击波扩散。

图 5-76

图 5-77

如图 5-78 所示，选中发射器的 Lifetime 粒子生存时间模块，在属性窗口中将粒子的生存时间数据输入类型设置为 Float Constant 固定常量类型，生存时间数值设置为 0.5，把它的生命值固定在 0.5 秒。

图 5-78

如图 5-79 所示，选中 Start Size 粒子初始尺寸模块，在属性窗口中把 Start Size 的数据输入类型设置为固定常量类型，Constant 的 X、Y、Z 轴数值全部设置为 200。

图 5-79

Color Over Life 粒子生命颜色模块，在属性窗口中打开 Alpha Over Life 粒子生命透明度属性下拉菜单。这里不调整 Color Over Life 部分的属性，颜色部分保持默认值。后面修改材质以后粒子生命颜色属性是无意义的。

如图 5-80 所示，Alpha Over Life 粒子生命透明度属性下拉菜中，0 号节点 In Val 数值设置为 0，Out Val 数值设置为 0.65。

1 号节点 In Val 数值设置为 1，Out Val 数值设置为 0，粒子生命最后完全透明。

此时粒子体还缺少动态表现，冲击波是从小到大扩散的，需要给粒子发射器添加缩放控制模块。

鼠标右键单击粒子发射器模块区域的空白地方，在弹出菜单中找到 Size 命令集，添加 Size By Life 模块到发射器中。

图 5-80

如图 5-81 所示，打开 Life Multiplier 属性下拉栏，单击 Points 后面的 "+" 按钮，将控制节点增加到三个。将 0 号节点 In Val 数值设置为 0，Out Val 的 X、Y、Z 轴数值设置为 1.5，粒子在生命开始时，大小为 Start Size 初始尺寸的 1.5 倍。

1 号节点 In Val 数值设置为 0.3，Out Val 的 X、Y、Z 轴数值设置为 3。

2 号节点 In Val 数值设置为 1，Out Val 的 X、Y、Z 轴数值设置为 4。

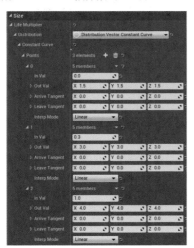

图 5-81

动画在粒子生命的前 1/3 从初始尺寸的 1.5 倍扩大到 3 倍，粒子生命的后

2/3 时间里由 3 倍大小变化为 4 倍。初期扩张速度快，后期扩张速度慢，模拟空气阻力的作用。

做到这里，爆炸的冲击波已经制作完成了，现在来进行最后一步，对它的材质做最后的处理。

打开 shockwave 材质编辑面板，将连接 Texture Sample 纹理表达式与 Particle Color 粒子颜色表达式 RGB 通道的乘法表达式删除。

如图 5-82 所示，按 L 键加鼠标左键添加 Lerp 线性插值表达式，选中 Lerp 表达式，在属性窗口中将 Const A 数值设置为 1，Const B 数值设置为 2，将连接纹理表达式与粒子颜色表达式 Alpha 通道的乘法表达式连接到 Lerp 表达式的 Alpha 节点，最后连接 Lerp 表达式到材质 Refraction 折射通道与 Normal 法线通道。

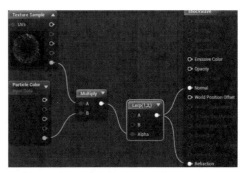

图 5-82

单击材质工具栏中的 Apply 按钮应用材质。这个材质最后只连接了法线通道和折射通道，通过粒子颜色表达式 Alpha 通道与纹理表达式的乘积来控制粒子生命透明度模块，粒子发射器 Alpha Over Life 模块数值就作为控制折射大小的参数。

如果 Normal 法线输入节点呈灰色状

态，就先将材质 Shading Model 光照类型设置为 Default Lit 默认灯光照射类型，连接 Normal 通道以后，再把光照类型设置为需要的光照类型即可。

将 Explode 粒子系统从资源浏览窗口拖到引擎场景中观察，就能看到爆炸的周围有冲击波效果扩散了，如图 5-83 所示。

图 5-83

如果有的读者看不到扭曲效果，先检查材质是不是连接有问题，材质没有问题的，单击 Unreal Engine 4 主面板上方工具栏 Settings 按钮，找到 Engine Scalability Settings 设置，看看是不是将显示效果调整到了最高级别，显示低级别是没办法观察到扭曲效果的，如图 5-84 所示。

图 5-84

初始设置与计算机配置有关，计算机配置不算太好的话，引擎会降低显示效果来保证性能。计算机性能不错的话，引擎会自动调整显示效果到最高级别。

5.1.11 碎火星材质制作

冲击波制作完了，最后需要在爆炸的外部与内部做一些细节了。爆炸特效一般伴随火光四溅，不完全燃烧物质与正在燃烧的物质在爆炸时分散出现。特效的表现不需要有多炫丽而需要合适，恰到好处才是一个好特效该有的，过于追求华丽只会让人感觉到一股浓浓的乡土气息。

利用前几章学过的方法，在 Photoshop 中制作出如图 5-85 所示的纹理，这个纹理作为碎火星和残渣的材质纹理。将这个图案另存为 TGA 图片格式导入到引擎 Explode 目录 Textures 文件夹中，命名为 spark。在 Materials 文件夹中新建一个材质球，同样给它命名为 spark。双击这个材质球打开材质编辑窗口。

图 5-85

材质基础属性设置 Blend Mode 混合模式为 Translucent 透明模式，Shading Model 光照模式设置为 Unlit 无光模式，最后勾选 Two Sided 材质双面显示选项。

如图 5-86 所示，在材质编辑窗口按 T 键，单击鼠标左键加入 Texture Sample（纹理）表达式，把贴图添加到纹理表达式中。单击鼠标右键，在弹出来的窗口中输入 Particle Color 或在表达式浏览窗口中加入粒子颜色表达式。

按住 M 键，在编辑窗口中单击鼠标左键两次，建立两个 Multiply 乘法表达式。连接纹理表达式和粒子颜色表达式的 RGB 通道到乘法表达式，乘法结果连接材质 Emissive Color 自发光通道。

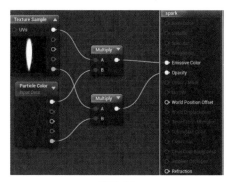

图 5-86

纹理表达式与粒子颜色表达式 Alpha 通道连接另一个乘法表达式，结果连接材质 Opacity 透明通道。这样就完成了 spark 火花材质。小火星转瞬即逝，不需要在这个材质上浪费太多时间，现在的材质完全能满足表现需求。

5.1.12　碎火星主体制作

回到引擎主面板，资源浏览器窗口 Explode 目录 Particles 文件夹，双击 Explode 粒子系统，打开粒子系统编辑窗口。在爆炸粒子发射器组右侧单击鼠标右键，新建一个粒子发射器，并且将这个发射器命名为 spark，如图 5-87 所示。

图 5-87

小火花需要在发射器最上层表现，所以把小火花的粒子发射器移动到发射器组最右侧。单击粒子发射

器 的 Required 模 块，将 spark 小火花材质在 Material 栏选中，下面的 Screen Alignment 屏幕对齐方式中选择 PSA Velocity 速度对齐方式，如图 5-88 所示。

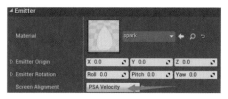

图 5-88

删 除 Start Velocity 模 块，选 中 Spawn 粒子生成模块，如图 5-89 所示，在属性窗口中将 Rate 粒子生成数量的 Constant 数值归零，禁止粒子持续发射。

打开 Burst 属性栏，单击 Burst List 属性栏后的"+"号，添加喷射行为，打开 0 号节点属性栏，在 Count 数量单位数值中输入 30，使发射器一次性喷射 30 个粒子。

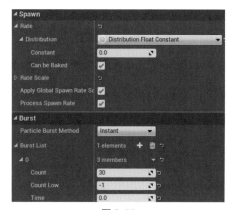

图 5-89

如图 5-90 所示，选中 Lifetime 生存时间模块，在属性窗口中将最小生存时间 Min 与最大生存时间 Max 数值分别设置为 0.35、0.65。

图 5-90

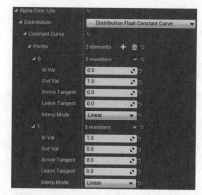

图 5-93

如图 5-91 所示，选中 Start Size 初始尺寸模块，打开 Start Size 下拉栏，将最大尺寸 Max 的 X、Y、Z 轴数值分别设置为 10、50、10，将最小尺寸 Min 的 X、Y、Z 轴数值分别设置为 10、10、10。

图 5-91

在这个模块中，关键点在最大与最小值的 Y 轴，Y 轴意义是使粒子拉长，固定 X 与 Z 轴宽度，只对 Y 轴拉长，拉长的大小在 10 ～ 50 个单位。

选择 Color Over Life 粒子生命颜色模块，在属性窗口中调整颜色部分的数据输入类型为固定常量类型。火花颜色需要高亮，这里设置 R 通道的数值为 50，G 通道的数值为 20，B 通道的数值为 2，使小火花呈金黄色，如图 5-92 所示。

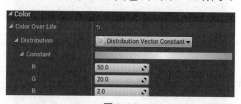

图 5-92

如图 5-93 所示，打开下面 Alpha Over Life 粒子生命透明度属性栏，0 号节点 In Val 栏数值设置为 0，Out Val 属性数值设置为 1。

1 号节点 In Val 数值设置为 1，Out Val 数值设置为 0，为火花的出现与消失制作淡出效果。

下面给粒子制作溅射动态，鼠标右键单击发射器模块区域空白的地方，在弹出菜单中找到 Location 命令集，添加 Sphere 球形范围模块到粒子发射器。如图 5-94 所示，打开 Start Radius 初始范围属性栏，在 Constant 数值栏中设置初始范围为 35。粒子会在 35 个单位的球形空间内发射。

图 5-94

勾选属性下面的 Velocity 速度开关，激活开关，打开 Velocity Scale 速度缩放属性栏，在 Constant 数值中输入 20，让粒子以 20 倍的速度向球形范围外喷射。

加入 Sphere 模块并调整喷射速度，粒子开始向周围扩散。火花的燃烧是从爆炸点开始，产生的火花经过燃烧，能量越来越少，火花会变得越来越小。运动速度因为脱离爆炸冲击中心受到空气阻力影响变慢，最后受到引力影响向地面坠落。这是对爆炸火花动画的动态进行分析的结果。虚幻引擎粒子发射器中支持这些动态属性的有缩放模块、拉力模块和重力模块。

我们加入缩放模块，在粒子发射器模块空白区域单击鼠标右键，在弹出菜单中找到 Size 命令集，添加 Size By Life 生命尺寸模块到发射器中。

如图 5-95 所示，打开常量曲线 Constant Curve，0 号节点 In Val 的数值设置为 0，Out Val 的 X、Y、Z 轴数值统一设置为 1。

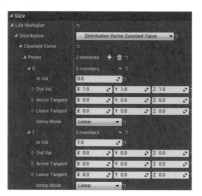

图 5-95

打开 1 号节点，In Val 的数值设置为 1，Out Val 的 X、Y、Z 轴数值全部归零，使粒子在生命的最后尺寸缩小至 0，完成缩放。

在鼠标右键在发射器模块栏的空白区单击，在弹出菜单中选择 Acceleration 命令集，添加 Drag 拉力模块到发射器中。

使用拉力模块是让火花在飞溅的过程中模拟受到空气的阻力而速度下降。如图 5-96 所示，打开 Drag 拉力模块属性窗口，在 Constant 数值栏中将数值设置为 2。数值越大，阻力越大。

图 5-96

鼠标右键单击粒子发射器模块区空白位置，在 Acceleration 命令集中找到 Const Acceleration 常量加速度模块并添加到发射器。

如图 5-97 所示，案例中将 Z 轴数值设置为 -500。这个数值越大，模拟重力就越大。

图 5-97

最后给火花发射器添加一些细节元素，在其他发射器模块中找到 Light 灯光模块，按住 Ctrl 键拖动鼠标，将 Light 模块复制一个到 spark 发射器中来。

选中 Light 模块，在属性窗口打开 Brightness Over Life 光照强度、Radius Scale 光照范围、Light Exponent 光线爆发这三个属性栏。

如图 5-98 所示，在光线强度 Brightness Over Life 这个模块中，数据输入类型设置为限制数据类型，经过数值调整测试后，最小 Min 数值和最大 Max 数值设置为 1、2。

光照范围属性栏中，将 Constant 数值设定为 1，毕竟火花不需要那么大的照亮范围。

Light Exponent 光线爆发强度数值输入类型改为限制数据类型，最小爆发强度 Min 与最大爆发强度 Max 的数值分别设置为 1、5。完成后可以在引擎主面板把粒子系统从资源浏览器窗口拖到编辑窗口中查看效果。

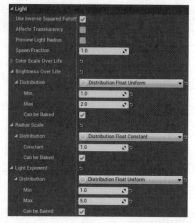

图 5-98

主要的火花已经完成了，按照效果的表现上来说，做到这一步就可以了，技能成型可以用了。不过我们在制作时，还需要考虑其他细节，我们能制作一些什么样的效果对这个特效收尾呢？可以制作一些星星点点的燃烧残骸落下，如图 5-99 所示。

图 5-99

鼠标右键单击 spark 发射器，选择 Emitter 命令中的 Duplicate Emitter 复制发射器，将复制出来的发射器改名为 dots，如图 5-100 所示。

图 5-100

dots 发射器 Required 模块中的参数和 spark 保持一致，基本上不需要改动。

如图 5-101 所示，选中 dots 发射器 Spawn 粒子生成数量模块，在属性窗口中将 0 号节点的 Count 数量设置为 25。

图 5-101

如图 5-102 所示，选择 Lifetime 模块，在属性窗口中将最小生命时长 Min 和最大生命时长 Max 的数值分别设置为 0.8、1。

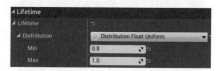

图 5-102

设置粒子体的尺寸，由于剩下的粒子残渣较小，不能过于抢眼，在 Start Size 初始尺寸模块属性中，将最大尺寸 Max 的 X、Y、Z 轴数值分别设置为 1、5、1，最小尺寸 Min 的 X、Y、Z 轴数值分别设置为 1、1、1，宽度数值固定，取长度变化，如图 5-103 所示。

图 5-103

选择 Color Over Life 生命颜色模块，在属性窗口中将颜色部分的数据输入类型设置为固定常量类型，R 通道数值设置为 50，G 通道数值设置为 20，B 通道数值设置为 2，颜色呈金黄色，如图 5-104 所示。

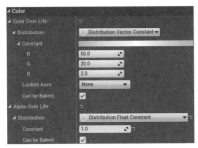

图 5-104

打开 Alpha Over Life 透明度属性，数值类型设置为固定常量类型，Constant 数值设置为 1，使粒子体一直显示。

如图 5-105 所示，选择 Sphere 球形范围模块，在属性窗口中将初始范围 Start Radius 的 Constant 数值设置为 50。勾选 Velocity 属性，随后在速度缩放属性的 Constant 栏中输入 0.25，使粒子体有些许扩散。

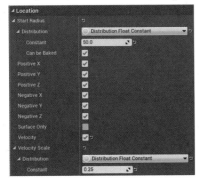

图 5-105

如图 5-106 所示，关键部分来了，调整 Size By Life 生命尺寸模块，在属性窗口中将 0 号节点 In Val 数值设置为 0，Out Val 的 X、Y、Z 轴数值全部设置为 1。

1 号节点 In Val 数值设置为 1，Out Val 的 X、Y、Z 轴数值全部归零，完成粒子体由大变小的过程。

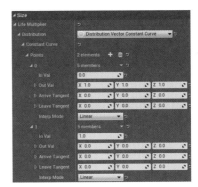

图 5-106

我们需要粒子在出生到消亡的过程中有闪烁，最后变小消失这样的动态。此处就需要使用曲线编辑器调整生命尺寸模块了。

如图 5-107 所示，单击 dots 发射器栏生命尺寸模块后面的绿色小框按钮；如图 5-108 所示，将模块发送到曲线编辑窗口中。

图 5-107

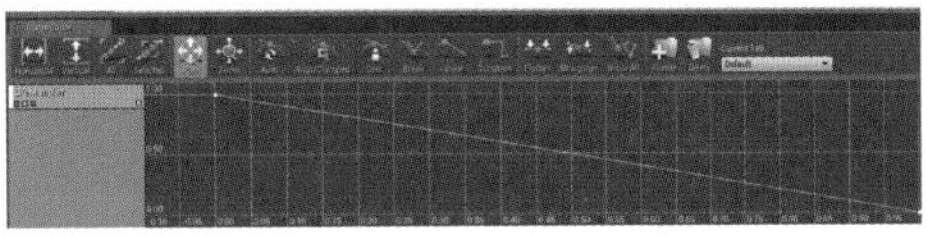

图 5-108

如图 5-109 所示，单击曲线编辑面板工具栏中的 All 按钮，使编辑面板能完全显示曲线。可以看到曲线编辑窗口中，模块名称下面有红色、绿色和蓝色三个小方块，分别代表红色通道、绿色通道和蓝色通道，又能把这三个小方块看作 X 轴（红色方块）、Y 轴（绿色方块）和 Z 轴（蓝色方块）的控制按钮。如图 5-110 所示，单击绿色和蓝色小方块，关闭 Y 轴与 Z 轴曲线显示，只保留红色 X 轴的曲线显示。

图 5-109

图 5-110

按住 Ctrl 键，如图 5-111 所示，在曲线 0.5 位置开始，单击鼠标左键建立节点，每隔 0.05 个单位建立一个控制节点。如图 5-112 所示，节点建立完成后，按住 Ctrl+Alt 组合键，鼠标左键框选这些控制节点，单击曲线编辑窗口工具栏中的 Linear 按钮，将这些节点调整为 Linear 直线类型。设置完成后，在编辑窗口中调整控制节点位置到如图 5-113 所示的这种阶梯形态。

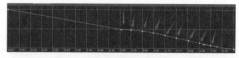

图 5-111

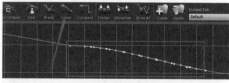

图 5-112

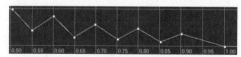

图 5-113

调整完成后，在曲线编辑窗口模块栏单击鼠标右键，在弹出菜单中选择删除所有的曲线模块 Remove All Curves，如图 5-114 所示。

图 5-114

可能有的读者会问，删除了曲线模块，之前调整的控制节点状态有没有保存呢？

已经保存了，在曲线编辑窗口中所有的修改操作都会实时保存。

如图 5-115 所示，单击 Size By Life 模块，在属性窗口中可以看到原本只有 0 号和 1 号两个控制节点，现在变成了 11 个控制节点。我们在曲线编辑窗口中每添加一个节点，就会在属性栏相应处自动生成一个控制节点。调整节点位置与时间线的同时，属性窗口中也会自动调整相应数值。调整完并删除曲线编辑模块后，之前的操作都被记录了，不用担心之前做的调整没有保存。

图 5-115

如图 5-116 所示，选中 Sizy By Life 模块，单击 dots 发射器面板独立显示按钮，就是写着 "S" 的按钮。

在预览窗口中观察发射器动态，如果发现粒子状态不同步，单击工具栏中的 Restart Sim 按钮重新模拟，或者 Restart Level 按钮重置关卡就可以了，如图 5-117 所示。

图 5-116

图 5-117

鼠标右键单击发射器模块区域空白的地方，在弹出菜单中找到 Acceleration 命令集并添加 Acceleration 加速度模块到发射器中。

如图 5-118 所示，最大加速度 Max 的 Z 轴数值设置为 -100，最小加速度 Min 的 Z 轴数值设置为 -50，X、Y 轴数值全部归零。

图 5-118

明亮的闪烁火星制作完成了，特效制作中有亮面就会有暗面，高亮的残渣元素制作完成后，需要制作黑色物质做些点缀了。

鼠标右键单击 dots 发射器，在弹出菜单中选择 Emitter 命令的 Duplicate Emitter 复制粒子发射器，将复制的发射器改名为 dots-black，如图 5-119 所示。发射器属性继承 dots 发射器，只需要改动一些模块数值就可以了。

图 5-119

打开 dots-black 发射器 Spawn 粒子生成模块属性数值，由于只是作点缀，所以粒子数量不需要很多，Burst 喷射属性的 Count 数值设置为 10，如图 5-120 所示。

图 5-120

选择 Lifetime 粒子生存时间模块，在属性窗口中将最长生命 Max 数值设置为 1，最小生命 Min 数值设置为 0.75，如图 5-121 所示。

图 5-121

如图 5-122 所示，选择 Start Size 初始尺寸模块，在属性窗口中将最大尺寸 Max 的数值分别设置为 5、10、5，最小尺寸 Min 的数值分别设置为 5、5、5。

图 5-122

如图 5-123 所示，选择 Color Over Life 粒子生命颜色模块，将颜色部分的数据输入类型设置为固定常量类型，RGB 通道数值全部归零，使粒子呈黑色。

打开 Alpha Over Life 属性栏，数据输入类型设置为固定常量类型，Constant 属性数值设置为 1，使粒子一直显示。

如图 5-124 所示，选择 Size By Life 粒子生命尺寸模块，在属性窗口中把数据输入类型设置为常量曲线类型，打开常量曲线 Constant Curve，鼠标左键单击 Points 后面的 "+"（加号）按钮两次，添加两个控制节点。

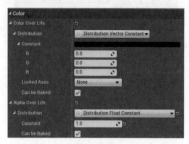

图 5-123

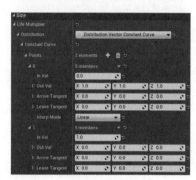

图 5-124

0号节点 In Val 数值设置 0，Out Val 的 X、Y、Z 轴数值统一设置为 1，粒子生成时保持一倍 Start Size 尺寸大小。

1号节点 In Val 数值设置为 1，Out Val 的 X、Y、Z 轴数值全部归零。

最后来调整加速度 Acceleration 的属性数值。黑色燃烧残渣重量比燃烧中的火花要重，所以重力的表现要大。如图 5-125 所示，将最大加速度 Max 与最小加速度 Min 的 Z 轴数值分别设置为 -150、-100。设置完成后将这个粒子发射器层级移动到 Explode 发射器左边即可。

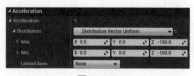

图 5-125

如图5-126所示为完成后的效果图。如图 5-127 所示为完成的碎火星。

图 5-126

图 5-127

5.2　进阶爆炸制作

5.1 节的爆炸案例属于比较普通的特效，制作起来也并不复杂。这一节的爆炸案例制作就比之前的爆炸要复杂些了，只有不断地进阶才能够快速进步。

本节学习进阶的爆炸特效，爆炸产生火柱，同时有冲击波扩散，地面出现裂痕。由于是普通游戏特效，与 CG 级相比有差别，但依然可以模拟真实效果来进制作。进阶爆炸特效制作前，需要准备爆炸纹理序列、烟雾纹理、地面裂痕纹理、冲击波纹理、碎火花纹理、曝光点纹理和火焰序列纹理作为基础纹理贴图。准备好基础纹理贴图后，在制作过程中边做边看还需不需要其他元素，按具体需要再另外准备。

如图 5-128 所示，可以看到这个爆炸效果的部分截图，对这个爆炸的最终效果有大体印象，由于载体是书本，我们只能多截些图来表现特效的最终形态。读者边看书边跟着步骤制作的话，最后的效果肯定还是不错的。进阶案例中使用的纹理贴图与 5.1 节案例中用的相差不大，仍然是这些爆炸序列纹理、火焰叠加纹理、火焰序列纹理、单帧烟雾、烟雾叠加纹理和冲击波纹理，如图 5-129 所示。

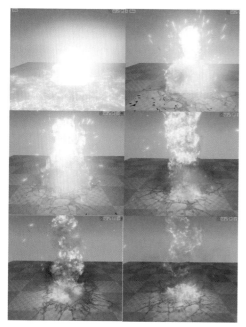

图 5-128

图 5-129

找不到一样的纹理可以使用类似的纹理贴图代替，案例中会涉及溶解材质，在制作的过程中读者需要了解使用粒子模块参数来控制溶解动画的方法。

在引擎主面板资源浏览窗口 Content 目录中建立项目文件夹，命名为 Explode-EX，在项目文件夹下建立三个文件夹，分别命名为 materials、particles、textures，这三个文件夹中分别存放材质、粒子系统以及纹理贴图，如图 5-130 所示。

图 5-130

文件夹创建完成后，将需要的纹理贴图全部导入到 textures 贴图文件夹中存放。在 materials 文件夹中建立一个新材质球并命名为 earthcrack。双击新建的这个材质球打开材质编辑窗口。

如图 5-131 所示，将材质基础属性 Blend Mode 混合模式设置为 Translucent 透明模式，光照模式 Shading Model 保持在 Default Lit 默认光照，打开材质的双面显示 Two Sided。

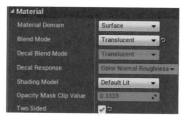

图 5-131

如图 5-132 所示，按住 T 键加鼠标左键在编辑窗口中单击，添加纹理表达式，在属性窗口中找到地裂纹理贴图添加到表达式中。

单击鼠标右键查找添加 Particle Color 粒子颜色表达式到编辑窗口。

按住 1 键单击鼠标左键建立一个常量表达式，将常量表达式连接到材质 Emissive Color 自发光通道中。

按住 M 键单击鼠标左键创建 Multiply 乘法表达式，将纹理表达式与粒子颜色表达式 Alpha 通道连接到乘法表达式中进行运算，结果连接材质 Opacity 透明通道。

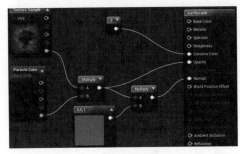

图 5-132

选中乘法表达式，按 Ctrl+C 组合键复制这个乘法表达式，按 Ctrl+V 组合键粘贴。按住 3 键单击鼠标左键创建三维矢量表达式。将三维表达式的 B 通道数值设置为 1，其他通道数值不变。三维矢量连接到乘法表达式 B 节点，纹理与粒子表达式 Alpha 通道的乘积连接到乘法表达式 A 节点。乘法结果连接材质 Normal 法线通道，这样地面裂痕材质就制作完成了，如图 5-133 所示。

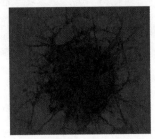

图 5-133

接下来制作爆炸序列纹理材质。回到引擎主面板，在资源浏览窗口 Explode-EX 目录 materials 文件夹中建立一个新的材质并命名为 Explode，这个材质作为爆炸特效的主体。双击材质球，打开材质编辑窗口。

爆炸材质基础属性需要支持高亮与暗色，Blend Mode 混合模式选择 Translucent 透明类型。爆炸自身作为光源，不会受到其他光照效果影响，

Shading Model 光照模式类型选择 Unlit 无光类型，勾上 Two Sided 双面显示选项。

添加 Particle SubUV 表达式，将爆炸序列纹理添加到这个子 UV 纹理表达式中。

查找添加粒子颜色表达式 Particle Color，连接子 UV 纹理表达式 RGB 通道与粒子颜色表达式 RGB 通道到乘法表达式，乘法结果连接材质 Emissive Color 自发光通道。

粒子颜色表达式和子 UV 纹理表达式 Alpha 通道到乘法表达式，乘法结果连接材质 Opacity 透明通道，完成基础材质。

找到火焰的叠加纹理，使用 Texture Sample 表达式将叠加纹理添加到材质编辑窗口。

如图 5-134 所示，Particle SubUV 纹理由 6×6 一共 36 张纹理贴图拼接而成，叠加纹理的时候需要把叠加层分配到对应的每一张贴图纹理中。

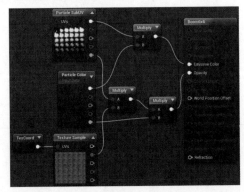

图 5-134

给叠加纹理连接 TexCoord 表达式，TexCoord 表达式属性窗口中 Utiling 与 Vtiling 数值设置为 6，此时的叠加纹理也成为 6×6 的样式。

Particle SubUV 表达式与 Texture Sample

表达式单通道乘法连接，Particle SubUV 提取 Alpha 通道，Texture Sample 表达式提取任意单通道与乘法表达式连接。

乘法表达式的结果与 Particle Color 表达式 Alpha 通道再次相乘，结果连接到材质 Opacity 透明通道。

在预览窗口中可以看见爆炸纹理序列图中有火焰材质叠加纹理。制作的时候请使用 TexCoord 表达式将叠加的纹理与图案的纹理数量保持一致，否则会因为纹理分布不均而导致粒子读取序列纹理时闪烁。

做纹理叠加能使爆炸播放时有更多的纹理细节，更有体积感。如图 5-135 所示，是没有使用纹理叠加的截图。如图 5-136 所示，是使用叠加纹理后的粒子效果截图，可以看到图 5-136 中纹理丰富了很多。

图 5-135   图 5-136

我们将材质表达式的连线重新整理一下，在材质编辑窗口单击鼠标右键，在弹出的查找窗口中输入 Depth Fade，添加 Depth Fade 深度衰减表达式。按住 L 键单击鼠标左键添加 Lerp 线性插值表达式。

Depth Fade 深度衰退表达式连接即将接入材质 Opacity 通道的 Alpha 通道乘积。经过 Depth Fade 表达式处理，使物体边缘与其他物体交叉时不会出现硬切边。

如图 5-137 所示，纹理表达式与叠加纹理表达式的单通道乘积连接到 Lerp

表达式 Alpha 节点，选中 Lerp 表达式，在属性窗口将 Const A 与 Const B 的数值分别设置为 1、1.15，使 A 与 B 这两个参数数值中间留出 0.15 的差值。

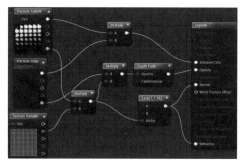

图 5-137

Lerp 表达式连接材质 Refraction 折射通道与 Normal 法线通道。这里使用 Lerp 表达式的作用是使爆炸时纹理自带热扭曲效果，将透过爆炸纹理看到的背景全部折射，模拟空气受热扭曲。

接下来做扰动纹理来加强主纹理动态。框选火焰纹理叠加纹理与 TexCoord 两个表达式，按 Ctrl+C 组合键复制这两个表达式，按 Ctrl+V 组合键粘贴。在它们的连接点按 Alt 键加鼠标左键将两个表达式的连接断开，在断开连接的两个表达式中间添加 Panner 表达式，将 Panner 表达式属性的 X 轴数值设置为 0.1，连接 TexCoord、Panner 和 Texture Sample 表达式，如图 5-138 所示。

图 5-138

复制这三个表达式并粘贴，将复制出来的这组表达式 Panner 属性中 Y 轴数值设置为 0.05，X 轴数值归零。

如图 5-139 所示，添加 Multiply 乘法表达式，将复制出来的这两组动态纹理连接到乘法表达式，乘法运算结果连接到 Add 表达式 B 节点，TexCoord 连接到 Add 表达式 A 节点，加法结果连接到火焰叠加纹理表达式的 UVs 节点。在材质的预览窗中可以看见纹理扰乱流动了。

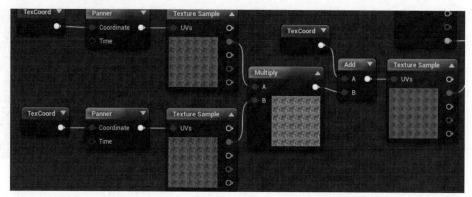

图 5-139

如图 5-140 所示，是爆炸序列纹理材质节点全貌，接下来制作烟雾纹理材质。

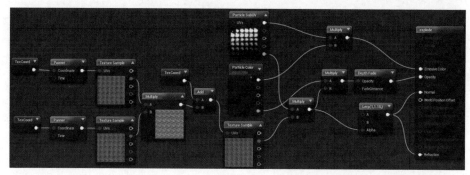

图 5-140

回到引擎主面板，在 Explode-EX 目录 Materials 文件夹中建立新材质球并命名为 smoke，鼠标左键双击这个材质球，打开材质编辑界面。

烟雾要制作深色，所以在材质基础属性中，Blend Mode 混合模式使用 Translucent 透明模式。烟雾可以被其他光源照亮，它支持光照效果，Shading Model 光照模式使用默认 Default Lit 类型，最后勾上材质双面显示选项，如图 5-141 所示。

图 5-141

在编辑窗口中按住 T 键单击鼠标左键，创建 Texture Sample 纹理表达式，单击鼠标右键查找输入 Particle Color，添加 Particle Color 粒子颜色表达式。

如图 5-142 所示，纹理表达式 RGB
通道与粒子颜色表达式 RGB 通道连接乘
法表达式进行乘法运算，乘法结果连接
材质 Emissive Color 自发光通道。

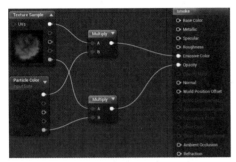

图 5-142

纹理表达式与粒子颜色表达式 Alpha
通道进行乘法运算，乘法结果连接材质
Opacity 透明通道，完成基础粒子材质。

下面给基础粒子材质制作叠加纹理。
在材质编辑窗口中使用 T 键单击鼠标左
键创建 Texture Sample 纹理表达式，在
纹理表达式中导入烟雾叠加纹理贴图。

如图 5-143 所示，烟雾纹理表达式
与烟雾叠加纹理表达式 RGB 通道使用乘
法表达式连接，两个表达式的 Alpha 通
道连接另一个乘法表达式进行乘法运算。

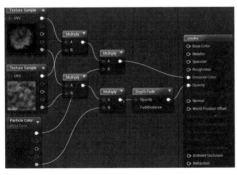

图 5-143

添加乘法表达式，将两个纹理表达
式 RGB 通道相乘的结果连接到一个乘法
表达式 A 节点，将 Particle Color 表达式

RGB 通道提取出来，连接到这个乘法表
达式 B 节点，将这个乘法表达式连接材
质 Emissive Color 自发光通道。

建立乘法表达式与 Depth Fade 深度
衰减表达式，将两个纹理表达式 Alpha
通道的乘积连接到新乘法表达式 A 节点，
将粒子颜色表达式 Alpha 通道连接到新
乘法表达式 B 节点。

将纹理 Alpha 通道的乘积连接 Depth
Fade 的 Opacity 节点，最后将 Depth Fade
表达式连接到材质 Opacity 透明通道。

选择 Depth Fade 表达式，在属性窗
口中将 Fade Distance Default 数值设置为
50，设置交叉物体的衰减距离。

接下来要在静态烟雾纹理中制作动
态扰乱。选中叠加纹理图案表达式，按
Ctrl+C 组合键复制这个纹理表达式，按
Ctrl+V 组合键粘贴。随后建立 Panner 坐
标平移表达式。在 Panner 表达式的属性
中设置 Speed X 的数值为 0.1，使 X 轴
纹理以 0.1 的速度从右至左移动。Panner
连接到复制出来的烟雾叠加纹理表达式
UVs 节点，如图 5-144 所示。

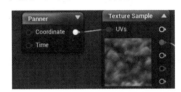

图 5-144

鼠标框选这两个表达式，按 Ctrl+C
组合键复制这两个表达式，按 Ctrl+V 组
合键粘贴。选择 Panner 表达式，在属性
窗口中设置 Speed Y 的数值为 0.05，并将
Speed X 数值归零，使这组纹理从下至上
滚动位移。

将这两组滚动纹理表达式的单通道连
接 Add 加法运算表达式，如图 5-145 所示。

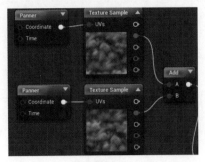

图 5-145

再次复制烟雾叠加纹理表达式，在编辑窗口空白处单击鼠标右键，查找添加 Rotator 纹理表达式，在纹理旋转表达式属性窗口中，将 Speed 数值设置为 −0.2 或 −0.25，旋转方向设置为顺时针旋转。连接纹理旋转表达式到复制的烟雾叠加纹理表达式 UVs 节点，如图 5-146 所示。

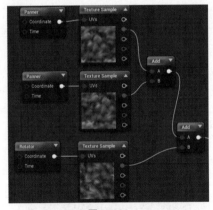

图 5-146

单击原始烟雾的纹理表达式，使用 Ctrl+C 组合键复制这个表达式，然后按 Ctrl+V 组合键粘贴出来，在编辑窗口空白处单击鼠标右键，输入 Rotator 找到纹理旋转表达式并添加到编辑窗口中，单击 Rotator 表达式，在它的属性窗口中把 Speed 数值改为 0.15，然后连接到我们复制的烟雾纹理表达式的 UVs 节点，如图 5-147 所示。

图 5-147

如图 5-148 所示，将三组烟雾叠加纹理表达式进行加法运算，加法结果与纹理旋转的烟雾表达式相乘。乘法的作用是将圆形烟雾外框勾画，而不再占用整个贴图纹理框。

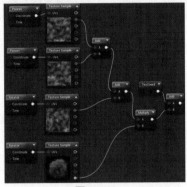

图 5-148

如图 5-149 所示，乘法结果连接到 Add 加法运算表达式 B 节点。添加 TexCoord 表达式，将 TexCoord 纹理坐标表达式连接到 Add 表达式 A 节点。

最后将纹理与 TexCoord 相加结果连接到烟雾纹理表达式 UVs 节点完成烟雾材质。

我们完成爆炸、烟雾和地裂的材质，再来制作地面残留火焰。回到引擎主面板 Explode-EX 目录，在 Materials 文件夹中建立新的材质，案例中将其命名为 explode-fire，双击材质球打开编辑窗口。材质 Blend Mode 设置为 Translucent 透明模式，Shading Model 光照模式型选择 Unlit 无光模式，勾上材质双面显示选项。

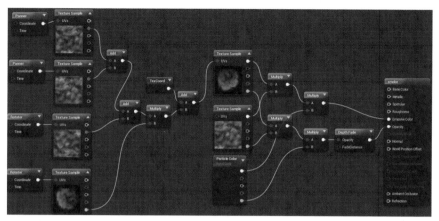

图 5-149

如图 5-150 所示，单击鼠标右键查找添加 Particle SubUV，在属性中将火焰燃烧序列纹理添加到表达式。在编辑窗口单击鼠标右键查找添加 Particle Color 粒子颜色表达式。按住 M 键，单击鼠标左键两次建立两个乘法表达式。

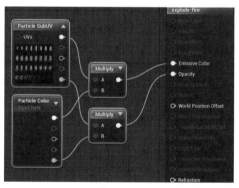

图 5-150

Particle SubUV 粒子多重纹理表达式 RGB 混合通道与 Particle Color 粒子颜色表达式 RGB 混合通道连接到乘法表达式，乘法结果连接材质 Emissive Color 自发光通道。

多重纹理表达式 Alpha 通道与粒子颜色表达式 Alpha 通道连接另一个乘法表达式，乘法结果连接材质 Opacity 透明通道，完成基础粒子材质。

接着给基础材质做进阶制作。单击鼠标右键，查找添加 Desaturation 饱和度表达式，俗称去色表达式，将输入的纹理颜色转变为黑白。

如图 5-151 所示，连接粒子多重纹理表达式 RGB 通道到乘法表达式前，先连接去色表达式，再连接去色表达式到乘法表达式。

图 5-151

添加纹理表达式到材质编辑窗口，属性中将火焰叠加纹理添加到表达式。

如图 5-152 所示，建立 TexCoord 纹理坐标表达式。单击这个表达式，在属性窗口中将贴图坐标数值调整到与火焰序列相同。案例火焰序列纹理为 8×4 一共 32 个图案，TexCoord 属性 Utiling 横向数值应设置为 8，Vtiling 纵向数值应设置为 4。连接 TexCoord 表达式到火焰叠加纹理表达式 UVs 节点。

图 5-152

如图 5-153 所示,添加乘法表达式,将 Particle SubUV 表达式 Alpha 通道与 Texture Sample 表达式 R 红色通道连接到乘法表达式,乘法结果与 Particle Color

表达式 Alpha 通道再次相乘。

单击鼠标右键查找添加 Depth Fade 表达式,将粒子颜色 Alpha 与图案纹理 Alpha 的乘积连接 Depth Fade 表达式 Opacity 节点。

选择 Depth Fade 表达式,在属性窗口中将 Fade Distance Default 衰减距离的数值设置为 20。连接 Depth Fade 表达式到材质 Opacity 透明通道。

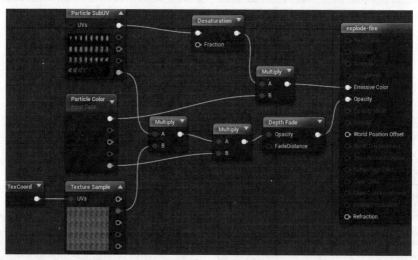

图 5-153

火焰颜色与透明度可以通过 Color Over Life 粒子生命颜色模块调整,有颜色的纹理最好经过去色处理,如使用自定义调色来处理有颜色的纹理可能会偏色。推荐导入虚幻引擎的纹理贴图最好是黑白的。

火焰纹理需要材质自身有动态,现在的火焰序列图案虽然有叠加纹理,但是纹理没有动态。选择火焰叠加纹理的 Texture Sample 表达式,按 Ctrl+C 组合键复制,按 Ctrl+V 组合键粘贴。添加 Panner 表达式到编辑窗口,将 Panner 表

达式属性窗口中 Speed X 的数值设置为 0.05。

如图 5-154 所示,连接 Panner 到粘贴的纹理表达式 UVs 节点,使纹理从右至左开始滚动。

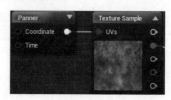

图 5-154

复制这两个表达式,将复制出来的

表达式中 Panner 的 Speed X 属性数值归零，Speed Y 数值设置为 0.1，使这组纹理从下至上滚动。

如图 5-155 所示，将两组滚动纹理图案表达式 R 通道提取并连接到乘法表达式。

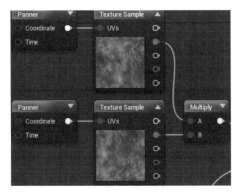

图 5-155

再次复制这组滚动的纹理图案表达式并粘贴，将 Panner 表达式属性中的 Speed X 数值归零，Speed Y 数值改为 -0.05。

如图 5-156 所示，建立乘法表达式，提取这组滚动纹理表达式 R 通道到乘法表达式 B 节点。前两组滚动纹理的乘法结果，连接到新乘法表达式 A 节点。

建立加法表达式，将 TexCoord 纹理坐标连接到 Add 加法表达式的 B 节点，三组滚动纹理的乘积连接到加法表达式的 A 节点。

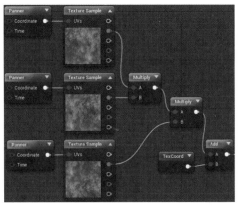

图 5-156

如图 5-157 所示，最后将加法表达式的结果连接到火焰叠加纹理 UVs 节点。在预览窗口中就可以看到火焰纹理的动态了。

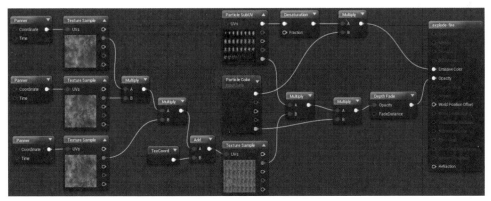

图 5-157

曝光点 lightglow、空气扭曲波动 shockwave 和粒子火花 spark 这三个材质可以沿用上个案例中制作的，下面来制作冲击波材质。

如图 5-158 所示，可以看出这个材质中会用到纹理的溶解，使用粒子发射器 Color Over Life 模块控制材质的溶解速度。

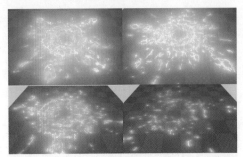

图 5-158

回到引擎主面板，在 Explode-EX 目录 Materials 文件夹中建立新的材质球，命名为 blast，双击这个材质球，打开材质编辑窗口。

首先分析材质属性，需要制作两层冲击波，一层是高光，另一层是暗色补色，所以 Blend Mode 混合模式设置为 Translucent 透明类型，光照模式 Shading Model 选择 Unlit 无光模式，勾选材质双面显示。

如图 5-159 所示，建立 Texture Sample 表达式，将冲击波纹理贴图加入到表达式中。单击鼠标右键查找添加 Particle Color 表达式到编辑窗口。

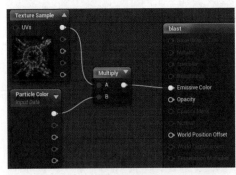

图 5-159

建立乘法表达式，将纹理表达式和粒子颜色表达式 RGB 混合通道使用乘法表达式连接，乘法结果连接材质 Emissive Color 自发光通道。

如图 5-160 所示，选中纹理表达式，按 Ctrl+C 组合键复制，按 Ctrl+V 组合键粘贴。按住键盘数字键 1（不是小键盘数字键，是字母 QWER 上面的一排数字），单击鼠标左键两次，添加两个常量表达式。按住 O 键单击鼠标左键添加 Oneminus 表达式到编辑窗口，图例中 1-x 表达式就是 Oneminus。

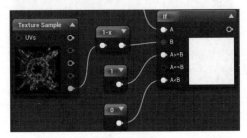

图 5-160

按住 I 键单击鼠标左键添加 If 条件判断表达式。首先将复制的纹理表达式 Alpha 通道连接 Oneminus 表达式，使用 Oneminus 使纹理黑色变为白色，白色变为黑色，颜色做反向处理，使溶解从外向内。

1-x（Oneminus）的输出结果连接到 If 表达式的 B 节点，作为 B 点数据判断条件。

将两个一维常量表达式中的一个数值设置为 1，数值为 1 的常量表达式连接 If 表达式 A>=B 节点，数值为 0 的常量表达式连接到 A<B 节点。If 表达式在条件满足 A 点数据大于或等于 B 点数据时，输出常量数值 1，结果为白色，A 点数据小于 B 点数据时，输出常量数值 0，结果为黑色。

如图 5-161 所示，A 点的条件判断数据使用 Particle Color 粒子颜色表达式的 Alpha 通道数值作为数值参考。由于粒子从出生到死亡的过程中，参数是在不断变化的，可以对数值的变化范围进行控制，对比数据不断变化，图案形态也会产生变化，将 If 表达式数据对比的结果连接材质 Opacity 透明通道。

Opacity 透明通道只对黑白两个颜色有作用，If 表达式对条件判断结果输出黑和白这两种颜色，A<B 满足黑色为输出结果时，Opacity 通道使材质全部透明了。

这里满足了基础溶解材质制作条件，我们需要更多细节来对溶解材质进行完善，我们使纹理在溶解的时候加上一层亮边。

如图 5-162 所示，添加一个 If 条件判断表达式，将两个一维常量中数值为 1 的连接到新 If 表达式的 A>=B 节点，数值为 0 的连接到新 If 表达式的 A<B 节点。冲击波纹理反向后的 1-x 表达式结果连接新 If 表达式 B 节点。

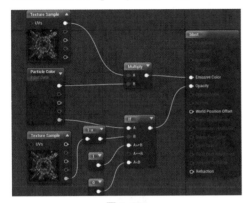

图 5-161

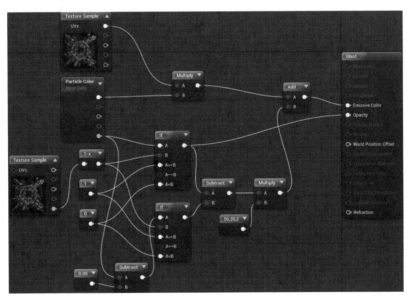

图 5-162

在材质章节讲过如何制作溶解的高亮勾边，其原理是使用加法表达式或者减法表达式一维常量进行运算，得到的结果与另一个 If 表达式有些差别而出现勾边。

单击鼠标右键，在弹出菜单中查找添加 Subtract 表达式，连接 Particle Color 粒子颜色表达式 Alpha 通道到 Subtract 减法表达式的 A 节点。

添加一个常量表达式到编辑窗口，常量表达式赋值为 0.05，将它连接到减法表达式 B 节点。减法表达式的结果连接到新 If 表达式 A 节点中。使新 If 表达式 A 节点参数值始终比旧 If 表达式少 0.05 个单位。

添加 Subtract 减法表达式，将两个 If 表达式的结果连接到减法表达式中。

这里将两个 If 表达式进行相减，得出的结果就是溶解纹理的勾边。

建立 Multiply 乘法表达式，将两个 If 的减法结果连接到这个乘法表达式 A 节点。

按住数字键 3，单击鼠标左键建立三维矢量，在属性窗口中将三维矢量的 R、G、B 通道数值分别设置为 50、20、2。连接三维矢量到乘法表达式 B 节点，使溶解的勾边高亮。

现在要使高亮勾边效果添加到原始纹理上。建立 Add 加法表达式，连接三维矢量与 If 相减结果的乘法表达式连接 Add 表达式 B 节点，纹理表达式与粒子颜色表达式 RGB 通道相乘的结果连接到 Add 加法表达式 A 节点，最后将 Add 表达式结果连接材质 Emissive Color 自发光通道。

材质部分现在差不多完成了。回到引擎主面板，在 Explode-EX 目录 Particles 文件夹中单击鼠标右键，建立 Particle System 粒子系统，并命名为 Explode-EX，这个粒子系统就是 EX 爆炸主体，双击粒子系统进入粒子编辑面板。

如图 5-163 所示，首先将默认的粒子发射器改名为 explode，这个发射器是爆炸纹理序列元素的发射器。

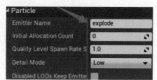

图 5-163

如图 5-164 所示，选择 Required 模块，在 Emitter 属性窗口中 Material 材质栏选择我们制作的 explode 爆炸序列材质。如图 5-165 所示，属性窗口下拉，找到 Duration 发射控制属性栏，Emitter Druation 粒子发射时间与 Emitter Druation Low 最小发射时间属性数值设置为 3，使粒子系统每间隔三秒做一次循环。Emitter Loops 发射器循环次数设置为 1（数值 0 为无限循环），让粒子系统只循环一次。

图 5-164

图 5-165

循环次数设置为 1 次，但在粒子预览窗口中还是会重复播放，这里的循环次数只对场景中的粒子发射器有效。

在属性窗口找到 Sub UV 发射器子 UV 属性，如图 5-166 所示，纹理循环类型设置为 Linear Blend 线性混合。爆炸序列纹理由横向 6 排纵向 6 列共 36 张图片组合，将 Sub Images Horizontal 横排数值和 Sub Images Vertical 纵排数值都设置为 6。将材质纹理分为横向 6 组与纵向 6 组。Required 模块的属性就设置完了。

选择 Spawn 粒子生成数量模块，在属性窗口中将 Rate 的 Constant 数值归零，我们不希望粒子持续发射。打开 Burst 属性栏，单击 Burst List 右边的"+"（加号）按钮添加发射行为。将 0 号节点的 Count 属性改为 30，如图 5-167 所示。

图 5-166

图 5-167

如图 5-168 所示，选择 Lifetime 粒子生存时间模块，在属性窗口中将最小生存时间 Min 数值设置为 0.25，最大生存时间 Max 数值设置为 1.25，由于需要顾及序列纹理的播放速度，最大生存时间设置了 1.25 秒，最小时间 0.25 秒是要在爆炸开始时有部分粒子快速闪动。

图 5-168

如图 5-169 所示，选择 Start Size 粒子初始尺寸模块，属性窗口最大尺寸 Max 的 X、Y、Z 轴数值分别设置为 150、150、150，最小尺寸 Min 的 X、Y、Z 轴数值设置为 100、100、100，使粒子最小尺寸固定在 100 个单位，最小与最大尺寸间隔 50 个单位。

图 5-169

如图 5-170 所示，选择 Start Velocity 初始速度模块，最大速度 Max 的 X、Y、

Z 轴数值分别设置为 50、50、65，最小速度 Min 的 X、Y、Z 轴数值分别设置为 −50、−50、0。X 与 Y 轴扩散的爆炸速度为 50 个单位，Z 轴从下至上变化的速度为 0 ~ 65 个单位。火焰爆炸不是固定在原地的，而是爆炸后火焰向四周扩散。

图 5-170

如图 5-171 所示，选择 Color Over Life 粒子生命颜色模块，在属性窗口里打开 Color Over Life 属性栏，将颜色部分数据类型设置为固定常量类型，Constant 的 R、G、B 通道数值分别设置为 20、5、1。

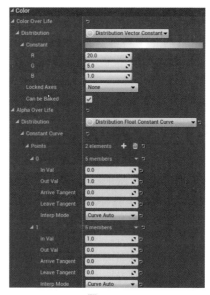

图 5-171

打开 Alpha Over Life 属性栏，0 号节点的 In Val 数值设置为 0，Out Val 数值设置为 1。

1 号节点 In Val 数值设置为 1，Out Val 数值设置为 0。

将两个控制节点 Interp Mode 曲线类型设置为 Curve Auto 自动曲线，使爆炸粒子在生成与消失的时间上有些随机变化。

在模块区空白处单击鼠标右键，在弹出菜单中找到 Rotation 命令集，添加 Start Rotation 初始旋转方向模块。

如图 5-172 所示，最小旋转 Min 的数值设置为 -1，最大旋转 Max 的数值设置为 1，使粒子在 -360°～360° 随机生成初始角度。

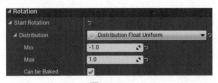

图 5-172

在模块区域空白处单击鼠标右键，在弹出菜单中找到 Sub UV 命令集，添加 SubImage Index 粒子子 UV 模块。

如图 5-173 所示，打开 0 号节点，In Val 数值设置为 0，Out Val 数值设置为 0，粒子生成时读取序列纹理材质中第 1 个纹理。

图 5-173

打开 1 号节点，In Val 数值设置为 1，Out Val 的数值设置为 35，粒子在消亡时读取序列纹理材质第 36 个纹理。在发射器空白区单击鼠标右键，在弹出菜单中选择 Size 命令集，添加 Size By Life 粒子生命尺寸模块到发射器，打开常量曲线 Constant Curve 属性栏。

如图 5-174 所示，0 号节点 In Val 的数值设置为 0，Out Val 的 X、Y、Z 轴数值统一设置为 1。

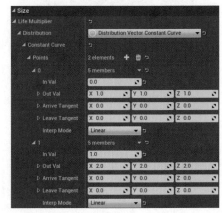

图 5-174

1 号节点 In Val 的数值设置为 1，Out Val 的 X、Y、Z 轴数值统一设置为 2。完成粒子从小到大的扩散动画。

上面的模块完成了爆炸动画形态，还需要给爆炸添加光源。爆炸高亮并照亮周围的物体，将它作为一个光源。

鼠标右键单击发射器模块区空白处，在弹出菜单中找到 Light 命令集，添加 Light 模块到发射器。

打开属性窗口中的 Brightness Over Life 光线强度、Radius Scale 光线范围和 Light Exponent 曝光强度三个属性栏，将它们的数据输入类型全部设置为限制数据类型。

如图 5-175 所示，将 Brightness Over Life 光线强度的最大值 Max 与最小值 Min 的取值设置为 30、10，单个粒子光照强度控制在 30 个单位以下。

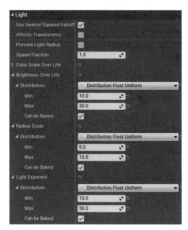

图 5-175

Radius Scale 光照范围的最大范围 Max 与最小范围 Min 属性的取值设置为 15、5。

Light Exponent 曝光强度最大值 Max 与最小值 Min 的取值设置为 50、15，这个属性是粒子生成瞬间的曝光强度，所以数值可以适当大些。

如图 5-176 所示，回到引擎主窗口，在资源浏览窗口中找到这个粒子系统并将它拖到场景窗口。拖入场景窗口时粒子会播放一次，随后就不再播放了，因为我们在粒子属性中只允许粒子循环一次，想要再次看到动态效果是需要手动播放的。

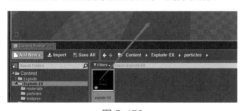

图 5-176

在引擎右侧 World Outliner 的窗口中选择这个粒子系统，右下侧属性窗口会显示这个粒子所有的属性。如图 5-177 所示，设置 Transform 坐标栏中的

Location 坐标位置，单击 Location 数值栏后面的小黄色箭头，使粒子系统复位到世界坐标轴 0，0，0 的位置。

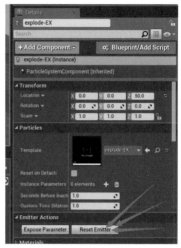

图 5-177

使用移动工具将粒子系统 Z 轴向上移动，案例中将 Z 轴移动了 50 个单位。我们做的是地面的爆炸，爆炸的火焰需要有一小半在地面以下，一大半在地面之上。

单击属性窗口下方 Reset Emitter 按钮复位粒子发射器就能再次播放粒子系统效果。

如图 5-178 所示，如果播放时有粒子系统图标、箭头和粒子边框显示，可以隐藏边框和图标。

图 5-178

如图 5-179 所示，使用快捷键 G，或单击场景窗口中左上角的倒三角形菜单，取消勾选 Game View，就能将场景中所有的物体图标隐藏了。如果需要显示它们，按 G 键或者将勾选 Game View。

再来取消黄色边框和坐标轴显示。按 T 键可以隐藏所选物体的黄色边框，如图 5-180 所示，也可以在引擎工具栏中单击 Settings 按钮，取消勾选 Allow Translucent Selection。取消勾选 Show Transform Widget 可以隐藏坐标轴。如果需要再次显示可以按 T 键打开黄色边框，或者重新激活 Allow Translucent Selection。需要显示坐标轴就重新激活 Show Transform Widget。

图 5-179

图 5-180

如图 5-181 所示，第一个爆炸元素完成了。

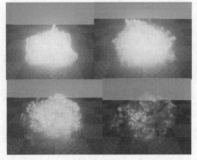

图 5-181

接下来给爆炸元素制作高亮曝光点，如图 5-182 所示，在 explode 粒子发射器空白的区域单击鼠标右键，在弹出菜单中找到 Emitter 发射器命令，选择 Duplicate Emitter 复制发射器。将复制的发射器更名为 lightglow，作为曝光点元素发射器。

图 5-182

如图 5-183 所示，键盘左右方向箭头键移动 lightglow 发射器到 explode 的左侧，曝光点需要被爆炸元素遮挡，显示层级在爆炸元素之下。靠右的发射器显示优先级高。

图 5-183

选择 lightglow 发射器 Required 粒子基础属性模块，Material 属性栏中选择曝光纹理材质。如图 5-184 所示，在下面 Sub UV 属性栏中将纹理读取类型设置为 None，横向与纵向排列数值设置为 1。

图 5-184

删除 Start Velocity 和 SubImage Index 这两个模块，曝光点不需要移动位置，没有使用序列材质球，所以序列模块也没有作用。

选择 Spawn 粒子生成速率模块，在属性窗口里保持 Rate 的数值为 0，Burst List 属性栏 Count 喷射数量设置为 1，只发射一个粒子，其他属性不做修改，如

图 5-185 所示。

图 5-185

如图 5-186 所示，选择 Lifetime 粒子生存时间模块，在属性窗口中将数据输入类型设置为固定常量类型，在 Constant 数值设置为 0.1，粒子体只有十分之一秒存在时间。曝光点的意义只是需要高亮闪一下，十分之一秒时间足够了。

图 5-186

如图 5-187 所示，选择 Start Size 粒子初始尺寸模块，在属性窗口中将 Start Size 的数据输入类型设置为固定常量类型，案例将 Constant 的 X、Y、Z 轴数值设置为 350、350、350，读者要根据实际需要做尺寸设定，不要过大，也不要比爆炸粒子范围小。

图 5-187

如图 5-188 所示，选择 Color Over Life 粒子生命颜色，这个模块用来设置曝光点亮度与曝光点的颜色。

打开 Color Over Life 下拉属性栏，数据输入类型设置为固定常量类型，R、G、B 通道的数值分别设置为 500、200、50。粒子生成让人眼前一亮。

打开 Alpha Over Life 属性栏，0 号节点 In Val 的数值设置为 0，Out Val 的数值设置为 1。

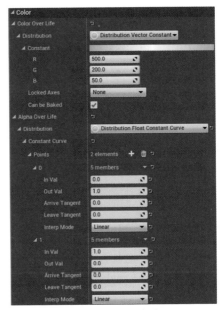

图 5-188

1 号节点 In Val 数值设置为 1，Out Val 数值设置为 0，粒子生命消亡时透明度降为 0。

如图 5-189 所示，选择 Size By Life 粒子生命尺寸模块，0 号节点中保留之前的数值，1 号节点 Out Val 的 X、Y、Z 轴数值全部归零，使粒子体缩小至消失。动态消失比静态淡出效果更有视觉冲击力。

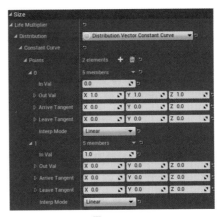

图 5-189

193

如图 5-190 所示，是曝光点单独显示的效果，产生瞬间的强光照射就缩小消失了。如图 5-191 所示，与爆炸元素合在一起可以提升爆炸初期的光线强度。

图 5-190

图 5-191

曝光点完成后，再来制作烟雾元素了。如图 5-192 所示，鼠标右键单击 lightglow 发射器，在弹出菜单中选择 Emitter 命令集中的 Duplicate Emitter 选项复制发射器。

图 5-192

将复制出来的新发射器命名为 smoke，烟雾需要在爆炸的显示层级之上，遮盖住爆炸产生的火焰，增强光效体积感，如图 5-193 所示。

图 5-193

选择 smoke 发射器 Required 粒子基础属性模块，Material 栏选中烟雾材质球。

删除 Light 模块，烟雾不作光源，所以灯光模块没有用处。

如图 5-194 所示，选择 Spawn 粒子生成模块，在属性窗口中保持 Rate 数值

为 0，Burst 属性栏中将 Count 数值设置为 150，一次性发射 150 个粒子体。根据需要的烟雾浓度可以进一步对数值进行调节。

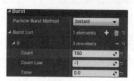

图 5-194

如图 5-195 所示，选择 Lifetime 粒子生存时间模块，在属性窗口中将数据输入型设置为限制数据类型，最小生存时间 Min 和最大生存时间 Max 数值分别设置为 1、2。

图 5-195

如图 5-196 所示，选择 Start Size 初始尺寸模块，在属性窗口中将数据输入类型设置为限制数据类型，最大尺寸 Max 的 X、Y、Z 轴数值统一设置为 65，最小尺寸 Min 的 X、Y、Z 轴数值统一设置为 30。

图 5-196

如图 5-197 所示，选择 Color Over Life 模块，在属性窗口中打开颜色部分，将输入数据类型改为限制数据类型，最大颜色 Max 的 R、G、B 通道数值分别设置为 2、0.35、0，最小颜色 Min 的 R、G、B 通道数值归零。烟雾粒子生成时，一部分显示黑色，一部分显示红色，有

更多的细节。

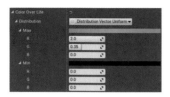

图 5-197

如 图 5-198 所 示，打 开 Alpha Over Life 属性栏，打开 Constant Curve 常量曲线栏，单击 Points 后面的 "+"（加号）按钮，将控制节点增加至三个。

图 5-198

0 号节点 In Val 数值设置为 0，Out Val 数值设置为 0.5。

1 号节点 In Val 数值设置为 0.5，Out Val 数值设置为 1。

2 号节点 In Val 数值设置为 1，Out Val 数值设置为 0，完成淡出效果。

最后将三个节点 Interp Mode 曲线类型设置为 Curve Auto 自动曲线，使粒子透明度变化有更多细节。

如图 5-199 所示，选择 Size By Life 生命尺寸模块，在属性窗口中将 0 号节点 In Val 的数值设置为 0，OutVal 的 X、Y、Z 轴数值统一设置为 1。

1 号节点 In Val 数值设置为 1，Out

Val 的 X、Y、Z 轴数值统一设置为 3，制作烟雾膨胀动态。

最后将两个控制节点的 Interp Mode 曲线类型设置为 Curve Auto 自动曲线，使原本平滑扩散的动态变为前快后慢。

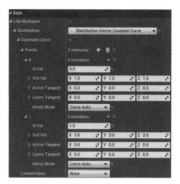

图 5-199

鼠标右键在发射器模块区域空白处单击，在弹出菜单中找到 Location 命令集，添加 Sphere 球形范围模块到发射器，使烟雾元素以球形范围发射。如图 5-200 所示，选择 Sphere 模块，在属性窗口中将 Constant 数值设置为 40，正好与爆炸范围匹配。如图 5-201 所示，取消勾选 Negative Z，使烟雾元素呈半球发射。

图 5-200

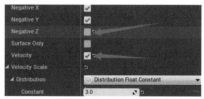

图 5-201

勾选 Velocity 速度开关，以球形范围控制烟雾速度。调整 Velocity Scale 速度缩放属性的 Constant 数值，案例中数值设置为 3。烟雾发射器以三倍基本速度发射粒子体。

烟雾扩散中会受到空气阻力影响越来越慢，因此需要添加模块来模拟空气阻力。

鼠标右键在发射器模块区域空白处单击，在弹出菜单中找到 Acceleration 命令集，添加 Drag 拉力模块。使用拉力降低烟雾扩散的速度。属性栏中将 Constant 数值设置为 3，如图 5-202 所示。

图 5-202

在引擎主面板场景窗口中播放粒子系统效果，发现烟雾并不是贴在地面上与爆炸对齐，而是半空中出现。说明烟雾发射器的坐标高于爆炸元素。如图 5-203 所示，回到粒子编辑窗口，选择 smoke 发射器 Required 模块，将 Emitter Origin 的 Z 轴数值设置为 -30，发射器向 Z 轴下降了 30 个单位。

图 5-203

如图 5-204 所示，爆炸加上烟雾，纹理体积感就有了，爆炸完结烟雾也会逐渐散开消失，这是整个爆炸特效中的一小部分，现在完成的是基础。

图 5-204

烟雾形态上还缺少跟随初始爆炸的喷射形态，爆炸会将一些物体抛射出去，抛射物体会对烟雾的形态有影响。

回到粒子编辑窗口，在 smoke 发射器上单击鼠标右键，选择 Emitter 命令菜单中的 Duplicate Emitter 复制烟雾粒子发射器，将复制的发射器命名为 smoke-spray，将这个发射器移动到 explode 发射器左侧，使发射器被爆炸遮挡，如图 5-205 所示。

图 5-205

选择 smoke-spray 粒子发射器的 Required 模块，材质和坐标沿用之前烟雾发射器的设置不改动，将 Screen Alignment 屏幕对齐方式设置为 PSA Rectangle 可拉伸矩形，如图 5-206 所示。

图 5-206

选择 Spawn 粒子生成速率模块，在属性窗口中打开 Burst 喷射行为，将 Count 的数值设置为 50，一次性喷射 50 个粒子，如图 5-207 所示。根据具体需要可以自定义调整数值。

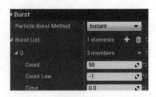

图 5-207

如图 5-208 所示，选择 Lifetime 生存时间模块，在属性窗口中将数据输入类型设置为限制数据类型，最小生存时间 Min 的数值设置为 0.65，最大生存时

间 Max 的数值设置为 1，喷射冲击形态
的烟雾将杂物喷射后会很快消散。

图 5-208

如图 5-209 所示，选择 Start Size
初始尺寸模块，在属性窗口中将数据
输入类型设置为限制数据类型，大尺
寸 Max 的 X、Y、Z 轴数值分别设置为
50、100、50，最小尺寸 Min 的 X、Y、
Z 轴数值分别设置为 20、20、50。将 X
轴最大与最小值中间拉开 30 个单位，Y
轴最大最小值中间拉开 80 个单位。Y 轴
是主要属性，使粒子拉伸，X 轴固定粒
子宽度，数值略小。Z 轴无意义，粒子
不是 Mesh Data 模型类型不会有厚度，
所以 Z 轴数值没有影响。

图 5-209

如图 5-210 所示，选择 Color Over
Life 粒子生命颜色模块，我们来调整喷
射烟雾的颜色。将数据输入类型设置为
常量曲线类型，打开 Constant Curve 属性
栏，单击 Points 右边的"+"（加号）按
钮两次，添加两个控制节点。

打开 0 号节点，将 In Val 的数值设
置为 0，Out Val 的 R、G、B 通道数值分
别设置为 20、5、1，使烟雾生成时带有
红色，模拟烟雾生成时被火光照亮。

1 号节点 In Val 数值设置为 1，Out
Val 的 R、G、B 通道数值全部设置为 -10。
这里数值设置为 -10，是使烟雾被火光照
亮后，马上转变为黑色，转变时间会变快。

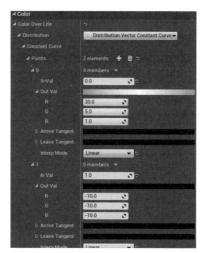

图 5-210

如图 5-211 所示，打开 Alpha Over
Life 的属性栏，0 号控制节点 In Val 的数
值设置为 0，Out Val 的数值设置为 1，
使烟雾粒子在爆炸开始便出现。

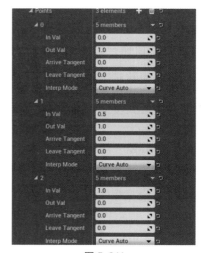

图 5-211

1 号控制节点 In Val 数值设置为 0.5，
Out Val 数值设置为 1，烟雾粒子从生命
开始到生命中间，透明度一直保持百分
之百，烟雾一直可见。

2 号控制节点 In Val 数值设置为 1，
Out Val 数值设置为 0，烟雾粒子从生命

中间到消亡的时间，透明度降低直至消失不见。

将三个控制节点 Interp Mode 类型设置为 Curve Auto 自动曲线，使透明度曲线化，效果比 Linear 直线过渡更适合。

删除 Drag 拉力模块。

如图 5-212 所示选择 Size By Life 生命尺寸模块，在属性窗口中单击 Points 右侧 "+"（加号）按钮，将控制节点增加至三个。

图 5-212

如图 5-213 所示，0 号控制节点 In Val 的数值设置为 0，Out Val 的数值全部归零，粒子生成时尺寸是不可见的。

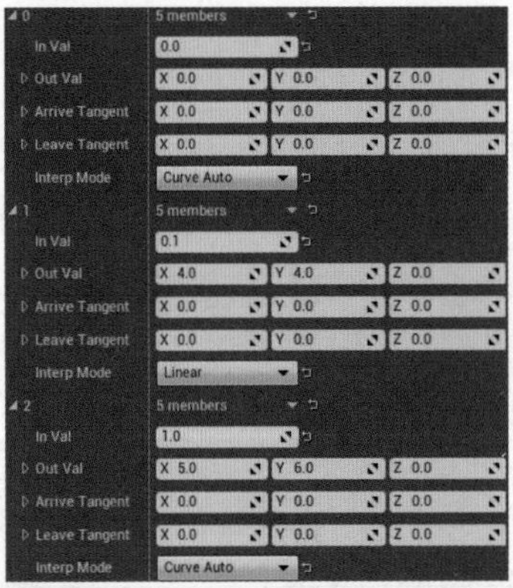

图 5-213

1 号节点 In Val 数值设置为 0.1，Out Val 的 X、Y 轴数值全部设置为 4，烟雾粒子从生成到生命前十分之一时间内，体积由零缩放至 4 倍 Start Size 尺寸大小，作膨胀动态。

2 号控制节点 In Val 的数值设置为 1，Out Val 的 X、Y 轴数值分别设置为 5、6，烟雾粒子在膨胀之后十分之九的时间里

缓慢扩张，缓冲突然膨胀的视觉冲击。Z 轴数值无意义。

如图 5-214 所示，选择 Sphere 球形范围模块，在属性窗口中调整 Start Radius 初始范围中的 Constant 数值为 35，将 Negative X、Y、Z 轴前面的小勾取消，不允许反向 X、Y、Z 轴发射粒子。

图 5-214

勾选 Surface Only，使粒子在球形表面发射。

取消勾选 Velocity，禁止粒子移动。

如图 5-215 所示，喷射烟雾完成了，在场景中播放粒子效果就能看见爆炸烟雾背后的喷射状烟雾了。

图 5-215

爆炸产生烟雾，周围环境被爆炸光源照亮，地面会被爆炸冲击与高热熏出黑色裂痕，如图 5-216 所示。制作别的元素以前，先来处理爆炸产生的地面炸裂痕迹。

图 5-216

回到粒子编辑窗口，在 explode 粒子发射器右侧单击鼠标右键，建立一个全新的粒子发射器，将这个发射器命名为 earthcrack。

删除 earthcrack 发射器 Start Velocity 初始速度模块，裂痕不需要移动位置。

选择 Required 粒子基础属性模块，在属性窗口 Material 材质栏选中我们制作的地面裂痕材质球。

如图 5-217 所示，属性栏往下找到 Duration 属性栏，Emitter Duration 与 Emitter Duration Low 发射时间都设置为 3，使发射器每三秒重复一次。Emitter Loops 属性栏数值设置为 1，发射器循环一次。

图 5-217

裂痕是贴在地面上的，但现在的裂痕方向一直面向摄像机，我们需要它与地面平行而不需要它一直向摄像机视图，需要锁定粒子的轴向。

鼠标右键单击粒子发射器模块区域空白处，在弹出菜单中找到 Orientation 命令集中的 Lock Axis 锁定轴向模块并添加到粒子发射器中。如图 5-218 所示，在属性窗口中，将 Lock Axis Flags 锁定轴方向设置为 Z 轴。修改完成粒子会与地面平行，而不再跟随摄像机转动的方向了。

图 5-218

如图 5-219 所示，选择 Required 基础属性模块，调整地面裂痕 Emitter Origin 属性的 Z 轴偏移，案例中将 Z 轴的数值设置为 -29.5。

图 5-219

数值设置为 -30 时，裂痕与地面重合了，粒子纹理会因为两个物体重合而闪动，这样很影响美观。为了使两个物体交叉面不重合，使发射器 Z 轴向上移动了 0.5 个单位。

如图 5-220 所示，选择 Spawn 粒子生成模块，在属性窗口中 Rate 的 Constant 数值设置为 0，打开 Burst 属性栏，单击 Burst List 右侧"+"（加号）按钮，添加喷射行为。打开 0 号节点，案例将 Count 属性的数值设置为 3，使发射器一次性喷射 3 个粒子体。

图 5-220

如图 5-221 所示，选择 Life Time 生存时间模块，在属性窗口中将粒子生存时间数据输入类型设置为固定常量类型，Constant 数值设置为 3，使粒子的生存时间固定在 3 秒。

图 5-221

如图 5-222 所示，选择 Start Size 粒子尺寸模块，在属性窗口中将 Start Size 初始尺寸的数据输入类型设置为限制数据类型，最大尺寸 Max 的 X、Y、Z 轴数值全部设置为 250，最小尺寸 Min 的 X、Y、Z 轴数值全部设置为 200，使最大尺寸与最小尺寸的取值变化在 50 个单位内，最小不低于 200 个单位。

图 5-222

从其他发射器中找到 Start Rotation 初始旋转模块，复制这个模块到 earthcrack 发射器中，给发射器添加粒子初始旋转模块。

如图 5-223 所示，选择 Color Over Life 粒子生命颜色模块，在属性窗口中将数据输入类型设置为固定常量类型，打开 Constant 属性栏，R、G、B 通道的数值全部归零，使用黑色显示粒子纹理。

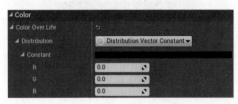

图 5-223

如图 5-224 所示，打开 Alpha Over Life 属性栏，单击 Points 栏右侧 "+"（加号）按钮，控制节点数量增加到四组。

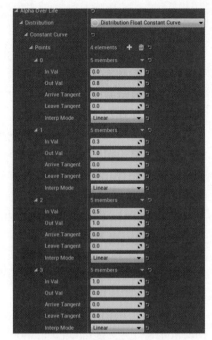

图 5-224

0 号控制节点 In Val 数值设置为 0，Out Val 的数值设置为 0.8，粒子在生命初始有 80% 的透明度显示。

打开 1 号控制节点，In Val 的数值设置为 0.3，Out Val 数值设置为 1。

打开 2 号控制节点，In Val 的数值设置为 0.5，Out Val 数值设置为 1，使粒子生命三分之一到二分之一处透明度不衰减。

打开 3 号控制节点，In Val 的数值设置为 1，Out Val 数值设置为 0，粒子生命二分之一到消亡时间，透明度衰减至不可见。

在模块空白的区域单击鼠标右键，在弹出菜单中选择 Size 命令集，添加 Size By Life 模块到发射器中，我们给地裂制作扩散动画。

如图 5-225 所示，在 Size By Life 模块的属性窗口中，单击 Points 右侧 "+"（加号）按钮，将控制节点增加到三个。

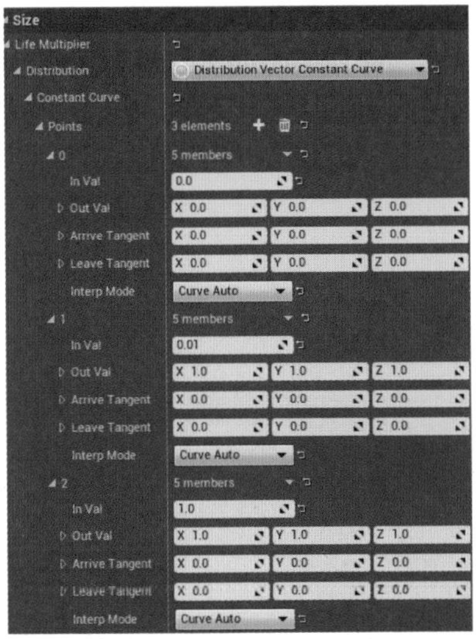

图 5-225

打开 0 号节点，In Val 的数值设置为 0，Out Val 的 X、Y、Z 轴数值全部归零，使粒子初始时不可见。

打开 1 号节点，In Val 的数值设置为 0.01，Out Val 的 X、Y、Z 轴数值全部设置为 1，使粒子生成到百分之一的生存时间内，从不可见膨胀至一倍 Start Size 大小。

打开 2 号节点，In Val 的数值设置为 1，Out Val 的 X、Y、Z 轴依然保持数值为 1，粒子膨胀到 1 倍尺寸后就不再改变了。

我们将裂痕发射器移动到所有发射器的最左侧，它是被所有的纹理遮盖住的。选中发射器，使用键盘方向箭头键将 earthcrack 发射器移动到发射器组最左边位置。

如图 5-226 所示，在主面板场景窗口中播放观察特效动态，爆炸时地面有痕迹出现，随后慢慢消失。

图 5-226

下一步制作地面冲击波。如图 5-227 所示，在 earthcrack 粒子发射器的模块空白区单击鼠标右键，在弹出菜单中找到 Emitter 命令，选择 Duplicate Emitter 复制粒子发射器。将复制的发射器命名为 blast。

从显示层级分析，冲击波应该在地面裂痕之上，但会被爆炸元素遮挡，只需要将发射器层级设置在裂痕上一级就行了。使用键盘方向箭头键将 blast 发射器移动到 earthcrack 发射器右侧。

选择 blast 发射器 Required 基础属性模块，在 Material 材质属性栏中选中我们制作的带有溶解效果的冲击波材质，如图 5-228 所示。Required 模块其他属性不做改动。

图 5-227 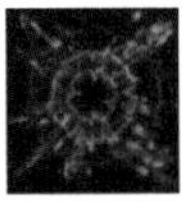　　　　　　图 5-228

选择 Spawn 粒子生成速率模块，在属性窗口中保持 Rate 的数值为 0。如图 5-229 所示，打开 Burst 属性栏，Burst List 的 0 号控制节点中，案例中将 Count 的数值设置为 5，一次性喷射 5 个粒子体。这个数值可以依照具体需要来适当增加或者减少。

选择 Lifetime 生存时间模块，如图 5-230 所示，在属性窗口中将数据输入类型设置为限制数据类型，最小生存时间 Min 的数值设置为 0.5，最大生存时间 Max 数值设置为 0.75。

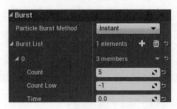

图 5-229

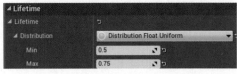

图 5-230

如图 5-231 所示，选择 Start Size 粒子初始尺寸模块，将数据输入类型设置为限制数据类型，最大尺寸 Max 的 X、Y、Z 轴数值统一设置为 200，最小尺寸 Min 的 X、Y、Z 轴数值统一设置为 100，限制数值大小并留下足够的随机空间。

如图 5-232 所示，选择 Color Over Life 粒子生命颜色模块，在属性窗口中将数据输入类型设置为固定常量类型，Constant 的 R、G、B 通道数值全部设置为 1。

图 5-231

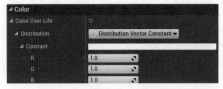

图 5-232

打开 Alpha Over Life 粒子生命透明度属性栏。读者是否记得我们使用的冲击波溶解材质使用方式？不记得的话可以回到前面材质章节或者打开这个材质

球看看材质节点。

材质中使用 Particle Color 表达式 Alpha 通道连接两个 If 表达式 A 节点，这里 Alpha Over Life 属性会作为 If 条件表达式的判断条件对材质进行控制。

如图 5-233 所示，将数据输入类型设置为常量曲线类型，单击 Points 属性栏右侧 "+"（加号）按钮，将控制节点增加至三个。

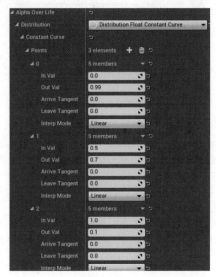

图 5-233

0 号控制节点 In Val 的数值设置为 0，Out Val 数值设置为 0.99，初始数值不能设置为 1，如果为 1，粒子材质会在瞬间以正方形显示而影响美观。案例中我们取值为接近 1 的 0.99。

1 号节点 In Val 数值设置为 0.5，Out Val 数值设置为 0.7。

2 号节点 In Val 数值设置为 1，Out Val 设置为 0.1，粒子生命最后，溶解完成百分之九十，剩下百分之十自由消失。

如图 5-234 所示，选择 Size By Life 生命尺寸模块，单击 Points 右侧 "+"（加号）按钮，控制节点增加至三个。

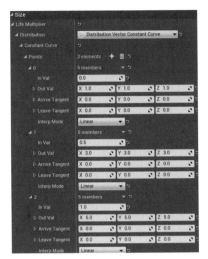

图 5-234

0 号节点 In Val 的数值设置为 0，Out Val 的 X、Y、Z 轴数值统一设置为 1。

1 号控制节点 In Val 数值设置为 0.5，Out Val 的 X、Y、Z 轴数值统一设置为 3，使粒子体从生命开始到一半的时间，尺寸从 1 倍扩大到 3 倍。

2 号节点 In Val 的数值设置为 1，Out Val 的 X、Y、Z 轴数值统一设置为 5，使粒子体从生命一半到消亡的时间由 3 倍扩大至 5 倍。

冲击波也完成了，在场景中播放粒子观察效果。如图 5-235 所示，看到随着爆炸同时出现向四周扩散的金色冲击波，扩散的同时会溶解，最后消失。

图 5-235

之前章节有说过，有高亮的地方就需要暗面搭配，现在的冲击波元素只有金色，没有暗色点缀，还需要给冲击波元素添加暗色。

在 blast 粒子发射器模块空白处单击鼠标右键，在弹出菜单的 Emitter 命令栏中选择 Duplicate Emitter 复制粒子发射器，将复制的发射器命名为 blast-dark，将它作为暗部元素。

如图 5-236 所示，将发射器移动到 blast 发射器右侧，它的显示层级放在金色冲击波之上。

图 5-236

如图 5-237 所示，选中 blast-dark 发射器 Lifetime 生存时间模块，在属性窗口中将 Lifetime 的数据输入类型设置为固定常量类型，Constant 数值设置为 1，将粒子体生存时间固定为 1 秒。

图 5-237

如图 5-238 所示，选择 Start Size 粒子初始尺寸模块，这里只改动最小尺寸 Min 的数值，将最小尺寸数值统一设置为 150。区分两个冲击波元素的尺寸。

图 5-238

如图 5-239 所示，选择 Color Over Life 生命颜色模块，颜色部分的数据输入类型设置为固定常量类型，Constant 属性栏 R、G、B 通道数值全部设置为 -10000。

图 5-239

如图 5-240 所示，打开 Alpha Over Life 属性栏，Constant Curve 常量曲线下拉栏中单击 Points 后面的"垃圾箱"按钮，将之前的控制节点全部删除。单击"+"（加号）按钮两次，添加两个控制节点。

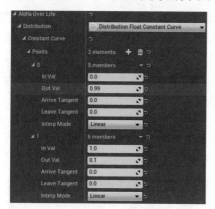

图 5-240

0 号节点 In Val 的数值设置为 0，Out Val 数值设置为 0.99。

1 号控制节点 In Val 数值设置为 1，Out Val 数值设置为 0.1。

到这里地面的爆炸造型就制作得差不多了，还需要分析爆炸后使用什么样的残留元素来收尾。爆炸引起周围物体的燃烧，但不确定这个爆炸特效会使用在何处，唯一能确定的是燃烧残留物在地面上，如图 5-241 所示。下面制作爆炸完成后地面残留的燃烧火焰。

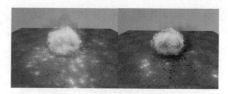

图 5-241

地面燃烧火焰素材是序列纹理材质，在这组发射器中能够满足重复利用条件的是 explode 发射器。复制这个爆炸发射器修改为地面燃烧火焰。

在 explode 发射器模块空白区域单击鼠标右键，找到菜单 Emitter 命令 Duplicate Emitter 复制发射器，将复制的发射器命名为 burningfire。如图 5-242 所示，使用键盘方向箭头键移动发射器到 smoke-spray 左侧，显示层级会被烟雾喷射发射器遮挡。

图 5-242

如图 5-243 所示，我们的火焰序列纹理由横向 8 张纵向 4 张共计 32 个图案组成，我们就需要在基础属性 Required 模块中匹配序列纹理的数量。如图 5-244 所示，打开 Sub UV 属性栏，将它横向 Sub Images Horizontal 数值设置为 8，纵向 Sub Images Vertical 数值设置为 4，与火焰序列纹理匹配。

图 5-243　　　　　　图 5-244

如图 5-245 所示，选择 Lifetime 粒子生存时间模块，在属性窗口将数据输入类型设置为限制数据类型，最小生存时间 Min 数值设置为 1.5，最大生存时间 Max 数值设置为 2.5，使火焰序列播放速度略慢。

图 5-245

如图 5-246 所示，选择 Start Size 初始尺寸模块，将数据输入类型设置为限制数据类型，最大尺寸 Max 的 X、Y、Z 轴数值分别设置为 80、80、50，最小尺寸 Min 的 X、Y、Z 轴数值分别设置为 30、50、50，Z 轴数值无意义，粒子没有厚度。

图 5-246

如图 5-247 所示，选择 Start Velocity 初始速度模块，在属性窗口中将全部数值清零，设置最大速度 Z 轴数值为 10，发射器向上以 0 ～ 10 个单位速度移动。

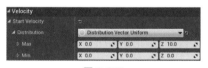

图 5-247

如图 5-248 所示，选择 Color Over Life 粒子生命颜色模块，在属性窗口中将颜色部分的数据输入类型设置为固定常量类型。Constant 属性栏中，将 R、G、B 通道数值分别设置为 50、10、1，纹理颜色调整到与爆炸颜色一致就可以了。亮度不要超过爆炸。

如图 5-249 所示，打开 Alpha Over

Life 属性栏，单击 Points 右侧 "垃圾桶" 按钮删除所有控制节点，然后单击 "+"（加号）按钮两次，添加两个新的控制节点。

图 5-248

图 5-249

0 号控制节点 In Val 数值设置为 0，Out Val 数值设置为 1。

1 号控制节点 In Val 数值设置为 1，Out Val 数值设置为 0，制作淡出效果。

如图 5-250 所示，选择 Sub Image Index 序列纹理读取模块，在属性窗口中 1 号控制节点的 Out Val 数值设置为 31。我们火焰序列纹理由 8×4 共计 32 个图案组成，0 号纹理开始读取，最后到第 31 号纹理。将两个控制节点 Interp Mode 模式设置为 Curve Auto 自动曲线类型。

在模块空白区域单击鼠标右键，在弹出菜单栏中找到 Location 命令集，选择 Cylinder 圆柱范围模块添加到发射器。如图 5-251 所示，在属性窗口中打开 Start Radius 下拉栏，将 Constant 初始范围数值设置为 50。

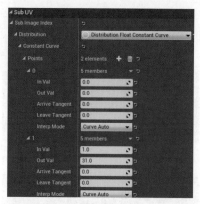

图 5-250

图 5-251

打开 Start Height 起始高度下拉属性栏，将 Constant 的数值设置为 10，使圆柱高度不超过 10 个单位。如图 5-252 所示，可以在属性窗口最下方 Cascade 栏中勾选 B 3D Draw Mode 属性，使发射器范围在预览窗口中可见。

图 5-252

指定了发射范围，还需要调整火焰的贴地距离。如图 5-253 所示，选择 Required 模块，将 Emitter Origin 发射器坐标 Z 轴数值设置为 -22，向下偏移 22 个单位。这个数值是经过反复调试得出的结果，仅供参考。纹理图案样式、场景中的位置都会影响这个数值结果。

如图 5-254 所示，选择 Size By Life 粒子生命尺寸模块，在属性窗口中打开

Constant Curve 的下拉栏，打开 1 号节点，Out Val 的 X、Y、Z 栏数值分别设置为 1.15、1、1，使粒子 X 轴扩大到 Start Size 数值的 1.15 倍。

图 5-253

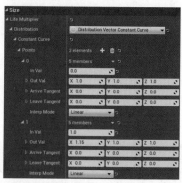

图 5-254

最后选择 Light 光照模块，在属性窗口中打开光照强度 Brightness Over Life、光照范围 Radius Scale 和光线爆发强度 Light Exponent 这三个属性下拉菜单，将它们的数据输入类型全部设置为固定常量类型。

如图 5-255 所示，光照强度 Constant 数值设置为 30，光照范围 Constant 数值设置为 5，光线爆发强度 Constant 数值设置为 0。燃烧火焰没有爆发光，数值归零即可。

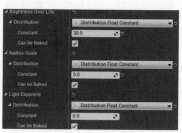

图 5-255

如图 5-256 所示，场景中播放粒子特效，在爆炸后地面有残留火焰燃烧了。烟雾散尽后，燃烧火焰也会慢慢熄灭。我们还能做些更细节的部分，使地面的火焰有颜色上的差异化，使燃烧物看起来有掺杂其他可燃物的感觉。

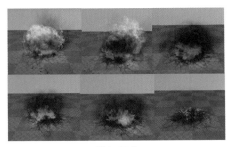

图 5-256

在 burningfire 发射器模块空白区域单击鼠标右键，在弹出菜单中找到 Emitter 命令，选择 Duplicate Emitter 复制发射器，将复制出来的发射器命名为 burning-purple。如图 5-257 所示，选择这个发射器，使用键盘方向箭头键移动到燃烧火焰的左侧。

图 5-257

也有更简单的方法，由于复制出来的两个粒子发射器属性是一模一样的，直接将靠左侧的发射器命名为 burning-purple 就好了。

如图 5-258 所示，选择 burning-purple 发射器 Spawn 粒子生成模块，打开 Burst 属性栏，把 0 号节点粒子喷射数量 Count 数值设置为 5，只需要这组发射器最多喷射 5 个粒子。

图 5-258

如图 5-259 所示，选择 Lifetime 粒子生命模块，在属性窗口中将最大生存时间 Max 的数值设置为 2，使粒子最多存活 2 秒。红色火焰粒子最长生存时间是 2.5 秒，紫色火焰粒子生存时间设置比红色火焰短。

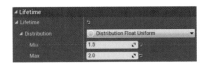

图 5-259

如图 5-260 所示，选择 Color Over Life 粒子生命颜色模块，在属性窗口中打开颜色部分属性栏，将 R、G、B 通道的数值分别设置为 30、5、50，呈高亮紫色。

图 5-260

如图 5-261 所示，现在能在爆炸残余火焰中看见颜色不一样的火焰了，少量的杂色能够使人眼前一亮。

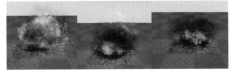

图 5-261

地面的爆炸与火焰全部完成了，依照案例的造型，还需要为爆炸增加垂直喷射火柱、火花碎片及扩散冲击波。按逻辑顺序，先确定了火焰喷射高度才能制作火花碎片，制作完整体效果才能确定冲击波扩散范围，需要先制作火柱。

在粒子发射器编辑窗口找到 explode 发射器，鼠标右键在模块区域空白处单击，在弹出菜单中找到 Emitter 命令中的 Duplicate Emitter 复制发射器。将靠左侧的发射器命名为 explode-shock，如图 5-262 所示。

图 5-262

火柱是在爆炸后产生的，在爆炸完成前，它会被爆炸层遮挡。我们要将其中一个发射器爆炸效果改为火柱。

首先选择 explode-shock 发射器 Lifetime 生存时间模块，在属性窗口中将最小生存时间 Min 设置为 1，最大生存时间 Max 设置为 1.5，如图 5-263 所示。

图 5-263

由于是爆炸改火焰喷发，所以节奏上需要使序列帧读取速度变慢。生存时间模块可以控制序列帧读取速度。半秒读完 30 帧图与两秒读完 30 帧图的播放速度肯定是不一样的。

如图 5-264 所示，选择 Start Size 生命尺寸模块，在属性窗口中将最大尺寸 Max 的 X、Y、Z 轴数值全部设置为 100，最小尺寸 Min 的 X、Y、Z 轴数值全部设置为 30。粒子尺寸在 30 ～ 100 个单位中随机取值。

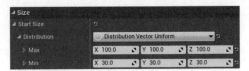

图 5-264

既然是喷射火柱，它就需要一个向上喷发的速度。如图 5-265 所示，选择 Start Velocity 初始速度模块，在属性窗口里将最大速度 Max 的 X、Y 轴数值设置为 10，最小速度 Min 的 X、Y 轴数值设置为 -10，火柱喷发时向 X 与 Y 轴方向移动 10 个单位。

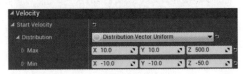

图 5-265

最大速度的 Z 轴数值设置到了 500，需要向上方有大的喷射速度，最小速度的 Z 轴数值设置为 -50，使火焰在向上喷发的时候有些向下沉，使粒子的速度拉开，形成火焰带，这条火焰带就是火柱的基本造型。

如图 5-266 所示，选择 Color Over Life 粒子生命颜色模块，不改动颜色部分的数值，打开 Alpha Over Life 下拉属性栏，这里只需要把它的读取模式从 Curve Auto 自动曲线改回到 Linear 线性就好了，使火焰喷射的透明度不做动态变化，自然过渡。

火柱的造型现在是直线了，需要在直线造型中做其他的变化就需要调整发射器范围形态了。

鼠标右键单击 explode-shock 发射器模块区域空白处，在弹出菜单中选择 Location 命令集，添加 Sphere 球形范围到发射器中。

图 5-266

如图 5-267 所示，选择 Sphere 球形范围模块，在属性窗口 Start Radius 初始范围属性栏，将 Constant 范围数值设置为 30。添加 Sphere 模块后火柱就不再以直线发射，有一定的随机范围发射了。

图 5-267

还需要模拟火焰上升过程中受到空气阻力影响而减速，速度越来越慢直至停止，如图 5-268 所示。

图 5-268

鼠标右键单击 explode-shock 发射器的模块区空白处，在弹出菜单中选择 Acceleration 命令集，添加 Drag 拉力模块到发射器。经过各种数值的调试，如图 5-269 所示，最后在属性窗口中确定拉力 Constant 数值为 2。如果需要将火柱高度压低，Drag 数值就要设置更大些，反之，则是使火焰升高。

图 5-269

没有介绍的其他模块我们不做调整。现在的火柱颜色单调显得没有层次感，需要给它制作暗色的背景层来增加层次。如图 5-270 所示，复制 explode-shock 发射器，将复制出来靠左的发射器命名为 explode-darkshock。只需要改动其中几个模块属性就能完成暗色背景制作。

图 5-270

如图 5-271 所示，选择 Lifetime 粒子生存时间模块，在属性窗口中将粒子的最小生存时间 Min 设置为 1.5，最大生存时间 Max 设置为 2。粒子体最小生存时间等于 explode-shock 发射器粒子最大生存时间，它要模拟烟雾，烟雾的消散速度比较慢。

图 5-271

如图 5-272 所示，选择 Start Size 粒子初始尺寸模块，在属性窗口中将最大尺寸 Max 的 X、Y、Z 轴数值全部设置为 100，最小尺寸 Min 的 X、Y、Z 轴数值全部设置为 50。使最小尺寸比原始的火柱要大一圈，这样不会被前景层遮挡。

如图 5-273 所示，选择 Start Velocity 粒子初始速度模块的属性窗口，保留最大值与最小值的 X、Y 轴数值，改动最小速度 Min 的 Z 轴数值，将 -50

改为 -10，烟雾最大速度与火柱持平，最小速度 -10。

图 5-272

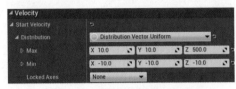

图 5-273

最后一步调节粒子纹理的颜色。如图 5-274 所示，选择 Color Over Life 粒子生命颜色模块。属性中保留数据输入类型为固定常量类型，打开 Constant 属性下拉栏，将 R、G、B 通道数值全部归零，使粒子纹理以黑色显示。背景层黑色火焰与前景高光火焰对比，火柱颜色不那么单调，整体也有层次了，如图 5-275 所示。

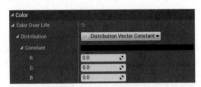

图 5-274

图 5-275

完成爆炸与火焰部分，现在制作喷射的火花。在发射器组编辑窗口右边空白的地方单击鼠标右键，在弹出菜单中单击 New Particle Sprite Emitter 新建发射器，将新发射器命名为 spark。使用键盘方向箭头键移

动这个发射器到所有粒子发射器的最右侧，使显示层级提升至最高级，如图 5-276 所示。

图 5-276

打开 spark 发射器 Required 基础属性模块，在 Material 材质栏中选择上个案例中制作的 spark 材质，使粒子纹理为水滴状。如图 5-277 所示，将 Emitter Origin 发射器原始坐标属性的 Z 轴数值设置为 -20，使发射器坐标下沉 20 个单位。

图 5-277

在 Screen Alignment 选项中，将屏幕对齐类型设置为 PSA Velocity 速度对齐方式。

如图 5-278 所示，往下打开 Duration 属性栏，将粒子发射时间与最小发射时间的数值都设置为 3，发射器 3 秒循环一次。Emitter Loops 发射器循环次数数值设置为 1，只发射一次。

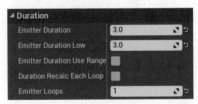

图 5-278

如图 5-279 所示，选择 Spwan 粒子生成速率模块，在属性窗口中将 Rate 生成速率 Constant 数值设置为 0，禁止粒子持续发射。如图 5-280 所示，打开 Burst

属性栏，单击 Burst List 属性栏后面的"+"（加号）按钮，添加喷射行为。打开 0 号节点，Count 属性数值设置为 100。

图 5-279

图 5-280

如图 5-281 所示，选择 Lifetime 粒子生存时间模块，在属性窗口中将最小生存时间 Min 设置为 1，最大生存时间 Max 数值设置为 2，碎片生存时间稍长，至少需要 1～2 秒时间来表现动态。

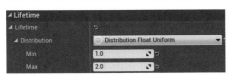

图 5-281

如图 5-282 所示，选择 Start Size 粒子初始尺寸模块，在属性窗口中数据输入类型设置为限制数据类型，最大尺寸 Max 的 X、Y、Z 数值分别设置为 5、25、5，最小尺寸 Min 的 X、Y、Z 轴数值分别设置为 5、5、5。Y 轴区间数值拉开，我们要使粒子长度拉伸，长度限定为 5～25 个单位尺寸，其他数值不变。

图 5-282

如图 5-283 所示，选择 Start Velocity 初始速度模块，属性栏将数据输入类型设置为限制数据类型，最大速度 Max 的 X、Y、Z 轴数值分别设置为 100、100、500，最小速度 Min 的 X、Y、Z 轴数值分别设置为 -100、-100、50，使粒子呈放射状发射。

图 5-283

如图 5-284 所示，选择 Color Over Life 粒子生命颜色模块，属性窗口中颜色部分的下拉属性栏，将 Constant 的 RGB 通道数值分别设置为 200、100、20，粒子体呈高亮金色。Alpha Over Life 的属性数值使用默认值不作改动。

图 5-284

现在粒子发射器是由顶点发射，需要扩大它的发射区域。在其他发射器中找到 Sphere 球形范围模块，按住 Ctrl 键，鼠标拖动 Sphere 模块到 spark 发射器中。如图 5-285 所示，打开 Start Radius 起始范围属性栏，将 Constant 的数值设置为 20。范围控制在 20 个单位。

取消勾选 Negative Z，禁用 Z 轴发射。

启用 Surface Only 表面发射与 Velocity 速度，在 Velocity Scale 速度缩放属性中将 Constant 的数值设置为 5，以 5 倍的速度缩放 Start Velocity 模块的数值。

图 5-285

在场景中预览特效，碎片似乎飞得太高了，还需要给它增加重力控制它自由落体，我们使用加速度模块来模拟重力效果。

鼠标右键单击 spark 发射器模块区空白处，在弹出菜单中选择 Acceleration 命令集，添加 Const Acceleration 常量加速度到发射器中。如图 5-286 所示，在属性窗口中将 Z 轴数值设置为 -500，使粒子受到 500 个单位的负压。读者可以自行尝试调整，数值越大，所受加速度力量越强。

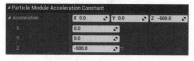

图 5-286

最后调整飞行碎片的自身动态。碎片到最后会燃烧殆尽，我们使用粒子缩放完成碎片自身燃烧消失的过程。鼠标右键单击粒子发射器的模块区域空白处，在弹出菜单中选择 Size 命令集，添加 Size By Life 粒子生命尺寸模块到发射器中，并添加两个节点，如图 5-287 所示。

图 5-287

如图 5-288 所示，打开 0 号控制节点，In Val 的数值设置为 0，Out Val 的 X、Y、Z 轴数值统一设置为 1。打开 1 号控制节点，In Val 的数值设置为 1，Out Val 的数值全部归零，粒子由原始尺寸缩小消失。

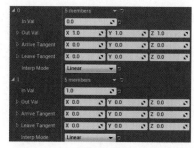

图 5-288

如图 5-289 所示，在场景中播放特效，爆炸带有金色的粒子碎片，还需要给粒子火星制作暗色元素。

图 5-289

在 spark 发射器模块区空白处单击鼠标右键，在弹出菜单中选择 Emitter 命令集中的 Duplicate Emitter 命令复制这个发射器。将同名发射器靠右的命名为 spark-dark。暗色碎片显示层级要在金黄色之上，所以直接重命名靠右侧的粒子发射器，如图 5-290 所示。

图 5-290

复制的粒子发射器仅需调节几个模块的参数，大部分数值都保留之前发射器的参数。

如图 5-291 所示，spark-dark 发射器 Spwan 生成速率属性中将 Burst 属性栏 Burst List 行为 Count 的数量设置为 35，暗色调粒子数量要比 spark 发射器少。

图 5-291

如图 5-292 所示，选择 Start Size 初始尺寸模块，在属性窗口中将最大尺寸 Max 的数值分别设置为 10、25、10，最小尺寸 Min 的数值分别设置为 10、10、10。仅在 Y 轴最大与最小尺寸数值中留出长度空间。

图 5-292

如图 5-293 所示，选择 Start Velocity 初始速度模块，在属性窗口中只需要修改最大速度 Max 与最小速度 Min 的 Z 轴数值。最大速度的 Z 轴数值设置为 350，最小速度数值设置为 20。模拟黑色的碎片重量较重，喷射速度慢些。

图 5-293

如图 5-294 所示，选择 Color Over Life 粒子生命颜色模块，在属性窗口中将 Constant 属性中 R、G、B 通道的数值全部归零，纹理以黑色显示，其他属性不做改动。

如图 5-295 所示，选择 Const Acceleration 加速度模块，在属性窗口中将 Z 轴的数值降低，案例中将数值设置为 -300。使粒子体受 Z 轴加速度影响比金色碎片小。

图 5-294

图 5-295

如图 5-296 所示，从截图中可以看到现在的粒子碎片中有黑色火星点缀，颜色有些层次了。再来给这个爆炸效果增加另一种碎片形态，丰富碎片细节。

图 5-296

鼠标右键单击 spark-dark 发射器模块区空白处，在弹出菜单中选择 Emitter 命令集中的 Duplicate Emitter 复制发射器，将靠右侧的改名为 spark-line，如图 5-297 所示。仍然只需改动部分模块的参数就能达到想要的效果。

图 5-297

选择 Spawn 粒子生成速率模块，打开属性窗口中的 Burst 属性栏，将 Burst List 行为中的 Count 数量设置为 50，如图 5-298 所示。数量要比黑色碎片多，比金色碎片少，作为点缀颜色，太多的话会喧宾夺主。

图 5-298

如图 5-299 所示，选择 Lifetime 粒子生存时间模块，在属性窗口中把粒子生存时间属性的粒子最大生存时间 Max 的数值改为 1，最小生存时间 Min 的数值改为 0.5，我们要把这个发射器作为点缀，所以它的粒子生存时间不能够太长。

图 5-299

如图 5-300 所示，选择 Start Size 粒子初始尺寸模块，在属性窗口中将最大尺寸 Max 的 X、Y、Z 轴数值分别设置为 5、50、5，最小尺寸 Min 的 X、Y、Z 轴数值全部设置为 5。在 Y 轴上拉开距离，影响粒子体最大长度。

图 5-300

如图 5-301 所示，选择 Start Velocity 粒子初始速度模块，在属性窗口中将最大速度 Max 的 X、Y 轴数值设置为 200，Z 轴数值设置为 500，使粒子体分散角度更大。最小速度 Min 的 X、Y 轴数值设置为 -200，Z 轴数值设置为 50，主要动态表现在 Z 轴，保证 50 ～ 500 的速度区间中有粒子在运动，不会出现断层。

如图 5-302 所示，选择 Color Over Life 粒子生命颜色模块，在属性窗口中打开

Constant 数值栏，将红色通道 R 数值设置为 100，绿色通道 G 数值设置为 50，蓝色通道 B 数值设置为 200，粒子颜色呈高亮紫色。

图 5-301

图 5-302

Sphere 球形范围与 Size By Life 粒子生命尺寸模块数值保持原样，删除 Const Acceleration 加速度模块，不需要它向下掉落了。

如图 5-303 所示爆炸特效的整体基本完成了，飞溅的碎片之间有穿插紫色的碎片，虽然数量不多，但已经足够给人留下印象了。

图 5-303

最后一步，既然确定了爆炸特效的范围，该来给它制作扩散冲击波了，模拟爆炸周围空气的膨胀效果。

还是使用复制粒子发射器的方式来简化制作流程。在发射器编辑面板中找到 blast-dark 发射器，在它的模块空白区域单击鼠标右键，在弹出菜单中选择 Emitter 命令集 Duplicate Emitter 复制这个发射器。复制出来的发射器靠右的命

名为 shockwave，如图 5-304 所示，这个发射器用来制作扩散冲击波。

图 5-304

选择 shockwave 发射器 Required 基础模块，在属性窗口中 Material 栏选择前面制作的冲击波材质，相关表达式如图 5-305 所示。

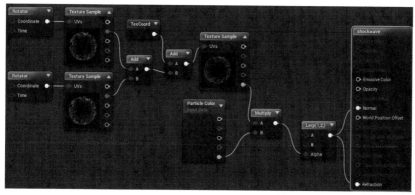

图 5-305

选择 Spawn 粒子生成速率模块，在属性窗口中打开 Burst 属性栏，单击 Burst List 右侧 "加号" 按钮，将控制节点增加至两个，如图 5-306 所示。

0 号节点 Count 数值设置为 1，Time 数值设置为 0。

1 号节点 Count 数值设置为 1，Time 数值设置为 0.15。

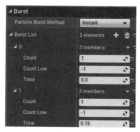

图 5-306

发射器在第 0 秒的时候会发射一个粒子，第 0.15 秒时发射第二个粒子。两个粒子的发射时间靠得比较近，看起来像冲击波纹理变宽了。

选择 Lifetime 粒子生存时间模块，如图 5-307 所示，在属性窗口中将数据输入类型设置为固定常量类型，将 Constant 的数值设置为 0.75，使粒子存在时间设为 0.75 秒。

图 5-307

选择 Start Size 粒子初始尺寸模块，如图 5-308 所示，在属性窗口中将数据输入类型设置为固定常量类型，打开 Constant 常量数值，将 X、Y、Z 轴的数值统一设置为 200，把冲击波的初始大小设置在 200 个单位，不要使尺寸差值变动。

图 5-308

删除 Lock Axis 模块，打开 Size By Life 粒子生命尺寸模块，如图 5-309 所示，0 号节点的数值不做改动。打开 1 号节点，将 1 号节点 Out Val 的 X、Y、Z 轴数值全部设置为 4。使粒子体在生命中扩大至 4 倍 Start Size 尺寸。2 号节点 Out Val 的 X、Y、Z 轴数值全部设置为 6，使粒子生命最后尺寸扩大至 6 倍 Start Size 大小。

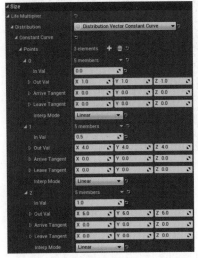

图 5-309

在场景中播放这个粒子特效，如图 5-310 所示，爆炸时能够清晰地看见扭曲的扩散波从爆炸中心向四周扩散。读者在自己制作时可以对这些模块参数任意调整，不同参数的最终效果也会不同，需要多练习多摸索。

图 5-310

小结

本章学习了使用粒子系统完成爆炸特效的制作，从基础爆炸的理论分析到纹理贴图的选择与制作，从大体效果到细节，一步步分解爆炸特效的各部分。通过堆积粒子发射器组，了解发射器层级的遮挡关系，对特效显示层次排序。

在进阶爆炸案例制作中又学习到了对爆炸特效做造型，掌握颜色层次关系。读者完成这一章的学习以后应该能掌握基础粒子系统的应用，使用功能型模块来制作自己想要的效果了。第 6 章开始就要学习比较高级的粒子应用了，希望读者能够继续保持热情。

第

6

章

实例解析：黑洞

　　本章学习使用 3ds Max 制作简单模型并导出，使用虚幻引擎的粒子发射器制作黑洞出现、吸收能量，最后产生剧烈爆炸的动态。读者现在应该基本熟悉粒子系统并能使用粒子系统制作一些简单的特效了。后面的章节案例中将会学习到粒子发射器的高级应用。

特效原理分析：

本章的案例是一个由小变大的黑洞，黑洞形成后开始吸取周围能量，吸取一段时间，黑洞由小变大，最后坍塌收缩引起大爆炸。如图 6-1 所示，从特效预览图中可以看到，初始是边缘有不稳定闪亮边框的黑色小球，周围闪着星星点点，随后小球开始吸收周围星光，背景逐渐变黑并有彩色漩涡旋转。能量进一步吸收，小球周围出现黑色与紫色气流吸向中心黑洞，黑洞周围有能量球拖尾做环绕运动，背景变黑有黑色漩涡在外围旋转。空气因引力作用发生扭曲，最后黑洞吸收能量完成，膨胀以后突然缩小，瞬间能量放射，强光一闪，释放强大的能量摧毁周围一切物体。分析特效的表现感与元素分解后，可以开始制作黑洞爆炸特效了。

图 6-1

6.1 黑洞主体球体模型制作

第一步需要制作黑洞主体球体，核心元素要表现它的立体感，所以案例中使用球形模型来制作。虽然贴图也能制作黑洞造型，但是表现的立体感不及模型。

打开 3ds Max（Max 版本最好在 2010 以上，2010 以下需要安装 FBX 格式导出插件），案例中使用 3ds Max 2012 英文版。如图 6-2 所示，找到默认面板右侧的物体创建面板，单击创建 Sphere 球形物体按钮，选中按钮在左侧编辑面板中单击并拖动鼠标，建立球形物体。使用 W 键，

切换到移动工具，选择这个球体，此时的球体能被移动。

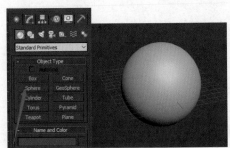

图 6-2

如图 6-3 所示，在工具栏中选择

View 视图对齐类型；如图 6-4 所示，在 3ds Max 主视图最下方的时间线旁找到 X、Y、Z 坐标位置，鼠标右键单击 X、Y、Z 轴右侧上下双箭头图标，将数值归零，将球体移动到世界坐标轴中心位置。

如图 6-5 所示，选中球体，单击鼠标右键，在弹出菜单中选择 Convert To 命令扩展栏中的 Convert To Editable Poly，将球体转变为可编辑多边形。

图 6-3

图 6-4

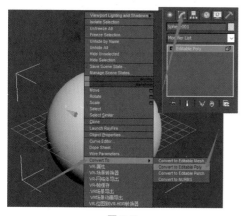

图 6-5

如图 6-6 所示，从右侧面板中找到修改器面板，在右下侧编辑方式面板中选择"块"修改面板，单击块"修改面板"按钮，选择球体模型，球体以红色选中状态显示。

在"块"面板下方 Edit Elements 栏中单击 Flip 按钮，将球体模型的法线翻转。

如图 6-7 所示，单击 3ds Max 面板左上角菜单栏按钮，选择 Export 导出，选择文件导出的路径，在弹出的 FBX 文件格式选项中，取消 Geometry 类型下所有的勾选，取消 Animation 类型下的勾选，球体没有动画。

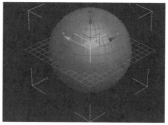

图 6-6

图 6-7

打开 Unreal Engine 4，新建工程项目，在主界面资源浏览窗口 Content 目录下建立新文件夹，该文件夹作为黑洞技能资源总目录。如图 6-8 所示，案例中建立了名为 Blackhole 的目录。

在目录下建立资源文件夹，materials 文件夹存放材质，meshes 文件夹存放模型文件，particles 文件夹存放粒子系统，textures 文件夹存放纹理贴图。

选择新建的 meshes 文件夹，在右侧文件夹窗口空白处单击鼠标右键，在弹出菜单中选择导入球体 FBX 到这个文件夹，如图 6-9 所示。或在计算机中找到球形 FBX 文件并拖动到引擎 meshes 文件夹中。

选择 materials 材质文件夹，给新导入的球体建立一个材质。在文件夹中单击鼠标右键，选择新建 material，案例中将材质命名为 ball，双击这个材质打开材质编辑窗口。

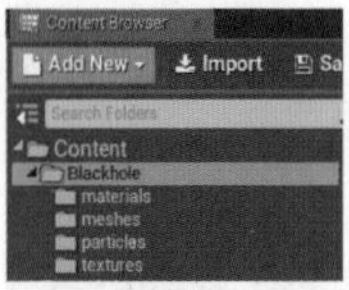

图 6-8　　　　　　　图 6-9

如图 6-10 所示，这个球体作为黑洞的中心，不需要透明，Blend Mode 不做修改，Shading Mode 保持默认值，这里不要勾选 Two Sided 双面显示。如果启用双面显示，就看不到球体内部了。

按住 1 键，单击两次鼠标左键，建立两个常量表达式，数值保持默认 0 就可以了，如图 6-11 所示。

第一个常量表达式连接材质 Base Color 通道，物体颜色为黑色。

第二个常量表达式连接 Roughness 粗糙度通道。常量数值 0 代表镜面反射。单击工具栏 Apply 按钮应用材质。

图 6-10　　　　　　　图 6-11

● 6.2　黑洞主体制作

回到引擎主面板，在资源浏览窗口打开 Blackhole 目录，在 Particles 文件夹中新建 Particle System，将它命名为 Blackhole，这个粒子系统作技能的主体，所有元素都在这个粒子系统中制作。

双击打开这个粒子系统，将默认粒子发射器命名为 blackball。

删除发射器 Start Velocity 初始速度

模块，黑洞不需要移动，原地显示就好。

鼠标右键在模块栏空白区域单击，在弹出菜单中选择 Type Data 命令集的 New Mesh Data 命令，将发射器设置为 Mesh Data 类型，支持发射模型，如图 6-12 所示。

如图 6-13 所示，选择 Mesh Data 模块栏，在属性窗口中将 Mesh 栏的模型选择为球体模型。

图 6-12　　　　　　　图 6-13

如图 6-14 所示，选择 Required 粒子基础属性模块，在 Emitter 属性栏中勾选 Use Local Space，发射器以自身坐标为参照。

图 6-14

如图 6-15 所示，往下找到 Duration 发射时间属性栏，将发射器的 Emitter Duration 与 Emitter Duration Low 属性数值都设置为 10，发射器发射时长为 10 秒重复一次。

Emitter Loops 发射器循环属性数值设置为 1，发射器只发射一次，不循环。

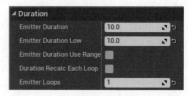

图 6-15

如图 6-16 所示，选择 Spawn 粒子生成速率模块，在属性窗口中将粒子

Rate 数值设置为 0，禁止持续发射。

图 6-16

如图 6-17 所示，打开 Burst 属性 Burst List 下拉栏，单击"+"（加号）按钮添加一个发射行为控制节点。

打开 0 号控制节点，Count 数量属性数值设置为 1，使粒子每次循环周期内只发射一个。

图 6-17

如图 6-18 所示，选择 Lifetime 生存时间模块，在属性窗口中将数据输入类型设置为固定常量类型，打开 Constant 数值栏，将生存时间数值设置为 5，粒子生存时间为 5 秒。

图 6-18

删除 Color Over Life 生命颜色这个模块，粒子所使用的材质球中没有 Particle Color 表达式，发射器中颜色模块没有作用，需要删除没用的模块以节约系统资源。

删除生命颜色模块后，怎么改变粒子颜色呢？粒子发射器现在是 Mesh Data 类型，它的材质是由模型材质模块来提供的。

在发射器模块空白区域单击鼠标右键，找到 Material 命令集，添加 Mesh Materials 模块到发射器中。如图 6-19 所示，打开属性窗口，单击 Mesh Materials 属性栏右侧"+"（加号）按钮，添加之前制作的 ball 材质球到属性栏，预览窗口中能看见小球应用材质的状态了。

图 6-19

如图 6-20 所示，选择 Start Size 粒子初始尺寸模块，在属性窗口中将数据输入类型设置为固定常量类型，打开 Constant 下拉栏，将 X、Y、Z 轴数值统一设置为 20，固定体积为 20 个单位尺寸大小。

图 6-20

Locked Axes 类型设置为 XYZ，锁定 X、Y、Z 轴比例。发射器是 Mesh Data 模型类型，为使模型不会拉伸变形，锁定 X、Y、Z 轴可以对模型等比例缩放。

我们设计的黑色球体动画在出生不久会扩大吸收能量，膨胀以后突然缩小至消失。这里需要能完成这一系列动画的控制模块。

在发射器模块空白区域单击鼠标右键，找到 Size 命令集，添加 Size By Life 生命尺寸模块到发射器中。下面分析需要几个控制节点来完成动画，球体从出生到稳定是缩放过程，这个过程至少需要两个控制节点，稳定周期内需要两个节点来平衡这段动画，到这里一共需要三个控制节点支持。

稳定到膨胀变大又是一个动画过程，

由膨胀变大至缩小消失。分析计算一共需要 5 个控制节点控制这个动画。

如图 6-21 所示，单击 Points 右侧的"+"（加号）按钮，将控制节点添加至 5 个。

图 6-21

如图 6-22 所示，打开 0 号控制节点，In Val 数值设置为 0，Out Val 的 X、Y、Z 轴数值全部归零，粒子生成时球体尺寸为零不可见。

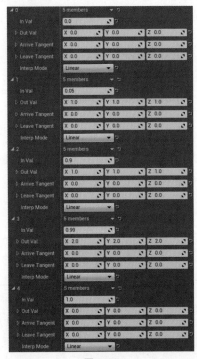

图 6-22

1 号控制节点 In Val 数值设置 0.05，Out Val 的 X、Y、Z 轴数值统一设置为 1，粒子出生不久尺寸由不可见扩大到正常大小。

2 号控制节点 In Val 数值设置为 0.9，

Out Val 的 X、Y、Z 轴数值统一设置为 1，使粒子扩大后直到生命快结束时尺寸不变。

3 号节点 In Val 数值设置为 0.99，Out Val 的 X、Y、Z 轴数值统一设置为 2，粒子在生命最后十分之一时间内扩大至 2 倍自身尺寸。

4 号节点 In Val 数值设置为 1，Out Val 的 X、Y、Z 数值全部归零，粒子在扩大后迅速缩小消失。

如图 6-23 所示，黑色球体膨胀以后突然缩小至消失。

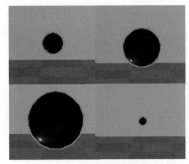

图 6-23

6.3 黑洞外框高光材质制作

黑色球体外部需要制作一层跳跃的外发光元素体现黑洞核心不稳定。

回到引擎主面板，在资源浏览窗口中找到 Blackhole 目录 materials 文件夹，在文件夹中单击鼠标右键新建一个材质球，案例中将这个材质命名为 ball-out light。鼠标双击打开材质编辑窗口。

如图 6-24 所示，在属性窗口中将材质基础混合模式 Blend Mode 类型设置为 Translucent 透明类型，Shading Model 设置为 Unlit 无光模式，作为黑洞周边的点缀不会受到光源影响。不勾选材质双面显示选项。

图 6-24

如图 6-25 所示，在材质编辑窗口单击鼠标右键，查找添加 Fresnel 菲涅耳表达式到编辑窗口。

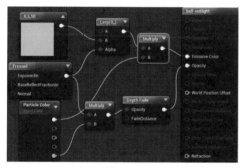

图 6-25

按住 3 键，单击鼠标左键添加三维矢量，三维矢量用来给菲涅耳边缘调色。案例中将三维矢量 R、G、B 属性数值分别设置为 0、5、50，呈高亮蓝色。

按住 L 键单击鼠标左键建立 Lerp 表达式，将三维矢量连接到 Lerp 表达式 B 节点，Fresnel 菲涅耳表达式连接到 Lerp 表达式 Alpha 节点，以菲涅耳发光范围作为颜色覆盖范围，Lerp 表达式 A 节点默认数值是 0，0 为黑色，所以 A 节点可以缺省不连接。

在编辑窗口中单击鼠标右键查找添加 Particle Color 表达式，按住 M 键单击鼠标左键建立 Multiply 表达式。

连接 Particle Color 表达式 RGB 通道到乘法表达式 B 节点，将 Lerp 表达式输出结果连接到乘法表达式 A 节点，乘法表达式结果连接到材质 Emissive Color 通道。

按 M 键单击鼠标左键再次建立 Multiply 表达式，将 Fresnel 表达式连接到乘法表达式 A 节点，粒子颜色表达式的 Alpha 通道连接乘法表达式 B 节点。

鼠标右键单击编辑窗口，查找添加 Depth Fade 表达式到编辑窗口，在属性窗口中将这个表达式 Fade Distance Default 数值设置为 10，使两个物体间交叉柔化距离为 10 个单位。

粒子颜色表达式 Alpha 与 Fresnel 表达式的乘法结果连接 Depth Fade 表达式 Opacity 节点过滤，过滤结果连接材质 Opacity 透明通道。

⬤ 6.4　黑洞外框粒子主体制作

打开引擎主面板，在资源窗口 Blackhole 目录 Particles 文件夹中，打开 Blackhole 粒子系统。

在 blackball 粒子发射器模块区域空白处单击鼠标右键，在弹出菜单中选择 Emitter 命令中的 Duplicate Emitter 复制粒子发射器。

如图 6-26 所示，选择靠左的发射器，将它改名为 blackball-outlight。这个复制出来的发射器用来制作黑洞的发亮边框。粒子发射器层级在左边，黑色球体会将它遮挡，只显示部分轮廓。

图 6-26

223

选择 blackball-outlight 发射器 Required 基础属性模块，无视 Material 材质栏，由于发射器是 Mesh Data 类型，所以基础属性中材质是没有影响的。

如图 6-27 所示，属性窗口往下拉，打开 Duration 属性栏，我们需要边框在黑色球体由小变大后出现，在球体膨胀前消失。经调试，案例中将 Emitter Duration 属性栏的数值设置为 4.35 秒，发射器持续发射 4.35 秒后，就不再发射了。

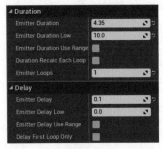

图 6-27

Emitter Duration Low 的数值设置为 10，使预览窗口中每过 10 秒才自动循环一次，不会使发射间隔靠得太近。

Emitter Loops 循环次数设置为 1，不循环。

预览视图中即使设置 Loops 次数是 1 也会反复播放，而在正式场景中播放完一次就不会再次播放了。可以在粒子预览视图中单击 Time 按钮，取消勾选 Loop 取消预览窗口重复播放。

打开 Delay 延时属性栏，案例中经过测试，将 Emitter Delay 的数值设置为 0.1，发射器在 0.1 秒延时后才开始发射粒子。

我们不希望黑色球体由小变大的动画过程中就产生边框，所以设置延时等待黑色球体动画完成从小变大过程后才发射边框元素。

如图 6-28 所示，选择 Spawn 粒子生成模块，在属性窗口中将 Rate 速率的数值设置为 10，每秒生成 10 个粒子体。打开 Burst 属性栏，单击 Burst List 右侧"垃圾桶"按钮，将喷射行为删除。边框元素需要粒子按时间生成而不需要粒子爆发行为。

图 6-28

如图 6-29 所示，选择 Lifetime 粒子生存时间模块，在属性窗口中将数据输入类型设置为限制数据类型，将最小生存时间 Min 的数值设置为 0.1，最大生存时间 Max 的数值设置为 0.2，使粒子体边框有闪烁感。

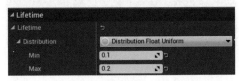

图 6-29

设置完这些模块参数以后，预览窗口中还看不到球体的材质样式。

打开 Mesh Materials 模型材质模块，如图 6-30 所示，选中我们制作的高亮边框材质，加入到模块的 0 号节点中，粒子预览窗口中就能看见有高亮边框出现了。

图 6-30

如图 6-31 所示，选择 Start Size 粒子初始尺寸模块，在属性窗口中将数据输入类型设置为限制数据类型，将最大尺寸 Max 的 X、Y、Z 轴数值全部设置为 22，比原始球体大一些，最小尺寸 Min 的 X、Y、Z 轴数值设置为 20，与原始球体保持一致。

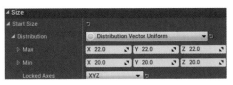

图 6-31

Locked Axes 选中 X、Y、Z 轴锁定，锁定三轴后可以等比例缩放模型。

由于这个发射器材质中有粒子颜色表达式，可以使用粒子颜色模块调整颜色与透明度。鼠标右键单击模块区域空白的地方，找到 Color 命令集，添加 Color Over Life 生命颜色模块到发射器中。

如图 6-32 所示，选择 Color Over Life 模块，在属性窗口中将数据输入类型设置为固定常量类型，打开 Constant 下拉菜单，R、G、B 通道数值统一设置为 1，使用材质中我们调节的颜色。

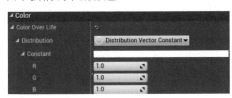

图 6-32

Alpha Over Life 属性使用默认值不做改动。

接下来给这个发射器指定发射范围，在黑色球体周围一定范围内闪烁。

在发射器模块区域空白的地方单击鼠标右键，找到 Location 命令集，添加 Sphere 球形范围模块到发射器中。如图 6-33 所示，打开属性窗口 Start Radius 初始范围下拉栏，将 Constant 数值设置为 1。

启用 Surface Only 选项，使模型粒子在 1 个单位尺寸范围内随机生成，造成黑洞高亮边界不稳定且混乱的感觉。

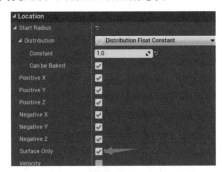

图 6-33

现在发射的粒子都是同一个朝向，我们要将粒子初始方向做随机角度。

在发射器模块区域空白的地方单击鼠标右键，找到 Rotation 命令集，添加 Init Mesh Rotation 模块到发射器中。发射器是 Mesh Data 类型，所以常用模块也会有些细微的变动。如图 6-34 所示，打开这个模块的属性窗口，最大旋转角度 Max 的数值统一设置为 1，最小旋转角度 Min 的数值统一设置为 -1。和之前用的 Start Rotation 模块一样，1 是代表 360°，-1 是代表 -360°，只不过这个模块是模型类型专用的，参数会调整模型 X、Y、Z 三个轴的数值。

图 6-34

利用不稳定边框的闪烁特性，给它添加粒子光源。

在发射器模块区域空白的地方单击鼠标右键，找到 Light 命令集，添加 Light 灯光模块到发射器中。打开模块的属性窗口，这里需要设置三大属性：

Color Scale Over Life 灯光颜色缩放、Brightness Over Life 光线强度和 Radius Scale 光照范围。

如图 6-35 所示，打开灯光颜色缩放属性栏，将数据输入类型设置为固定常量类型，Constant 的 X、Y、Z 轴数值分别设置为 1、5、50，这里 X、Y、Z 轴分别代表 R、G、B 颜色通道，案例中的数值可以看作 1 倍红色、5 倍绿色与 50 倍蓝色，灯光会以高亮蓝色表现。

图 6-36

图 6-37

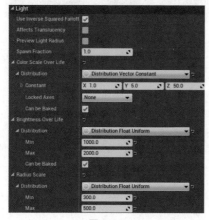

图 6-35

Brightness Over Life 的数据输入类型设置为限制数据类型，最小强度 Min 数值设置为 1000，最大强度 Max 数值设置为 2000。以瞬时强光对周围环境照明。

Radius Scale 光照范围的数据输入类型设置为限制数据类型，最小范围 Min 的数值设置为 300，最大范围 Max 的数值设置为 500，其他属性的数值不做改动。

如图 6-36 所示，回到引擎主面板，将 blackhole 粒子系统拖到场景编辑窗口中观察效果。如图 6-37 所示，找到引擎面板右侧 World Outliner 面板，选中 blackhole。如图 6-38 所示，在 Emitter Actions 中单击 Reset Emitter 按钮，就能观察粒子特效动态了。

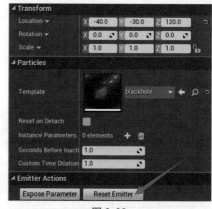

图 6-38

对照场景中蓝色闪烁边框照亮的范围，对灯光部分模块参数进行细微调整。

高亮背后必有暗面，完成高亮的边框，就该给它添加一些暗色闪烁边框了。复制这个高亮边框发射器，稍做修改就可以满足新元素条件了。

在 blackball-outlight 粒子发射器模块区域空白处单击鼠标右键，从弹出菜单中找到 Emitter 命令集，选择 Duplicate

Emitter 命令，复制粒子发射器。

如图 6-39 所示，选择靠左边的发射器，将它改名为 blackball-darklight，这个发射器用于制作暗色边框元素。

图 6-39

如图 6-40 所示，选择 blackball-darklight 发射器 Spawn 模块，打开 Rate 下拉属性栏，将 Constant 数值设置为 20，使数量比高亮边框粒子多一倍，增加暗色所占比例。

图 6-40

如图 6-41 所示，选择 Color Over Life 生命颜色模块，在属性窗口中将颜色部分 Constant 的 R、G、B 通道数值全部归零，使粒子颜色为黑色。

如图 6-42 所示，选择 Sphere 球形范围模块，在属性窗口中将 Start Radius 的 Constant 数值设置为 3，将黑色外框发射范围变大。

图 6-41

图 6-42

删除 Light 灯光模块，黑色不能作

为光源，灯光模块在这个发射器中是无意义的。

如图 6-43 所示，在场景窗口中预览，能看到球体背后有了蓝色高亮框与暗色边框，6.5 节中将制作黑洞周围点缀的粒子体，丰富黑洞动态。

图 6-43

6.5　黑洞周边粒子制作

本节学习制作黑洞周围的点缀粒子。首先需要制作通用的粒子材质统一粒子颗粒形态。在引擎主面板资源窗口 Blackhole 目录 Materials 文件夹中，单击鼠标右键新建材质球，将新材质球命名为 dots，案例中所有的球状粒子体都会用到这个材质。双击材质球打开编辑面板。首先来分析材质属性，小粒子体只做高亮不做暗色元素，所以 Blend Mode 混合模式可以使用 Additive 高亮叠加，粒子体也不会受到灯光影响，Shading Model 光照模式使用 Unlit 无光模式，勾选材质双面显示，如图 6-44 所示。

图 6-44

如图 6-45 所示，材质是用于粒子发

射器的，单击鼠标右键查找添加 Particle Color 表达式，将粒子颜色表达式 RGB 混合通道直接连接材质 Emissive Color 自发光通道。

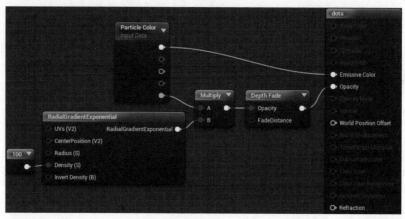

图 6-45

单击鼠标右键查找添加 Radial Gradient Exponential 表达式到材质编辑窗口。

按住 M 键单击鼠标左键建立 Multiply 乘法表达式，连接 Particle Color 表达式 Alpha 通道到乘法表达式 A 节点，Radial Gradient Exponential 表达式结果连接乘法表达式 B 节点。

单击鼠标右键查找添加 Depth Fade 表达式到材质编辑窗口，属性窗口中将衰减距离 Fade Distance Default 属性数值设置为 20。

将乘法表达式结果连接 Depth Fade 表达式 Opacity 节点，Depth Fade 表达式连接材质 Opacity 透明通道。

按住 1 键单击鼠标左键建立常量表达式，常量表达式的属性数值设置为100，连接 Radial Gradient Exponential 表达式 Density 节点，作用是将虚边圆形的效果改为硬边圆形。单击工具栏中的 Apply 按钮应用材质。

完成材质，下面在粒子系统面板中制作发射器，双击 Blackhole 粒子系

统打开粒子编辑窗口。鼠标右键单击 blackball 黑色球体的粒子发射器模块空白区域，从弹出菜单中选择 Emitter 命令集中的 Duplicate Emitter 命令复制这个发射器，将靠右的发射器命名为 dots-inblackball，显示层级高于黑色球体，如图 6-46 所示。

图 6-46

删除 Mesh Data 和 Mesh Materials 这两个模块，选择基础属性模块 Required，在 Emitter 属性窗口中将 Screen Alignment 类型设置为 PSA Velocity 速度对齐，如图 6-47 所示。

图 6-47

如图 6-48 所示，在下面 Duration 属性栏中，将发射时长属性 Emitter Duration 的数值设置为 4，其他参数数值不改动。

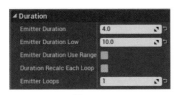

图 6-48

选择 Spawn 粒子生成速率模块，打开 Burst 属性栏，单击 Burst List 菜单右边的"垃圾桶"按钮，删除喷射行为。如图 6-49 所示，打开 Rate 下拉属性栏，将 Constant 数值设置为 50，每秒生成 50 个粒子体。

图 6-49

如图 6-50 所示，选择 Lifetime 粒子生存时间模块，在属性窗口中将 Lifetime 数据输入类型设置为限制数据类型，最小生存时间 Min 的数值设置为 0.5，最大生存时间 Max 的数值设置为 1，使粒子生命时长在 0.5～1 秒。

图 6-50

如图 6-51 所示，选择 Start Size 初始尺寸模块，将数据类型设置为限制数据类型，最大尺寸 Max 的数值分别设置为 2、5、1，最小尺寸 Min 的数值全部设置为 1。最大与最小数值 X 轴使粒子宽度有些许变化，Y 轴数值差使粒子在长度上有差异。

图 6-51

鼠标右键在模块区域空白处单击，找到 Color 命令集，添加 Color Over Life 生命颜色模块到发射器。如图 6-52 所示，将数据输入类型设置为固定常量类型，将 Constant 数值栏中 R、G、B 通道的数值分别设置为 1、5、50，粒子颜色为高亮蓝色。

图 6-52

从其他发射器中复制 Sphere 球形范围模块到 dots-inblackball 粒子发射器中，打开属性窗口，将 Start Radius 初始范围中的 Constant 数值设置为 25，如图 6-53 所示。发射范围控制在黑色小球的内部。

图 6-53

如图 6-54 所示，勾选 Surface Only 边缘发射与 Velocity 速度选项。

打开 Velocity Scale 属性栏，应用速度选项后，这个属性就会起作用了。案例中将 Constant 数值设置为 -1，使粒子由外至内运动。

图 6-54

选择 Size By Life 生命尺寸模块，在属性窗口中打开 Constant Curve 常量曲线下拉属性栏，单击 Points 后面的"垃圾桶"按钮，将之前的控制节点全部删除。

如图 6-55 所示，单击"+"（加号）按钮两次，新建两个控制节点。

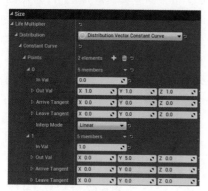

图 6-55

打开 0 号控制节点，In Val 的数值设置为 0，Out Val 的 X、Y、Z 数值统一设置为 1。

打开 1 号控制节点，In Val 的数值设置为 1，Out Val 的 X 轴与 Z 轴数值归零，Y 轴数值设置为 5，模拟光线被拉长，变细消失的过程。

如图 6-56 所示，粒子窗口预览中能看到黑色球体有粒子点缀，开始变得丰富。

图 6-56

接下来要使粒子围绕黑色球体做环绕动态。

在 dots-inblackball 粒子发射器模块空白区域单击鼠标右键，在弹出菜单中选择最上方 Emitter 命令集中 Duplicate Emitter 复制这个发射器，将靠右的发射

器命名为 dots-outblackball。将发射器显示层级设置在黑色球体内部粒子显示层级之上，如图 6-57 所示。

复制出来的发射器模块参数都是相同的，只需要一些小改动就能制作出另一种完全不同的形态。

图 6-57

如图 6-58 所示，选择 dots-outblackball 粒子发射器 Required 模块，在 Emitter 属性栏中将 Screen Alignment 屏幕对齐方式设置为 PSA Square 类型，使粒子永远面向摄像机，其他参数保持与之前的发射器一致。

图 6-58

如图 6-59 所示，选择 Spawn 生成速率模块，在属性窗口中将 Constant 的数值设置为 25，比之前发射器数量少一半。

图 6-59

如图 6-60 所示，选择 Lifetime 生存时间模块，在属性窗口中将最小生存时间 Min 数值设置为 1，最大生存时间 Max 数值设置为 1.5，外围粒子生存时间比球体内部粒子稍长。

如图 6-61 所示，选择 Start Size 初始尺寸模块，在属性窗口中将最大尺寸 Max 的 X、Y、Z 轴数值统一设置为 3.5，最小尺寸 Min 的数值统一设置为 1，使这组粒子比球体内部稍大。

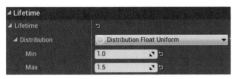

图 6-60

图 6-61

以 PSA Square 为屏幕对齐方式时，只调整 X 轴数值大小就可以使粒子等比例缩放了。

如图 6-62 所示，选择 Color Over Life 粒子生命颜色模块，在属性窗口中打开 Constant 属性数值栏，R、G、B 的数值分别设置为 50、10、200，粒子颜色为高亮紫色。

图 6-62

如图 6-63 所示，选择 Sphere 球形范围中 Constant 的数值设置为 50，发射范围在 50 个单位距离间。取消勾选 Surface Only 边缘发射与 Velocity 速度。

现在粒子动态只是在小黑球周围生成与消失，还没有开始做环绕运动，需要能够让粒子做环绕模块运动。鼠标右键单击发射器模块区域空白处，在弹出菜单中找到 Orbit 命令集，添加 Orbit 粒子运动模块到发射器中。

图 6-63

选择 Orbit 模块，在属性窗口中打开 Offset 下拉属性栏。如图 6-64 所示，在 Offset Amount 栏中，将最大偏移距离 Max 的 X、Y、Z 轴数值统一设置为 10，最小偏移距离 Min 的 X、Y、Z 轴数值统一设置为 0。限定粒子运动的范围在 0～10 个单位距离。

图 6-64

打开 Rotation Rate 下拉属性栏，在这里设置粒子运动圈数，将最大环绕圈数 Max 的 X、Y、Z 轴数值全部设置为 0.5，最小环绕圈数 Min 的 X、Y、Z 轴数值全部归零。限定粒子最多运动半圈。

如图 6-65 所示，设置完这些模块，粒子预览窗口中可以看见黑色球体周围的紫色粒子开始做环绕运动了。

再来制作一些外部粒子。在 dots-outblackball 粒子发射器模块空白区域单击鼠标右键，从弹出菜单中选择 Emitter 命令集中的 Duplicate Emitter 复制发射器，如图 6-66 所示，将靠右的发射器命名为 dots-movein，这个发射器作为黑色球体吸收能量的粒子元素，该元素的显示层级在环绕粒子体之上。

图 6-65

图 6-66

如图 6-67 所示，选择 dots-movein 发射器 Spawn 模块，在属性窗口打开 Rate 下拉栏，将 Constant 数值设置为 50，发射器每秒发射 50 个粒子体。

图 6-67

如图 6-68 所示，选择 Lifetime 粒子生存时间模块，在属性窗口中将数据输入类型设置为限制数值类型，最小生存时间 Min 的数值设置为 0.5，最大生存时间 Max 的数值设置为 0.75。

图 6-68

如图 6-69 所示，选择 Start Size 粒子生命尺寸模块，在属性窗口中将数据输入类型设置为限制数据类型，最大尺寸 Max 的 X、Y、Z 轴数值设置为 5，最小尺寸 Min 的 X、Y、Z 轴数值设置为 1，使外围粒子体尺寸更大。

图 6-69

如图 6-70 所示，选择 Color Over Life 粒子生命颜色模块，在属性窗口中打开 Constant 的数值属性，将 R、G、B 通道的数值分别设置为 50、10、200，粒子为高亮蓝色。

图 6-70

选择 Sphere 球形范围模块，这个模块是粒子体运动方向与速度的主属性模块，发射器中没有 Start Velocity 初始速度模块控制粒子的速度与方向，所以需要使用这个模块中的速度参数控制粒子运动方向。

如图 6-71 所示，打开 Start Radius 初始范围下拉属性栏，Constant 的数值设置为 200，使球形范围为 200 个单位距离。

取消勾选 Surface Only，启用 Velocity 速度，打开 Velocity Scale 速度缩放下拉属性栏，Constant 的数值设置为 -2，使粒子由外向内移动。

删除 Orbit 粒子运动模块，如图 6-72 所示，可以在粒子预览窗口中看见粒子的动态效果。

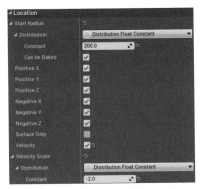

图 6-71

图 6-72

圆形粒子体收缩动态制作完了，从特效表现上来看，现在画面中只有圆形显得过于单调，需要在圆形表现上增加一些其他形状的动态丰富画面。

鼠标右键单击 dots-movein 发射器的模块区域空白处，从弹出菜单中选择 Emitter 命令集中的 Duplicate Emitter 复制发射器，将靠右的发射器命名为 line-movein，如图 6-73 所示。

图 6-73

这个发射器用来制作线形吸收能量粒子元素，发射器的显示层级在圆形粒子层级之上。

如图 6-74 所示，选择 line-movein 发射器的 Required 基础属性，在 Emitter 属性栏中仅修改 Screen Alignment 屏幕对齐方式类型为 PSA Velocity 速度对齐方式，使粒子允许拉伸，方向对齐速度。

图 6-74

选择 Spawn 粒子生成速率模块，如图 6-75 所示，在属性窗口中打开 Rate 下拉菜单栏，将数据输入类型设置为固定常量类型，Constant 数值设置为 10，发射器每秒发射 10 个粒子体。

图 6-75

如图 6-76 所示，打开 Lifetime 粒子生存时间模块属性窗口，将最小生存时间 Min 的数值设置为 0.5，最大生存时间 Max 的数值设置为 0.85。

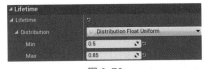

图 6-76

选择 Start Size 粒子初始尺寸模块，如图 6-77 所示，在属性窗口中将最大尺寸 Max 的 X、Y、Z 轴数值设置为 2、20、1，最小尺寸 Min 的 X、Y、Z 轴数值设置为 1、1、1，最大与最小数值的区别是使粒子在 X 轴有 1 个单位的宽度变化，Y 轴有 19 个单位的长度变化。X 轴控制粒子宽度，Y 轴控制粒子长度。

图 6-77

如图 6-78 所示，选择 Color Over Life 粒子生命颜色模块，打开属性窗口 Constant 下拉属性栏，将 R、G、B 通道的数值分别设置为 50、20、5，粒子为高亮金黄色。

图 6-78

这里配上金黄色是作为蓝色的补色，数量不多，但足够使画面颜色有层次了。

Alpha Over Life 数值不做改动，保留原样。

选择 Sphere 球形范围模块，如图 6-79 所示，在属性窗口中保留 Start Radius 初始范围中的数值不变，启用 Surface Only 选项和 Velocity 选项。

打开 Velocity Scale 下拉栏，Constant 数值设置为 -1.5，速度比收缩粒子球略慢。

图 6-79

如图 6-80 所示，选择 Size By Life 生命尺寸模块，在属性窗口中打开 Constant Curve 常量曲线下拉菜单。0 号节点 Out Val 的数值全部设置为 1，粒子出生时为 Start Size 模块初始尺寸。

1 号节点 Out Val 的数值分别设置为 0、5、0，使粒子慢慢变窄消失，Y 轴拉长至 5 倍。窗口预览如图 6-81 所示。

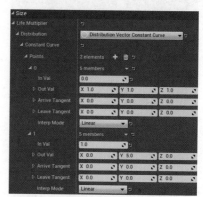

图 6-80

图 6-81

⬤ 6.6 环绕粒子及拖尾制作

球体外围的吸收粒子制作完成了，下面来制作围绕黑色球体旋转且有拖尾轨迹的粒子元素。

首先需要制作黑色球体外环绕运动的粒子体。在 blackball 发射器模块空白区域单击鼠标右键，从弹出菜单中选择 Emitter 命令集中的 Duplicate Emitter 复制发射器。将靠右的发射器改名为 dots-around，如图 6-82 所示。

图 6-82

删除 Mesh Data 模块与 Mesh Materials 模块。这两个模块只对模型类型的粒子有效果，现在不需要，所以将它们删除。

选择 dots-around 发射器 Required 模块，需要重新设置这个粒子的基础属性。如图 6-83 所示，打开 Material 材质栏，选择我们制作的 dots 材质球。

Screen Alignment 屏幕对齐选择 PSA Velocity 速度对齐方式。

图 6-83

如图 6-84 所示，接着往下打开 Duration 属性栏，将 Emitter Duration 的数值设置为 3，发射器单次发射粒子时长为 3 秒。

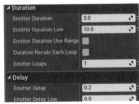

图 6-84

Emitter Duration Low 最小间隔设置为 10，每 10 秒发射 3 秒粒子。

Emitter Loops 发射器循环次数数值设置为 1。

Delay 延时属性栏中，将 Emitter Delay 属性数值设置为 0.2，使发射器发射时间延后 0.2 秒。

选择 Spawn 粒子生成模块，打开属性窗口 Burst 喷射行为属性栏，单击喷射

行为 Burst List 后面的"垃圾桶"按钮，删除粒子行为。打开上方的 Rate 属性栏，如图 6-85 所示，将 Constant 的数值设置为 20，使发射器每秒发射 20 个粒子。

图 6-85

选择 Lifetime 生存时间模块，如图 6-86 所示，在属性窗口中将数据输入类型设置为限制数据类型，最小生存时间 Min 的数值设置为 0.5，最大生存时间 Max 的数值设置为 1.5，使粒子生存时间为 0.5 ～ 1.5 秒。

图 6-86

如图 6-87 所示，选择 Start Size 初始尺寸模块，在属性窗口中将数据输入类型设置为限制数据类型，最大尺寸 Max 的 X、Y、Z 轴数值分别设置为 5、20、5，最小尺寸 Min 的 X、Y、Z 轴数值统一设置为 5，使粒子体保持宽度不变，长度拉伸限制在 5 ～ 20 个单位，Z 轴数值无意义。粒子体是平面的，平面没有高度，所以 Z 轴数值无意义。

图 6-87

鼠标右键单击模块区域空白处，在弹出菜单中找到 Velocity 速度模块集，添加 Start Velocity 初始速度模块到发射器中。这里需要初始速度使粒子向各个

方向随机发射。

如图 6-88 所示，打开属性窗口，首先将数据输入类型设置为限制数据类型，最大速度 Max 的 X、Y、Z 轴数值分别设置为 60、100、200，最小速度 Min 的 X、Y、Z 轴数值分别设置为 −80、−50、−100。对粒子各方向速度做随机化。

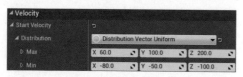

图 6-88

从 dots-inblackball 发射器中复制 Color Over Life 模块到 dots-around 发射器中，如图 6-89 所示，在属性窗口中将 Constant 的 R、G、B 通道数值分别设置为 1、5、35，粒子颜色比吸收光球稍淡。

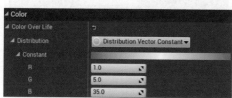

图 6-89

从其他粒子发射器中复制一个 Sphere 球形范围模块到 dots-around 发射器中，打开 Sphere 模块 Start Radius 下拉属性栏，如图 6-90 所示，将 Constant 的数值设置为 50，初始范围为 50 个单位。

取消勾选 Surface Only，启用 Velocity 属性。

打开 Velocity Scale，将 Constant 数值设置为 10，使速度为 Start Velocity 模块的 10 倍。

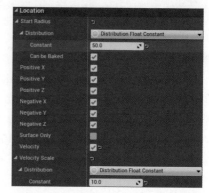

图 6-90

如图 6-91 所示，选择 Size By Life 生命尺寸模块，在属性窗口中打开 Constant Curve 下拉栏，单击 Points 右侧"垃圾桶"按钮，将控制节点全部删除。

单击"+"（加号）按钮两次，添加两个控制节点。打开 0 号节点，In Val 的数值设置为 0，Out Val 的 X、Y、Z 轴数值全部设置为 1。

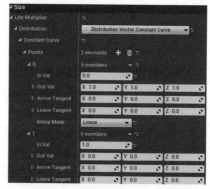

图 6-91

打开 1 号节点，In Val 的数值设置为 1，Out Val 的数值全部归零，粒子在生命最后缩小消失。

鼠标右键单击模块区域空白处，从弹出菜单中找到 Attractor 命令集，添加 Point Attractor 引力点模块到发射器中。

如图 6-92 所示，打开 Range 的下拉属性栏，在 Constant 栏将数值设置为

1000。这个参数用于调节引力影响范围，范围小了可能有些粒子影响不到，所以这个数值可以填大一些。

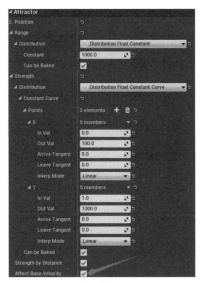

图 6-92

打开 Strength 属性下拉栏，将数据的输入类型设置为常量曲线类型，单击 Points 后面的"+"（加号）按钮添加两个控制节点。

打开 0 号节点，In Val 的数值设置为 0，Out Val 数值设置为 100，粒子生命开始时候受到 100 个单位的引力强度。

打开 1 号节点，In Val 的数值设置为 1，Out Val 的数值设置为 1000，粒子生命结束时受到的引力强度增加到 1000 个单位，吸引力会越来越大。

⏰ 注意

最重要的是将 Affect Base Velocity 选项启用，如果不启用这个选项，引力点就不会有作用，怎么调整数值都无任何反应，请一定要记住。

如图 6-93 所示，在预览窗口中可以看见黑色球体外围有一些被拉长的粒子球体了。书中只能看见静态画面，只有完成这些球体的拖尾元素后，才能表现这些粒子球的移动路径。

图 6-93

接下来制作拖尾效果。鼠标右键单击 dots-around 发射器，从弹出菜单中选择 Emitter 命令集中的 Duplicate Emitter 复制发射器，如图 6-94 所示，将靠右的发射器重新命名为 dots-around-trail，用这个发射器制作拖尾元素。

我们需要给这个元素制作材质。回到引擎主面板，在资源浏览窗口 Blackhole 目录 Materials 文件夹中新建材质球，并命名为 around trail，双击材质球打开编辑窗口。

Blend Mode 混合模式使用 Translucent 透明模式，光照模式 Shading Model 选择 Unlit 无光模式，最后勾选 Two Sided 材质双面显示。

如图 6-95 所示，案例使用半月纹理贴图。按住 T 键单击鼠标左键，在编辑窗口中建立 Texture Sample 表达式，在属性窗口中添加纹理贴图。

图 6-94 　　　　　　　图 6-95

如图 6-96 所示，单击鼠标右键查找添加 Particle Color 粒子颜色表达式到编辑窗口。将粒子颜色表达式 R、G、B 混合通道连接到材质 Emissive Color 自发光通道。

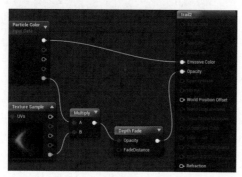

图 6-96

按住 M 键单击鼠标左键建立 Multiply 乘法表达式，将粒子颜色表达式 Alpha 通道连接到乘法表达式 A 节点，纹理表达式 Alpha 通道连接到乘法表达式 B 节点。

单击鼠标右键，查找添加 Depth Fade 深度衰减表达式，将乘法表达式结果连接到 Depth Face 的 Opacity 节点，最后将 Depth Fade 连接材质 Opacity 透明通道，单击工具栏 Apply 按钮完成材质制作。

回到粒子系统编辑窗口，鼠标右键单击 dots-around-trail 发射器模块区空白处，从弹出菜单中选择 Type Data 命令集中的 New Ribbon Data 命令，将发射器形态改为条带发射器，如图 6-97 所示。

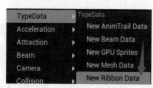

图 6-97

选择 Ribbon Data 模块，模块中只需要改变几个属性的数值。如图 6-98 所示，Sheets Per Trail 拖尾最大数量保持默认数值 1。

图 6-98

Max Trail Count 这个参数指定屏幕内可见拖尾数量。案例中环绕粒子同屏数量只有 31 个，所以属性数值设置为 50 足够了。

Max Particle in Trail Count 属性设定条带发射器支持粒子数量上限，案例数值设置为 1000。支持的数量越大越好，但也要考虑资源消耗。这个属性是根据同屏显示的粒子数量计数的，如果数值过小，会导致部分粒子不出现拖尾。

如图 6-99 所示，选择 Required 粒子基础属性模块，在 Emitter 属性窗口的 Material 材质栏中选择我们给粒子使用的 around trail 材质球。屏幕对齐方式设置为 PSA Square 类型。

图 6-99

如图 6-100 所示，从下面的 Duration 属性栏中将 Emitter Duration 数值设置为 1，最小发射时间 Emitter Duration Low 数值设置为 0。

Emitter Loops 循环次数设置为 0，无限循环。

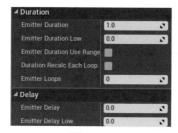

图 6-100

Delay 属性栏中数值全部归零，不需要延时发射粒子。

禁用 Spawn 粒子生成速率模块。

在模块空白区域单击鼠标右键，从弹出菜单中找到 Spawn 命令集中 Spawn Per Unit 模块添加到发射器。如图 6-101 所示，在属性窗口中将 Unit Scalar 数值设置为 10。

图 6-101

Unit Scalar 属性指定条带生成距离，数值越小，生成的条带粒子越密集，资源消耗量也会越大。案例中的数值设置为 10。

如图 6-102 所示，打开 Spawn Per Unit 下拉属性栏，将 Constant 数值设置为 1，使每个粒子体都有一条拖尾。

现在在预览窗口中还看不到粒子拖尾生成，因为还没有指定粒子发射源名称。

在模块区域空白处单击鼠标右键，从弹出菜单中找到 Trail 命令集，添加 Source 模块到发射器中，如图 6-103 所示。这种命令模块属于特殊模块，只有在相应发射器模式下才会出现这种特殊模块。

图 6-102　　　　图 6-103

选择 Source 资源模块，如图 6-104 所示，在属性窗口中将 Source Method 资源类型指定为 PET 2SRCM Particle 粒子类型，使用指定发射器发射的粒子体作为载体。

图 6-104

Source Name 资源名称输入栏内填上指定发射器的名称。案例中指定的发射器名称是 dots-around，也就是之前制作的环绕球形粒子。

打开 Source Strength 资源强度下拉栏，将 Constant 的数值设置为 0。

完成 Source 模块的设置，现在预览窗口中能看见环绕着黑色球体的粒子后面有拖尾轨迹了。下面需要处理拖尾的造型。

删除 Sphere、Point Attractor 和 Start Velocity 模块。

选择 Lifetime 粒子生命模块，粒子生命模块在这里的作用是调整拖尾长度，数值越大拖尾越长，数值越小拖尾越短。如图 6-105 所示，在 Lifetime 属性窗口中将数据输入类型设置为固定常量类型，Constant 的常量数值设置为 0.5，我们只给这个拖尾 0.5 秒长度。

图 6-105

如图 6-106 所示，选择 Start Size 粒子初始尺寸模块，在属性窗口中将数据输入类型设置为固定常量类型，打开 Constant 下拉菜单，将 X 轴数值设置为 2 就可以了，Y 轴和 Z 轴数值无意义。PSA

Square 屏幕对齐方式下，只调整 X 轴数值就可以对粒子大小等比缩放了。

图 6-106

Color Over Life 和 Size By Life 模块不做修改。书中没有提及的模块都不做改动。

如图 6-107 所示，在场景中观察粒子效果，在黑色球体周围做环绕运动的粒子球后面出现了轨迹拖尾。

图 6-107

6.7 扭曲吸收能量模型制作

黑洞周围的粒子部分制作完成了，下面要将黑洞的吸收引力表现出来，模拟物质被吸入到黑洞内的效果，如图 6-108 所示。我们需要制作元素模型，然后在材质中使用 Panner 表达式滚动 UV 纹理来表现吸收效果。

图 6-108

第一步是制作路径模型，打开 3ds Max，编者使用的是 3ds Max 2012 版本，推荐使用 2010 版本以上，2010 版本以下的 3ds Max 需要另外安装 FBX 格式导出插件。

准备好条带状纹理贴图，案例中准备的纹理贴图名称为 trail1，路径在系统桌面上，打开 3ds Max 软件，按 M 键调出材质编辑器，将桌面上的纹理贴图拖动到 3ds Max 窗口材质编辑器的材质球中，如图 6-109 所示。

图 6-109

找到 3ds Max 右侧创建物体面板，在多边形物体面板中单击 Plane 按钮，如图 6-110 所示。然后在编辑窗口左上角 Top 视图中拖动鼠标建立一个面片模型，如图 6-111 所示。

图 6-110

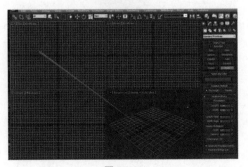

图 6-111

选中这个面片模型，打开编辑面板右侧的修改器面板，修改器中会有面片模型的各种属性。

如图 6-112 所示，案例中将模块的长度数值设置为 10m，宽度的数值设置为 1m，面片呈长条形状。

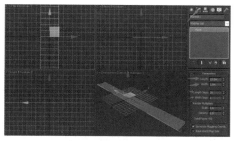

图 6-112

在下面 Length Segs 分段中设置数值为 30，将模型切分为 30 段，宽度分段的数值设置为 1。分段越多，模型的细分就越圆滑，分段越少，模型就越粗糙。

如图 6-113 所示，按 M 键打开材质球面板，选中面片模型，单击图 6-112 中材质面板第三个按钮，将材质赋予选中的模型。也可以使用鼠标将有纹理贴图的材质球直接拖到模型上。

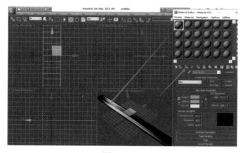

图 6-113

面片模型有了材质，可以在编辑面片形态的时候看到纹理效果。

关闭材质窗口，在修改器面板中单击 Modifier List 修改器列表，添加 FFD

2×2×2 修改器到面片层级之上，如图 6-114 所示。

图 6-114

⏰ 注意

3ds Max 中，可以使用鼠标左键选择物体，鼠标右键调出操作菜单，按住鼠标中键（滚轮键）拖动鼠标可以拖动视图。选中物体后按住 Alt 键加滚轮键，能以选中的物体为中心旋转视图。滚轮滚动可以缩放窗口大小。

如图 6-115 所示，单击 FFD 2×2×2 修改器前的小加号按钮，在展开的菜单栏中选择 Control Points 控制点。在编辑窗口 Top 视图中，按 R 键使用缩放工具，将面片的上下两端分别缩小与扩大，制作成如图 6-115 所示的梯形样式。

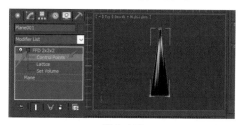

图 6-115

如图 6-116 所示，在修改器栏添加 Bend 弯曲修改器，将 Bend 的 Angle 数值设置为 180，弯曲轴 Bend Axis 选择 Y 轴，编辑窗口中的面片弯曲成了半圆形。

图 6-116

按 W 键使用移动工具，在 Top 视图中将面片的头部位置移动到十字交叉线的中间，模块最窄的部分在 3ds Max 世界坐标轴中心，如图 6-117 所示。

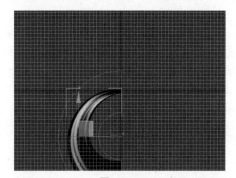

图 6-117

如图 6-118 所示，选中面片单击鼠标右键，在弹出菜单中选择 Convert To，单击 Convert To Editable Poly，将面片塌陷为可编辑多边形并应用修改器。

图 6-118

如图 6-119 所示，打开修改器面板旁边的层级面板，启用 Affect Pivot Only 按钮调整坐标轴位置。如图 6-120 所示，按 W 键使用移动工具，确认坐标以 View 视图对齐。如图 6-121 所示，在时间线下方坐标轴数值区，鼠标右键单击 X、Y、Z 轴后面的小三角箭头按钮，或者直接将 X、Y、Z 轴的数值全部手动输入归零，将坐标轴调整到世界坐标中心位置。

图 6-120

图 6-119　　　　　　图 6-121

如图 6-122 所示，最后打开 3ds Max 左上角菜单，单击 Export 导出命令，将模型导出。如图 6-123 所示，选择导出路径后，在弹出的 FBX 文件选项设置中，取消 Geometry 栏所有勾选，取消 Animation 栏勾选，模型没有动画。

图 6-122

单击 OK 导出模型，吸收路径模型文件就制作完成了。读者可以对模型做 Bend 弯曲修改的这一步做一些自己想要的效果，最后将模型贴到 3ds Max 世界坐标轴中心就好。

图 6-123

如图 6-124 所示，打开 Unreal Engine 4，将 FBX 模型文件导入到资源窗口 Blackhole 目录 Meshes 文件夹中，模型没有动画，不需要将它作为骨骼动画模型。导入对话框中取消勾选最上方的 Import as Skeletal（如果默认勾上了的话），这个模型文件就可以被粒子发射器使用了。

图 6-124

◑ 6.8　扭曲吸收能量材质制作

　　模型制作完成了，现在来制作材质与纹理贴图。如图 6-125 所示，案例

中使用白色轨迹作为主要纹理，灰色波浪纹理作为轨迹遮罩。两个纹理贴图有相同的特点，纹理的四周与图片边框保持了一定距离，纹理图案四周都不贴合边框。

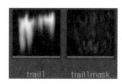

图 6-125

　　将这两个纹理贴图导入引擎 Textures 文件夹中。

　　在 Textures 文件夹中双击 trail1 纹理贴图，打开纹理属性面板，如图 6-126 所示，在右侧属性窗口中找到 Texture 下拉属性栏，鼠标单击图中的小三角形，打开隐藏的菜单栏，如图 6-127 所示，将 X 和 Y 轴的图案重复类型设置为 Clamp，使纹理不重复显示。

图 6-126

图 6-127

　　我们需要使用 Panner 表达式来使纹理滚动，但只需要纹理滚动显示一次，不重复，所以这个选项是纹理材质处理的关键，不处理的话纹理图案就会一直

重复滚动。

回到引擎主面板,在 Blackhole 目录 Materials 文件夹中新建一个材质,将它命名为 trail。双击这个材质球打开编辑面板。

首先需要对材质基础属性做设置。如图 6-128 所示,将 Blend Mode 模式设置为 Translucent 透明模式,Shading Model 模式设置为 Unlit 无光模式。应用 Two Sided 双面显示。

图 6-128

如图 6-129 所示,在材质编辑窗口单击鼠标右键,查找添加 Particle Color 表达式。

按住 T 键单击鼠标左键建立两个纹理表达式,一个纹理表达式使用白色轨迹贴图,一个纹理表达式使用波浪纹理贴图。

按住 M 键建立乘法表达式,将两个 Texture Sample 表达式的 Alpha 通道连接到乘法表达式。

再次建立乘法表达式,连接 Particle Color 表达式的 Alpha 通道和两个纹理表达式的乘积。

单击鼠标右键,查找添加 Depth Fade 深度衰减表达式,将这个表达式属性中的 Fade Distance Default 衰减距离数值设置为 10。

将粒子颜色与纹理图案的乘法计算结果连接到 Depth Fade 的 Opacity 节点,Depth Fade 结果连接到材质 Opacity 透明通道。

按住 L 键添加 Lerp 线性插值表达式,在表达式属性窗口中,将 Const A 的数值设置为 1,Const B 的数值设置为 1.05,使 A 与 B 的数值差为 0.05。

将两个 Texture Sample 表达式的乘积连接到 Lerp 表达式 Alpha 节点,连接 Lerp 表达式结果到材质 Refraction 折射和 Normal 法线通道,使纹理产生折射扭曲效果。

按住 P 键单击鼠标左键建立 Panner 坐标平移表达式,在属性窗口中将 Speed Y 的数值设置为 1,将 Panner 表达式连接到白色轨迹纹理表达式的 UVs 节点。

将 Particle Color 表达式 R 通道提出来,连接 Panner 表达式 Time 节点,使用粒子颜色模块 R 通道数值作为参数调节 Panner 的偏移。

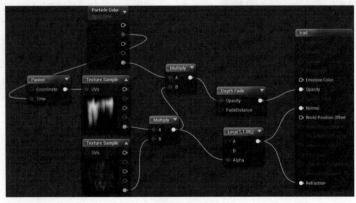

图 6-129

6.9　扭曲吸收能量粒子主体制作

材质制作完成，我们打开 Blackhole 粒子系统。继续编辑这个粒子系统给它添加元素。

选择 blackball-darklight 发射器，在发射器模块区域的空白位置单击鼠标右键，从弹出菜单中选择 Emitter 命令集中的 Duplicate Emitter 复制发射器。选择靠左边的发射器，将发射器名称改为 trail，如图 6-130 所示。

图 6-130

选择 trail 发射器 Mesh Data 模块，在 Mesh Data 属性窗口中选择刚才制作的 trail 面片模型。

选择 Mesh Materials 模型材质模块，在属性窗口中将制作的 trail 材质球选中。

选择 Required 粒子基础属性模块，在 Emitter 属性栏中将 Screen Alignment 屏幕对齐方式类型设置为 PSA Rectangle 类型，这种类型支持模型矩形拉伸，如图 6-131 所示。

图 6-131

接着往下打开 Duration 属性栏，如图 6-132 所示，将 Emitter Duration 持续发射时间数值设置为 3，使发射器持续发射 3 秒。

Emitter Duration Low 参数设置为 10，以 10 秒为一个循环周期。

Emitter Loops 循环次数的数值设置为 1，只循环一次。

打开 Delay 延时属性下拉栏，Emitter Delay 的数值设置为 0.3，给发射器做 0.3 秒的延时。

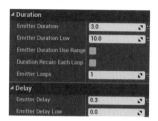

图 6-132

如图 6-133 所示，选择 Spawn 粒子生成速率菜单，在属性窗口中将数据输入类型设置为固定常量类型，打开 Rate 栏，案例中将 Constant 的数值设置为 45，发射器每秒生成 45 个模型条带。具体数量也可以按表现需要效果进行调节。

图 6-133

如图 6-134 所示，选择 Lifetime 粒子生存时间模块，在属性窗口中将数据输入类型设置为限制数据类型，最小生存时间 Min 数值设置为 0.65，最大生存时间 Max 数值设置为 1。

图 6-134

如图 6-135 所示，选择 Start Size 粒子基础尺寸模块，在属性窗口中数据输入类型设置为限制数据类型，最大尺寸 Max 的 X、Y、Z 轴数值设置为 50、50、50，最小尺寸 Min 的 X、Y、Z 轴数值设置为 15、15、15。

图 6-135

由于发射器屏幕对齐方式是 PSA Rectangle 类型，尺寸中 X、Y、Z 三个轴数值都会随机取值，而不是等比缩放，数值会在 X、Y、Z 三个轴中混合随机尺寸。

选择 Color Over Life 粒子生命颜色模块，这个模块的作用已经不是调整粒子颜色了，材质中将 Particle Color 表达式的 R 通道连接到了 Panner 表达式 Time 节点，意思是说，现在模块的 RGB 三通道中的 R 通道数值变成了调整 Panner 表达式 Time 节点数值的参数了。

这里需要使 Panner 纹理从下至上滚动，那么需要有两个控制节点，一个参数数值定位在最下方，一个参数数值定位在最上方，使贴图纹理从下至上滚动一轮。

下面来实际操作。

如图 6-136 所示，将 Color Over Life 的数据输入类型设置为常量曲线类型，单击 Points 后面的 "+"（加号）按钮，添加两个控制节点。

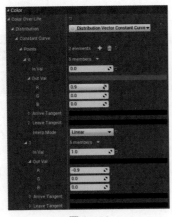

图 6-136

打开 0 号控制节点，In Val 的数值归零，Out Val 的 R 通道数值设置为 0.9。

打开 1 号控制节点，In Val 的数值设置为 1，Out Val 的 R 通道数值设置为 -0.9，这组数值刚好能让纹理从下至上滚动一轮。如果纹理运动方向反了，将两个控制节点 Out Val 的数值交换可以解决问题。

删除 Sphere 模块。选择 Init Mesh Rotation 模型初始旋转角度模块，如图 6-137 所示，将属性窗口中最大角度 Max 的数值全部设置为 1，最小角度 Min 的数值全部设置为 -1。与普通的初始旋转角度模块原理类似，1 代表 360°，-1 代表 -360°，发射器以随机角度生成粒子。

图 6-137

调整完发射器参数后，在预览窗口或者场景编辑窗口中播放粒子就能看到效果了，如图 6-138 所示。

图 6-138

下面来丰满线条路径的颜色层次。

回到引擎主面板，打开 Blackhole 目录 Materials 文件夹，找到 trail 材质球，在 trail 材质球图标上单击鼠标右键，选择 Duplicate，或者按 Ctrl+W 组合键复制这个材质球。将复制材质球重命名为 trail-highlight，从名字可以知道是 trail

材质的高光版，我们将材质在颜色上做一些区分。

如图 6-139 所示，双击这个 trail-highlight 材质球，打开材质编辑窗口。将 Particle Color 表达式 RGB 通道连接材质 Emissive Color 自发光通道。

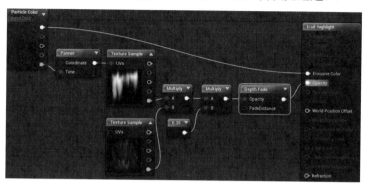

图 6-139

将粒子颜色表达式 Alpha 通道连接 Panner 表达式 Time 节点，使用粒子颜色 Alpha 通道控制 Panner 纹理偏移位置。

将 Panner 表达式的结果连接白色轨迹纹理表达式 UVs 节点，两个纹理表达式 Alpha 通道进行乘法运算。

按住 M 键单击鼠标建立新的乘法表达式，按住 1 键单击鼠标建立常量表达式。将两个纹理表达式的乘法结果连接到新乘法表达式 A 节点，常量表达式属性赋值 0.35，并连接到乘法表达式 B 节点。

这里再来调整两个纹理图案的透明度。由于粒子颜色表达式 Alpha 通道作为参数被占用，只能手动调整纹理透明度。

乘法结果连接 Depth Fade 表达式，Depth Fade 结果连接材质 Opacity 透明通道。

回到 Blackhole 粒子编辑窗口，在 trail 发射器模块区域空白处单击鼠标右键，在弹出菜单中选择 Emitter 命令中 Duplicate Emitter 复制发射器。选择靠左边的发射器，将它的名字改为 trail-highlight，如图 6-140 所示。

由于两个发射器都使用相同的模型元素，Mesh Data 属性我们就不做修改了。

选择 Mesh Materials 模型材质模块，将 0 号节点中的材质替换成刚才制作的 trail-highlight 材质球。

如图 6-141 所示，选择 Spawn 粒子生成速率模块，在属性窗口中将数据输入类型设置为限制数值类型，最小生成数量 Min 的数值设置为 10，最大生成数量 Max 的数值设置为 30，使各时段内出现的粒子数量都不同。

图 6-140

图 6-141

如图 6-142 所示，选择 Lifetime 粒子生存时间模块，在属性窗口中设置数据输入类型为限制数据类型，最小生存时间 Min 的数值设置为 0.5，最大生存时间 Max 的数值设置为 1，发射器粒子最小生存时间比 trail 的数值要短，加快纹理的滚动速度。

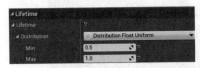

图 6-142

如图 6-143 所示，选择 Start Size 模块，打开属性窗口，数值类型设置为限制数据类型，最大尺寸 Max 的 X、Y、Z 轴数值全部设置为 80，最小尺寸 Min 的 X、Y、Z 轴数值全部设置为 30。

图 6-143

选择 Color Over Life 粒子生命颜色模块，打开颜色部分的属性下拉栏，将数据输入类型设置为固定常量类型。

如图 6-144 所示，打开 Constant 下拉栏，R 和 G 通道数值归零，蓝色通道 B 的数值设置为 1。现在特效的整体颜色偏蓝色，这里我们也使用蓝色来表现。

图 6-144

由于材质中限制了纹理透明度为 0.35，所以这里的 B 通道数值是 1 也只能显示 35% 左右的颜色。

打开 Alpha Over Life 下拉属性栏，

这个属性现在用来控制 Panner 表达式 Time 数值改变纹理的坐标位移。

打开 0 号控制节点，Out Val 的数值设置为 0.9。

打开 1 号控制节点，Out Val 的数值设置为 -0.9。这两个数值与上一个发射器 R 通道数值一样，只不过现在将上个发射器 R 通道控制的数值，在这里使用了 Alpha 来控制。因为这里需要改变粒子的颜色，所以只能使用 Alpha 通道的数值来控制了。

如图 6-145 所示，在引擎主面板编辑窗口中播放现在的粒子效果，可以清楚地看见黑洞外围出现了黑色与蓝色的吸收条带，黑色球体开始吸取能量。

图 6-145

6.10 黑洞背景部分制作

黑洞的基础部分制作得差不多了，现在特效显得非常单薄，如果这样拿出去作为成品的话是不合格的。为了使黑洞特效显得有层次和体积感，还需要制作一些背景元素。下面来设计背景。

黑洞吸收能量时会释放出部分能量波动，这是第一元素。黑洞周围有漩涡状纹理旋转，有能量流入，这是第二元素。漩涡纹理外有反向涡流纹理丰富漩涡的纹理层次，这是第三元素。黑洞背景有大量的能量吸入，能量吸入速度影响特效整体节奏，这是第四元素。吸入大量能量以后释放出能量波动，这是第五元素。黑洞吸取能量时周围空间出现剧烈的扭曲波动表现能量的强大，这是第六元素。

整理出了这些元素，下面就来对这些元素进行制作了。

黑洞之前有表现吸入能量的动态，第一步制作小范围的能量波动散发。

如图 6-146 所示，案例挑选了的扩散形纹理图案作为这个元素的贴图纹理。将贴图导入到引擎资源窗口 Blackhole 目录 Textures 文件夹中，案例中纹理命名为 outwave。打开 Materials 文件夹，单击鼠标右键新建材质球，新材质球命名为 outwave。

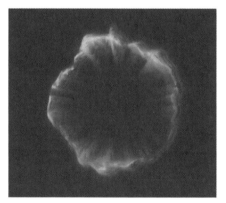

图 6-146

不同文件夹中的文件名可以相同，作为同一个元素，最好将贴图、材质及粒子发射器的名称都设置为一样的，方便查找。

双击 outwave 材质球，打开编辑面板，首先定义材质基础属性。混合模式 Blend Mode 选择 Translucent 透明类型，Shading Model 光照模式选择 Unlit 无光模式，最后勾上双面显示，如图 6-147 所示。

图 6-147

如图 6-148 所示，在编辑窗口中按住 T 键单击鼠标左键建立 Texture Sample 纹理表达式，将 outwave 纹理贴图添加到纹理表达式。单击鼠标右键查找添加 Particle Color 表达式。

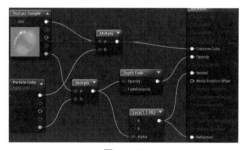

图 6-148

按住 M 键单击鼠标左键，建立两个 Multiply 乘法表达式。

将纹理表达式与粒子颜色表达式 RGB 混合通道连接其中一个乘法表达式，并将这个乘法表达式的结果输入材质 Emissive Color 自发光通道。

将纹理表达式与粒子颜色表达式 Alpha 通道连接到另一个 Multiply 乘法表达式，单击鼠标右键查找添加 Depth Fade 表达式，将两个 Alpha 通道的乘积连接 Depth Fade 的 Opacity 节点过滤，结果连接材质 Opacity 透明通道。

按住 L 键单击鼠标左键建立 Lerp 表达式，将连接纹理与粒子颜色表达式 Alpha 通道的乘积输入 Lerp 的 Alpha 节点。

打开 Lerp 表达式的属性窗口，将

Const A 的数值设置为 1，Const B 的数值设置为 1.05，使两个数值中间有 0.05 的差值。将 Lerp 的输出结果分别连接材质 Refraction 折射与 Normal 法线通道。

材质制作完成了，打开 Blackhole 粒子系统进入编辑面板，复制 trail-highlight 发射器，将靠左边的发射器改名为 outwave，如图 6-149 所示。

图 6-149

删除 Mesh Data 模块和 Mesh Materials 模块，发射器不使用模型作为粒子时，模型方面的模块没有意义，删除它们减少资源消耗。

选择 Required 基础属性模块，把基础属性改回来。如图 6-150 所示，Material 栏选择刚才制作的 outwave 材质球。

在 Screen Alignment 屏幕对齐方式中选择 PSA Square 类型，粒子始终正面朝向屏幕。

图 6-150

接着往下找到 Duration 发射时间属性，打开下拉菜单，Emitter Duration 数值设置为 4.25，发射器每次发射 4.25 秒时间，如图 6-151 所示。

Emitter Duration Low 的数值设置为 10，每 10 秒作为一次发射循环。

Emitter Loops 循环次数设置为 1，只循环一次，不重复发射。

Emitter Delay 发射器延时属性数值设置为 0，发射器不延时。

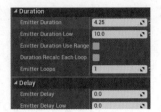

图 6-151

如图 6-152 所示，选择 Spawn 粒子生成速率模块，属性窗口中将数据输入类型设置为限制数据类型，最小数量 Min 的数值设置为 5，最大数量 Max 的数值设置为 10，这里设置随机数量取值，同一时段的粒子数量并不是固定的。

图 6-152

删除 Init Mesh Rotation 模块，从其他发射器复制一个 Start Rotation 模块到 outwave 发射器中。

如图 6-153 所示，选择 Lifetime 粒子生命模块，在属性窗口中将数据输入类型设置为限制数据类型，最小生存时间 Min 的数值设置为 0.5，最大生存时间 Max 的数值设置为 1。最大时间不要超过 1 秒，不然球体膨胀时还会有很多残余元素存在。

图 6-153

如图 6-154 所示，选择 Start Size 初始尺寸模块，在属性窗口中将数据输入类型设置为限制数据类型，最大尺寸 Max 的数值设置为 120，最小尺寸 Min 的数值设置为 80，中间有 40 个单位的变化范围。

图 6-154

如图 6-155 所示，选择 Color Over
Life 粒子生命颜色模块，打开属性窗口，
将数据输入类型设置为固定常量类型，
打开 Constant 属性下拉栏，R、G、B 通
道的数值分别设置为 0.025、0、0。

图 6-155

打开 Alpha Over Life 下拉属性栏，
鼠标左键单击 Points 栏后面的"垃圾桶"
按钮，将下面的控制节点全部删除，然
后单击"+"（加号）按钮三次，添加三
个控制节点。

如图 6-156 所示，打开 0 号控制节点，
In Val 的数值设置为 0，Out Val 的数值设
置为 0.1，粒子生命开始后，透明度只有
0.1，颜色显得非常淡。

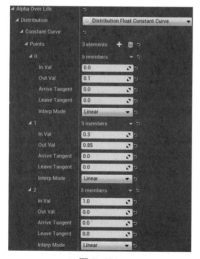

图 6-156

打开 1 号控制节点，In Val 的数值
设置为 0.3，Out Val 数值设置为 0.85，
粒子从生命开始到 1/3 时间时，透明度
从 10% 升至 85%。

打开 2 号控制节点，In Val 的数值设
置为 1，Out Val 数值设置为 0，让粒子
从生命 1/3 处开始到最后，颜色由 85%
的透明度降到 0。

在发射器模块区空白处单击鼠标右
键，找到 Location 命令集，添加 Sphere
球形范围模块到发射器。

如图 6-157 所示，将 Start Radius 初
始范围中的 Constant 参数数值设置为 8，
让它在 8 个单位范围内随机生成。其他
参数不变。

图 6-157

在模块区域空白处单击鼠标右键，
在弹出菜单中选择 Size 命令集，添加
Size By Life 生命尺寸到发射器中，我们
要做粒子扩散动态。

打开属性下拉栏，将数据输入类型
设置为常量曲线类型，单击 Points 后面
的"+"（加号）按钮，将控制节点增加
至三个。

如图 6-158 所示，打开 0 号控制节点，
In Val 数值归零，Out Val 的 X、Y、Z 轴
数值全部设置为 1，粒子生命开始时为 1
倍 Start Size 大小。

打开 1 号节点，In Val 的数值设置
为 0.5，Out Val 的 X、Y、Z 轴数值统一
设置为 1.5，粒子生存时间一半时，尺寸
由 1 倍扩大至 1.5 倍。

打开 2 号节点，In Val 的数值设置

为 1，Out Val 的 X、Y、Z 轴数值统一设置为 2，粒子从生命一半时间到消亡，尺寸由 1.5 倍扩大至 2 倍。

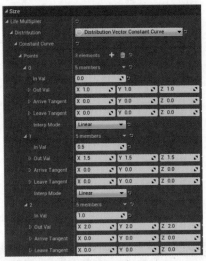

图 6-158

如图 6-159 所示，黑色球体的周围可以看到一圈深红色的波纹在往外扩散了，模拟球体吸入能量时，还发散一些能量余波。

下面制作球体背景吸收漩涡。在 Blackhole 目录 Materials 文件夹中新建一个材质球，案例中将这个材质球命名为 vortex-back，双击这个材质球进入材质编辑面板。

图 6-159

设置材质的基础属性，将 Blend Mode 类型设置为 Translucent 类型，光照模式 Shading Model 设置为 Unlit 类型，勾选 Two Sided 选项，打开材质双面显示。

建立纹理图案表达式与粒子颜色表达式到编辑窗口，纹理表达式使用一个漩涡贴图。

如图 6-160 所示，将纹理与粒子颜色表达式 RGB 混合通道连接乘法表达式，乘法结果连接材质 Emissive Color 自发光通道。

连接纹理表达式与粒子颜色表达式 Alpha 通道到新的乘法表达式。

建立 Depth Fade 表达式，将两个 Alpha 通道的乘法结果连接 Depth Fade 的 Opacity 节点，Depth Fade 结果连接材质 Opacity 透明通道，单击 Apply 按钮应用材质。

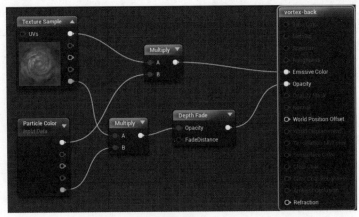

图 6-160

如图 6-161 所示，打开 Blackhole 粒子系统编辑窗口，复制 outwave 发射器，将靠左的发射器重命名为 vortex-back，将这个发射器制作成漩涡元素。

图 6-161

选择 vortex-back 发射器的 Required 模块，在 Material 栏中选择 vortex-back 材质球。

在下面 Duration 属性中，将 Emitter Duration 的数值设置为 3.5，发射器一次性喷射 3.5 秒，其他属性的数值不修改。

如图 6-162 所示，Spawn 生成速率模块，将数据输入类型设置为固定常量类型，Constant 的数值设置为 5，漩涡数量不要太多，多了背景就被全部遮盖了。

图 6-162

如图 6-163 所示，在 Lifetime 粒子生存时间模块属性中，将最小时间 Min 设置为 1，最大时间 Max 设置为 1.5，使元素越靠近中心节奏越慢，越靠近外围节奏越快。

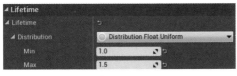

图 6-163

如图 6-164 所示，在 Start Size 粒子基础尺寸模块属性中，将 Max 最大尺寸数值设置为 400，Min 最小尺寸数值设置为 200。

图 6-164

如图 6-165 所示，在 Color Over Life 粒子生命颜色模块中打开属性栏，将数据输入类型设置为常量曲线类型。单击 Points 后面的"+"（加号）按钮，添加两个控制节点。

图 6-165

如图 6-166 所示，打开 0 号控制节点，R、G、B 通道数值全部设置为 1，仅显示纹理贴图本身的颜色。

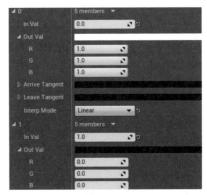

图 6-166

1 号控制节点 R、G、B 通道数值全部归零，使漩涡出现时保持自身颜色，随后变为黑色。

在 Alpha Over Life 的属性中设置三个控制节点，做淡入淡出效果即可。

淡入淡出的效果在前面很多案例中都有提及，如果没有特殊的数值要求，效果都以如下为准：0 号节点 In Val 数值 0，Out Val 数值 0；1 号节点 In Val 数值 0.5，

Out Val 数值 1；2 号节点 In Val 数值 1，Out Val 数值 0。

删除 Start Rotation 模块，添加 Start Rotation Rate 自旋转模块到发射器，这个模块的意义是使粒子自身旋转。参数正数值为顺时针旋转，负数值为逆时针旋转。

如图 6-167 所示，将最小旋转 Min 数值设置为 0.1，最大旋转 Max 数值设置为 0.2，稍有旋转动态即可。与初始旋转模块数值概念一样，1 代表旋转 360°，旋转速度可以用数值控制。

图 6-167

删除 Sphere 球形范围模块，选择 Size By Life 生命尺寸模块，只保留两个控制节点。

如图 6-168 所示，0 号节点 Out Val 数值设置为 1，粒子出生时保持原始大小。

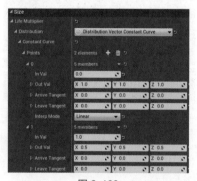

图 6-168

1 号节点 Out Val 数值设置为 0.5，粒子从出生到消亡的过程是缩小动态。

如图 6-169 所示，这样就为黑洞添加了旋转漩涡元素，黑洞看起来有了一些气势，但还不够展示其能量强大，需要制作辅助元素使整体效果更有气势。

图 6-169

回到引擎主面板，在 Blackhole 目录 Materials 文件夹中，右键单击 vortex-back 材质，选择 Duplicate 命令复制相同的材质球，将复制出来的材质球命名为 vortex，双击材质球进入编辑窗口。在材质编辑窗口中，只需要将纹理表达式中的贴图图案替换为如图 6-170 所示的漩涡纹理，然后单击 Apply 应用按钮就完成了这个材质的制作。

打开 Blackhole 粒子系统，复制 vortex-back 发射器，将靠左侧的发射器改名为 vortex，如图 6-171 所示。复制发射器的好处是可以利用现成的参数，或者做一些小小的改动就能实现另一个差不多的效果。

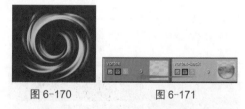

图 6-170　　　　图 6-171

选择 vortex 发射器的 Required 模块，将 Material 栏替换为 vortex 材质球。

在下面 Delay 属性栏中将 Emitter Delay 的数值设置为 0.25，漩涡元素需要等到蓝色漩涡出现后才会出现。其他参数不做改动。

如图 6-172 所示，选择 Lifetime 粒子生存时间模块，最小生存时间 Min 的数值设置为 0.85，最大生存时间 Max 数值设置为 1.5，这个漩涡元素定位在外围，外围的节奏略快。

图 6-172

如图 6-173 所示，选择 Start Size 模块，将属性窗口中数据输入类型设置为固定常量类型，Constant 的 X、Y、Z 轴数值全部设置为 600，漩涡范围要大一些。

图 6-173

如图 6-174 所示，在 Color Over Life 模块属性窗口中，将数据输入类型设置为固定常量类型，打开数值栏，将 R、G、B 通道的数值全部归零，纹理颜色为黑色。

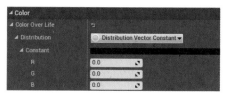

图 6-174

在 Alpha Over Life 下拉属性栏中做淡入淡出的效果。但在 1 号控制节点位置，Out Val 的数值只设置 0.5，最大透明度只显示 50%。

如图 6-175 所示，选择 Start Rotation Rate 模块，在属性窗口中将数据输入类型设置为固定常量类型，Constant 数值设置为 -2，案例控制了漩涡的旋转速度。数值如果为负数，粒子逆时针旋转。

图 6-175

如图 6-176 所示，最后选择 Size By Life 模块，在属性窗口中将 0 号节点 Out Val 的 X、Y、Z 轴数值设置为 1。

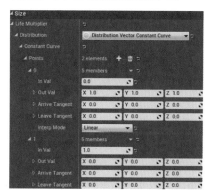

图 6-176

1 号节点 Out Val 的 X、Y、Z 轴数值全部归零，使粒子元素由大变小收缩。

完成设定，如图 6-177 所示，场景中可以看到黑色球体外围有黑色逆时针旋转的漩涡吸收能量了。

图 6-177

接下来给它制作向外喷射的能量元素。如图 6-178 所示，挑选了 4×4 的序列纹理作为粒子纹理。回到引擎主面板，打开 Blackhole 项目 Materials 文件夹，在 vortex 材质球上单击鼠标右键复制材质球，将复制的材质球命名为 blackwave，双击材质球打开编辑窗口。

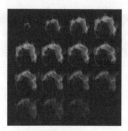

图 6-178

材质的基础属性不做改动。删除纹理表达式，单击鼠标右键查找添加 Particle SubUV 粒子子 UV 表达式到编辑窗口。属性中贴图选择这个 4×4 序列纹理。

如图 6-179 所示，表达式预览窗口呈全白色，是因为贴图的 R、G、B 通道为白色，序列是在贴图 Alpha 通道中制作的。

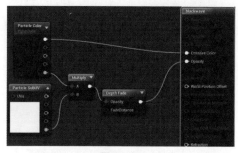

图 6-179

如图 6-179 所示删除掉不需要的材质节点，将粒子颜色表达式 R、G、B 混合通道直接连接材质 Emissive Color 通道。

将粒子颜色与粒子子 UV 表达式 Alpha 通道使用乘法表达式连接，乘法结果通过 Depth Fade 表达式过滤后，连接材质 Opacity 透明通道。单击工具栏中的 Apply 按钮应用材质。

打开 Blackhole 粒子系统，找到并复制 vortex 粒子发射器，将复制出来的靠左侧的发射器改名为 blackwave，用这个发射器制作背景波动元素，如图 6-180 所示。

图 6-180

选择 blackwave 发射器的 Required 基础模块，在属性窗口 Material 栏选择刚才制作的序列纹理材质。

如图 6-181 所示，在 Duration 属性中将 Emitter Duration 的数值设置为 4，其他参数不改动。

如图 6-182 所示，由于材质是 4×4 的序列纹理，在 Sub UV 属性栏中将 Horizontal 横向和 Vertical 纵向纹理数量数值都设置为 4，Interpolation Method 类型设置为 Linear Blend 线性混合模式读取序列纹理。

图 6-181　　　　　　图 6-182

如图 6-183 所示，删除 Start Rotation Rate 模块，添加 Sub Image Index 模块到发射器来，打开属性窗口，将 0 号节点 In Val 数值归零，Out Val 数值归零。

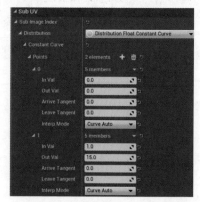

图 6-183

1 号节点 In Val 数值设置为 1，Out Val 数值设置为 15。

最后将两个控制节点 Interp Mode 类

型全部设置为 Curve Auto 自动曲线速度。

如图 6-184 所示，选择 Spawn 粒子生成速率模块，在属性窗口将 Rate 的 Constant 数值设置为 20，使粒子序列的发射间隔略小。

图 6-184

如图 6-185 所示，选择 Lifetime 模块，将最小生存时间 Min 数值设置为 1，最大时间 Max 数值设置为 1.5，使粒子读图的时间稍慢，这里时间长短可以控制序列帧播放的速度。

图 6-185

如图 6-186 所示，选择 Start Size 模块设置粒子基础尺寸，在属性窗口中将数据输入类型设置为限制数据类型，最大尺寸 Max 数值统一设置为 400，最小尺寸 Min 数值统一设置为 200。

图 6-186

Color Over Life 粒子生命颜色模块的数据大部分沿用之前的，需要修改的是 Alpha Over Life 透明度属性栏的 1 号节点，In Val 数值设置为 0.5，Out Val 的数值设置为 1，粒子生命一半时透明度完全显示。

单击鼠标右键打开菜单 Location 命令集，给发射器添加 Sphere 球形范围模块。如图 6-187 所示，将 Start Radius 初始范围的 Constant 属性数值设置为 10，使粒子纹理在一定范围内随机发射。

图 6-187

如图 6-188 所示，选择 Size By Life 模块属性窗口，0 号控制节点数值不变，将 1 号节点 Out Val 的数值全部设置为 3，使粒子扩散，消失时扩大至原始尺寸的 3 倍大小。

图 6-188

最后从其他发射器中复制 Start Rotation 初始旋转角度模块到 blackwave 发射器中，使每个纹理初始角度都不一样，设定随机方向。

如图 6-189 所示，大型扩散纹理完成了，现在需要大型吸收纹理元素匹配扩散元素。外围吸收纹理需要将动态节奏表现到位，展示黑洞的吸引力。

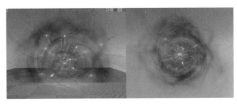

图 6-189

首先需要给这个元素制作材质。回到引擎主面板，在 Blackhole 目录 Materials 文件夹中找到 vortex 材质，复制这个材质球，将复制的材质球重命名为 blast-dark，意思是暗色冲击波。

如图 6-190 所示，双击材质球进入编辑窗口，在编辑窗口中将纹理表达式更换为冲击波纹理，粒子颜色表达式 RGB 混合通道直接连接材质 Emissive Color 自发光通道。

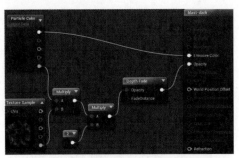

图 6-190

将粒子颜色与纹理表达式 Alpha 通道相乘，乘法结果连接到另一个乘法表达式 A 节点。

建立常量表达式并连接到乘法 B 节点，常量表达式数值设置为 2，意思是将两个表达式 Alpha 乘积亮度提升 2 倍。

最后使用 Depth Fade 表达式过滤乘法表达式结果，连接材质 Opacity 透明通道。

处理完材质，回到粒子编辑窗口，找到 blackwave 发射器，复制 blackwave 发射器，将靠左的发射器命名为 blast-in，作为收缩冲击波元素，如图 6-191 所示。

图 6-191

选择 blast-in 发射器的 Required 模块，在 Material 材质栏选择刚才制作的 blast-dark 材质球。

如图 6-192 所示，将下面 Duration

属性栏 Emitter Duration 数值设置为 4.5，使发射器一次性发射 4.5 秒。如图 6-193 所示，由于现在粒子发射器不是发射序列纹理，所以将 Sub UV 栏属性复原。

图 6-192

图 6-193

删除 Sub Image Index 模块，不再读取序列纹理，这个模块也没有意义。

如图 6-194 所示，选择 Lifetime 粒子生存时间模块，将最小生存时间 Min 数值设置为 0.2，最大生存时间 Max 数值设置为 0.35，单个粒子出现的时间较短，使人有急促压迫感。

图 6-194

如图 6-195 所示，Start Size 初始尺寸模块中，在属性窗口中将最大尺寸 Max 的 X、Y、Z 轴数值全部设置为 1000，最小尺寸 Min 的 X、Y、Z 轴数值全部设置为 800，使初始尺寸与喷射的黑色气浪一致。

图 6-195

如图 6-196 所示，Color Over Life 粒子生命颜色模块中，在属性窗口中打

开 Constant 的下拉栏，将 R、G、B 通道
数值分别设置为 0.05、0、0，粒子纹理
颜色呈暗红色。

图 6-196

Alpha Over Life 只修改 1 号节点数
值，将 Out Val 数值设置为 0.5 左右就可
以了，不需要透明度全部显示。

如图 6-197 所示，选择 Sphere 球形
范围模块，将 Start Radius 的 Constant 数
值设置为 25，在下面启用 Surface Only
属性，使粒子从球形边缘发射，调整粒
子发射范围。

图 6-197

如图 6-198 所示，选择 Size By Life
生命尺寸模块，0 号节点保持数值不变，
1 号节点 Out Val 数值全部归零，使粒子
由大变小收缩。

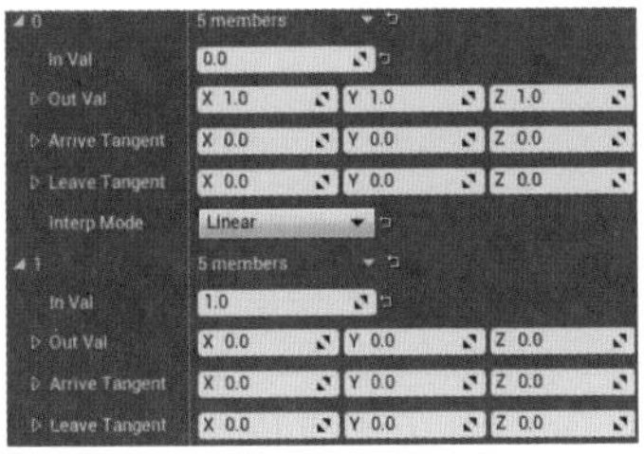

图 6-198

如图 6-199 所示，黑色球体从出生
到膨胀的这段动画已经差不多了。吸收
能量的过程中完成了黑洞特效的大部分
动态，在吸收能量阶段给它加上最后一
个元素——空间扭曲效果，使黑色球体
吸收能量时有空间受到巨大能量吸引而

扭曲的感觉。

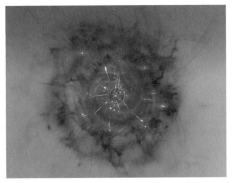

图 6-199

先给这个元素制作材质球，在黑洞
工程目录 Materials 文件夹中建立一个新
材质球，将它命名为 shockwave，双击这
个材质球进入编辑窗口。

首先将材质球 Blend Mode 设置为
Additive 高亮叠加，Shading Model 设置
为 Unlit 无光模式，最后勾选 Two Sided
双面显示。我们给这个扭曲材质挑选的
纹理是图 6-200 中材质预览窗口中的爆
发状纹理。

如图 6-200 所示，在编辑窗口中添
加纹理表达式，并将纹理贴图加入到表
达式中。

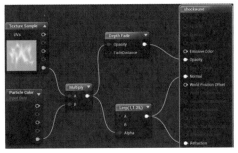

图 6-200

建立粒子颜色表达式，纹理与粒子
颜色两个表达式 Alpha 通道连接乘法表
达式。

添加 Depth Fade 表达式，将乘法结

果连接到 Depth Fade 的 Opacity 节点过滤，结果连接到材质 Opacity 透明通道。

添加 Lerp 线性插值，将这个表达式的 A 与 B 默认数值分别设置为 1、1.25，两个数值中间留出 0.25 差值。

连接乘法表达式到 Lerp 的 Alpha 通道，输出 Lerp 表达式结果到材质 Refraction 折射与 Normal 法线通道。扭曲材质就制作完成了。

打开粒子编辑窗口，复制 outwave 发射器，将靠左的发射器命名为 shockwave，用这个发射器制作扭曲元素，如图 6-201 所示。

图 6-201

选择 shockwave 发射器 Required 模块，在 Material 材质栏选择 shockwave 材质球，将 Screen Alignment 屏幕对齐方式设置 PSA Velocity 速度对齐，如图 6-202 所示。

图 6-202

将下面 Duration 属性中的 Emitter Duration 数值设置为 4，让发射器发射 4 秒。模块其他的参数不做调整。

如图 6-203 所示，选择 Spawn 粒子生成速率模块，将数据输入类型设置为固定常量类型，Constant 常量数值设置为 100，每秒发射 100 个粒子。这个数量算比较大了，实际项目制作中可以适当将数值设置小些。

图 6-203

如图 6-204 所示，Lifetime 生存时间模块中，在属性窗口中将最小生存时间 Min 参数设置为 0.5，最大生存时间 Max 的参数设置为 1.5，使粒子消失时间与速度呈随机状态。

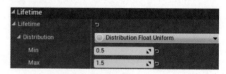

图 6-204

选择 Start Size 初始尺寸模块，由于屏幕对齐方式是速度对齐，所以是可以将粒子拉长的。

如图 6-205 所示，案例中将最大尺寸 Max 的 X、Y、Z 轴数值分别设置为 200、300、200，最小尺寸 Min 的 X、Y、Z 轴数值分别设置为 150、100、200。

图 6-205

删除 Color Over Life 粒子生命颜色模块。由于材质中 Particle Color 表达式没有使用 RGB 通道，所以颜色部分是没有意义的。

打开 Alpha Over Life 透明度部分，如图 6-206 所示，制作淡入淡出的效果，粒子生命中间控制节点的 Out Val 数值只设置 0.5，不然扭曲过大会影响整体效果。

打开 Sphere 模块，由于没有设置速度，所以粒子不会出现，调整到这个模块前是看不到粒子效果的。如图 6-207 所示，属性窗口中将 Start Radius 初始范围中的 Constant 数值设置为 200，初始设定一个较大的范围。

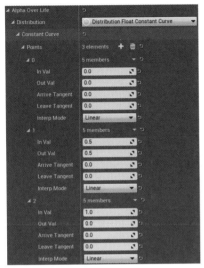

图 6-206

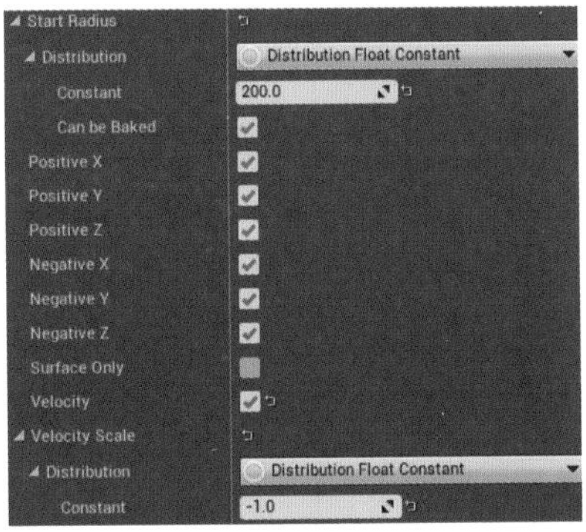

图 6-207

勾选 Velocity，应用速度属性。将 Velocity Scale 属性栏的 Constant 数值设置为 -1，负数代表从外向内收缩。

如图 6-208 所示，选择 Size By Life 模块，单击"垃圾桶"按钮将控制节点删除，重新添加两个控制节点。

0 号控制节点 In Val 数值设置为 0，Out Val 数值全部设置为 2，初始为 2 倍 Start Size 尺寸。

1 号节点 In Val 数值设置为 1，Out Val 数值全部归零，粒子做收缩动态。

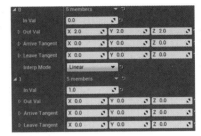

图 6-208

如图 6-209 所示，黑洞从出生到开始吸收能量的过程完成了。从图中可以看到黑洞在吸收能量时，巨大的吸引力导致周围空间扭曲，黑洞吸收大量的能量后膨胀，然后瞬间坍陷，引起巨大的爆炸。

图 6-209

6.11　黑洞爆炸元素制作

第一步是给曝光点制作材质。回到引擎主面板，在 Blackhole 目录 Materials 文件夹中，复制 vortex 材质球，将复制的材质球重命名为 star，双击这个新材质打开编辑面板。

材质 Blend Mode 混合模式设置为 Additive 高亮叠加模式，其他选项不修改。

如图 6-210 所示，使用星形纹理图案替换 Texture Sample 表达式中的纹理，单击工具栏中的 Apply 按钮应用材质。

打开 Blackhole 粒子系统编辑窗口，找到发射器集最右侧的发射器。如果一直是跟着制作流程的话，现在粒子发射器最右侧的发射器应该是 line-movein。

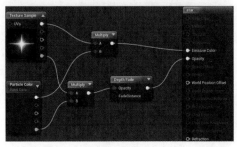

图 6-210

复制这个发射器，将靠右的发射器改名为 star，这个发射器在所有粒子发射器的最右侧，如图 6-211 所示。

图 6-211

删除 star 发射器中 Sphere 球形范围模块，曝光点不需要设定范围。

打开 star 发射器的 Required 模块，在属性窗口 Material 栏选中刚才制作的 Star 材质球。

将 Screen Alignment 屏幕对齐方式设置为 PSA Square。

如图 6-212 所示，在 Duration 属性中，将 Emitter Duration 数值设置为 1，其他数值不修改。

如图 6-213 所示，在 Delay 属性栏中将 Emitter Delay 数值设置为 5。经测试，参数设置在第 5 秒正好是黑洞由大变小的这段时间，黑洞膨胀到坍塌的过程中曝光点元素出现。

图 6-212

图 6-213

如图 6-214 所示，选择 Spawn 粒子生成速率模块，在属性窗口中将 Rate 的

Constant 数值归零，不持续发射粒子。单击 Burst List 后面的"+"（加号）按钮添加发射行为，将 Count 数值设置为 1，发射器在开始时只喷射一个粒子。

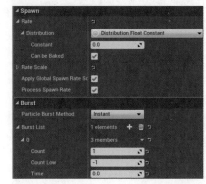

图 6-214

如图 6-215 所示，在 Lifetime 模块属性窗口中将数据输入类型设置为固定常量类型，将 Constant 的数值设置为 0.2，使星形曝光点的生存时间短一些。

图 6-215

如图 6-216 所示，在 Start Size 初始尺寸模块中将数据输入类型设置为固定常量类型，打开 Constant 数值栏，将 X、Y、Z 轴的数值全部设置为 500，初始尺寸设置大些。

图 6-216

如图 6-217 所示，Color Over Life 生命颜色模块中，在属性窗口中将颜色部分 R、G、B 通道的数值分别设置为 50、200、500，粒子纹理颜色为高亮蓝色。Alpha Over Life 透明度部分数值不变。

图 6-217

如图 6-218 所示，在 Size By Life 粒子生命尺寸模块中，保留 0 号节点的数值。将 1 号控制节点 Out Val 的数值全部归零，使粒子出生时尺寸为 Start Size 原始大小，最后缩小至消失。

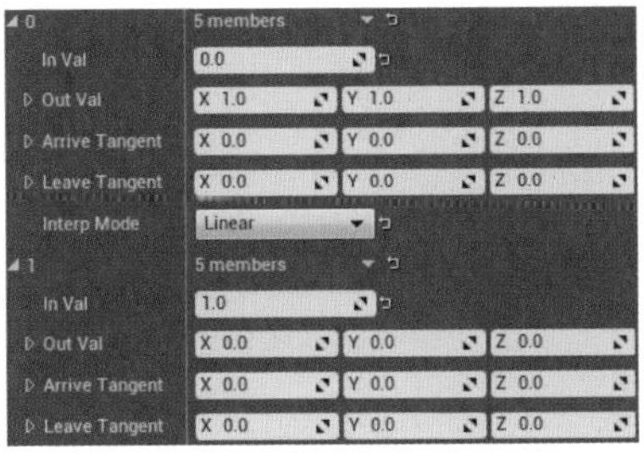

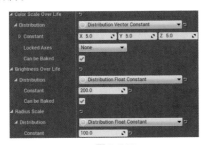

图 6-218

曝光点产生瞬间会照亮周围环境，需要将它设置为高亮光源。

如图 6-219 所示，给 star 发射器添加 Light 光源模块，打开属性窗口，在 Color Scale Over Life 的 Constant 参数栏，将 X、Y、Z 轴数值提高到 5 倍亮度。灯光颜色亮度关联 Color Over Life 模块颜色部分。

图 6-219

Brightness Over Life 光线强度的数值设置为 200。

Radius Scale 照亮范围的数值设置为

100。

在场景中播放粒子特效，看到黑洞吸收完能量坍塌的瞬间会出现强曝光并照亮周围物体。如图 6-220 所示，曝光点曝光后，黑洞就消失了。黑洞坍塌时不仅需要表现曝光点，还需要一条拉长光线美化曝光点。

图 6-220

回到引擎主面板，在 Blackhole 目录 Materials 材质文件夹中复制 star 材质球，将复制的材质球命名为 flare，它作为光晕材质。双击这个材质球打开编辑窗口。

如图 6-221 所示，材质编辑窗口中只替换 Texture Sample 纹理表达式中的纹理贴图就可以了。案例使用的是另一种十字星形纹理。单击工具栏 Apply 按钮应用材质。

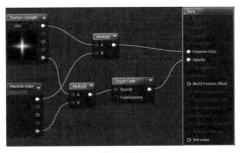

图 6-221

打开 Blackhole 粒子系统，找到发射器最右侧 star 发射器，复制 star 发射器，将靠左的改名为 flare，这个发射器就作为缩放光晕元素，如图 6-222 所示。

单击 flare 发射器 Required 模块，在 Material 材质栏中选择 flare 材质球。

图 6-222

Screen Alignment 屏幕对齐类型设置为 PSA Rectangle。

Delay 属性栏 Emitter Delay 数值设置为 5.1。

如图 6-223 所示，选择 Lifetime 模块，将 Constant 的数值设置为 0.5，使粒子体生存时间为 0.5 秒。

图 6-223

如图 6-224 所示，选择 Start Size 模块，在属性窗口中将初始尺寸 Constant 的 X、Y、Z 轴数值全部设置为 100，固定初始尺寸。

图 6-224

如图 6-225 所示，在 Color Over Life 粒子生命颜色模块的属性窗口中，打开 Constant 下拉栏，R、G、B 通道数值分别设置为 30、90、300，颜色与 star 一致。Alpha Over Life 部分的数值不改动。

图 6-225

如图 6-226 所示，选择 Size By Life 粒子生命尺寸，将常量曲线中控制节点增加至三个。由于屏幕对齐类型设置的是 PSA Rectangle 类型，粒子允许被拉长。

0 号节点 In Val 数值设置为 0，Out Val 的 X 轴数值设置为 2，Y 轴数值为 1，Z 轴数值无意义。

1 号节点 In Val 数值设置为 0.65，Out Val 的 X 轴数值设置为 15，此时 X 轴拉长 15 倍，Y 轴数值 0.1，Y 轴缩小至初始尺寸的 1/10。

2 号节点 In Val 数值设置为 1，Out Val 的 X 轴数值设置为 25，最后将 X 轴拉长至 25 倍，Y 轴数值归零消失。

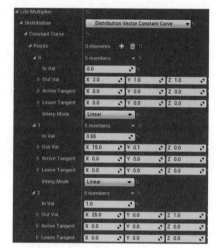

图 6-226

如图 6-227 所示，在场景中播放粒子动态，黑洞在消失瞬间有条与曝光点同时出现的光晕，拉长变细直至消失。

图 6-227

接下来要制作黑洞爆炸了。第一步是制作背景层的暗色冲击波元素，材质使用 blast-dark 材质球。

双击 Blackhole 粒子系统，打开粒子系统编辑面板。找到粒子发射器组最左侧的 blast-in 并复制发射器，将这两个发射器中任意一个发射器改名为 overblast-dark，作为爆炸冲击波元素。

如图 6-228 所示，将这个发射器使用键盘方向箭头键移动到最右侧 star 与 flare 发射器中间，使显示层级定位在曝光点之后、光晕之前。

图 6-228

选择 overblast-dark 发射器 Required 模块，在 Duration 下拉属性栏中将发射器发射时间 Emitter Duration 数值设为 1，如图 6-229 所示。

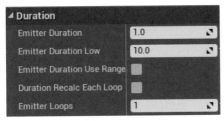

图 6-229

如图 6-230 所示，将 Delay 属性中的 Emitter Delay 数值设置为 5，使这个元素与曝光点同时爆发出来，其他属性的数值不变。

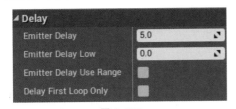

图 6-230

选择 Spawn 生成速率模块，将 Rate 的数值设置为 0，不持续发射。如图 6-231 所示，在 Burst List 栏新建立一个发射行为，Count 数值设置为 5，使发射器一次性发射 5 个粒子体。

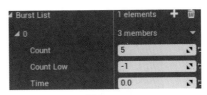

图 6-231

如图 6-232 所示，Lifetime 粒子生存时间模块中，在属性窗口将数据输入类型设置为限制数据类型，最小生存时间 Min 数值设置为 0.5，最大生存时间 Max 数值设置为 1.5，将生存时间差值控制在 1 秒。

图 6-232

如图 6-233 所示，Start Size 基础尺寸模块中，将参数类型设置为限制数据类型，最大尺寸 Max 的 X、Y、Z 轴数值都设置为 150，最小尺寸 Min 的 X、Y、Z 轴数值都设置为 80。

图 6-233

如图 6-234 所示，Color Over Life 生命颜色模块中，将颜色部分 R、G、B 数值全部设置为 0，使纹理显示黑色。

图 6-234

如图 6-235 所示，在 Alpha Over Life 透明度部分，透明度部分控制节点设置为两个。0 号节点 In Val 数值设置为 0，Out Val 数值设置为 1。

1 号节点的 In Val 数值设置为 1，

Out Val 的数值设置为 0，制作淡出效果。

图 6-235

如图 6-236 所示，将 Start Rotation 模块数据输入类型设置为限制数据类型，最小旋转角度 Min 数值设置为 -1，最大旋转角度 Max 数值设置为 1。

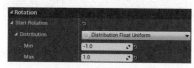

图 6-236

如图 6-237 所示，Size By Life 粒子生命尺寸模块中，在属性窗口中建立三个控制节点。0 号节点 In Val 数值设置为 0，Out Val 数值统一设置为 1。

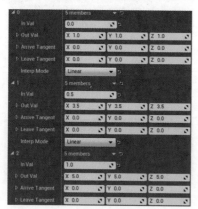

图 6-237

1 号节点 In Val 数值设置为 0.5，Out Val 的数值统一设置为 3.5。

2 号节点 In Val 数值设置为 1，Out Val 的数值设置为 5。

如图 6-238 所示，第一层黑色爆发冲击波就制作完成了，接下来制作第二层亮色冲击波元素。

图 6-238

回到引擎主面板，找到 Blackhole 目录的 Materials 文件夹，复制材质文件夹中 blast-dark 材质球，将复制出来新的材质球命名为 blast。

如图 6-239 所示，双击 blast 材质球打开材质编辑窗口，将混合模式设置为 Translucent 透明模式，光照模式设置为 Unlit 无光类型。

图 6-239

在材质编辑窗口中删除纹理与粒子 Alpha 乘法表达式右边起开关作用的乘法与常量表达式，直接将纹理表达式与粒子颜色表达式 Alpha 通道的乘积连接 Depth Fade 过滤，结果连接材质 Opacity 透明通道，单击工具栏 Apply 按钮应用材质，如图 6-240 所示。

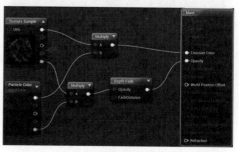

图 6-240

打开 Blackhole 粒子系统，打开粒子系统编辑窗口，找到 overblast-dark 发射器，复制这个发射器，将靠右侧的发射器重命名为 overblast，如图 6-241 所示。

图 6-241

选择 overblast 发射器 Required 基础属性模块，Material 材质栏替换为 blast 材质球，其他属性不修改。

如图 6-242 所示，选择 Lifetime 粒子生存时间模块，将最小生存时间 Min 数值设置为 0.5，最大生存时间 Max 数值设置为 1.25。

图 6-242

如图 6-243 所示，在 Start Size 初始尺寸模块中，将最大尺寸 Max 的 X、Y、Z 轴数值统一设置为 200，最小尺寸 Min 的 X、Y、Z 轴数值都设置为 100。

图 6-243

如 图 6-244 所 示，Color Over Life 粒子生命颜色模块中，在属性窗口中打开颜色部分，将 R、G、B 三个通道的数值分别设置为 1、5、30，还是呈蓝色显示，但是颜色不明亮。

图 6-244

如图 6-245 所示，冲击波中使用蓝色与黑色两种颜色，可以使颜色有层次

感。制作完冲击波，需要在黑洞爆炸时增加高亮粒子碎片了。粒子碎片元素也需要分层，下面先来制作第一层高亮粒子体。

图 6-245

材质就不再制作了，使用之前名为 dots 的粒子体材质。

在 Blackhole 粒子系统编辑面板中，找到 line-movein 发射器，复制它，将靠右侧的发射器名称改为 overdots，制作爆炸产生的粒子碎片，如图 6-246 所示。

图 6-246

如图 6-247 所示，选择 overdots 发射器 Required 模块，将 Duration 属性栏 Emitter Duration 的数值设置为 1，只发射 1 秒。

图 6-247

如图 6-248 所示，将 Emitter Delay 数值设置为 5，延时 5 秒发射，与爆炸时间同步。

图 6-248

如 图 6-249 所 示，选 择 Spwan 生

成速率模块，在属性窗口中将 Rate 的 Constant 数值设置为 0。

图 6-249

如图 6-250 所示，在 Burst 属性栏中建立一个新的发射行为，将 Count 的数值设置为 200，一次性发射 200 个粒子体。

图 6-250

如图 6-251 所示，Lifetime 粒子生存时间模块中，将最小生存时间 Min 的数值设置为 1，最大生存时间 Max 的数值设置为 1.5。

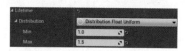

图 6-251

如图 6-252 所示，Start Size 粒子初始尺寸模块中，由于在 Required 模块中使用 PSA Velocity 速度对齐方式，这里的参数是设定粒子的长度。最大与最小尺寸的 X 轴、Z 轴数值统一设置为 3，Y 轴数值设置为 5 ~ 50。

图 6-252

如图 6-253 所示，Color Over Life 粒子生命颜色模块，颜色部分 Constant 的 R、G、B 通道数值分别设置为 5、20、50，色调以蓝色为主。

如图 6-254 所示，选择 Sphere 球形范围模块，初始范围直径数值设置为 100，取消勾选 Surface Only 选项。

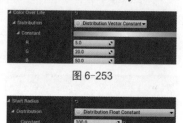

图 6-253

图 6-254

如图 6-255 所示，启用 Velocity 速度选项。在 Velocity Scale 速度缩放属性栏中，将速度的数值设置为 5，粒子以 5 倍的基础速度扩散。

图 6-255

如图 6-256 所示，最后在发射器中添加一个 Drag 拉力模块，使飞出去的粒子运动速度越来越慢，模拟粒子受空气阻力慢慢停止。案例中将拉力的数值设置为 2，可以使飞行粒子快速减慢速度。

图 6-256

如图 6-257 所示，在预览窗口中观察粒子特效，蓝色的粒子碎片已经出现。下面需要使这些粒子碎片体有些颜色层次。

图 6-257

回到 Blackhole 粒子编辑窗口，复制 overdots 粒子发射器，将靠右侧的发射器命名为 overdots-gold，如图 6-258 所示。正如起的名字，要使粒子的主要颜色为金色。

图 6-258

如图 6-259 所示，选择 overdots-gold 发射器 Spawn 粒子生成速率模块，将 Burst 的 Count 的数量数值设置为 100。

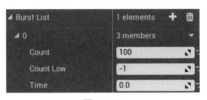

图 6-259

如图 6-260 所示，在 Start Size 粒子基础尺寸属性中，将 X 和 Z 轴的数值全部设置为 2，Y 轴的最大数值与最小数值设置为 20 和 2，将粒子长度控制在 2～20 个单位。

图 6-260

如图 6-261 所示，在 Color Over Life 生命颜色模块的颜色部分，将 Constant 的 R、G、B 通道数值分别设置为 100、35、5，显示金黄色。Alpha Over Life 数值不修改。

图 6-261

如图 6-262 所示，最后将 Sphere 球形范围模块的数值设置为 80，直径不超过主蓝色粒子碎片，这样就完成粒子碎片部分的元素制作了。

图 6-262

目前效果如图 6-263 所示。粒子碎片部分除了有这种喷射粒子，还需要制作一些线性粒子体来中和视觉效果。

图 6-263

复制 overdots-gold 粒子发射器，将靠右侧的发射器作为线性粒子发射，将这个发射器改名为 overline-moveout，如图 6-264 所示。

图 6-264

如图 6-265 所示，选择 Spawn 粒子生成速率模块，将粒子喷射数量 Count 的数值设置为 20，发射器一次性发射 20 个粒子体。

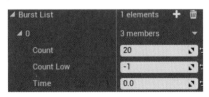

图 6-265

如图 6-266 所示，在 Lifetime 粒子生存时间模块中，将最小生存时间 Min 数值设置为 0.65，最大生存时间 Max 的数值设置为 1。

图 6-266

如图 6-267 所示，Start Size 粒子基础尺寸模块中，先把 X 轴和 Z 轴的数值全部设置为 2，再把 Y 轴的数值设置为 2 和 35，将粒子的长度定在 2～35 个单位。

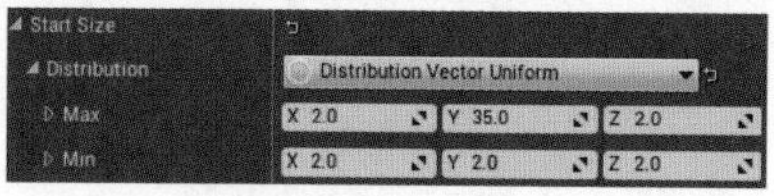

图 6-267

如图 6-268 所示，Color Over Life 粒子生命颜色模块中，将颜色部分 Constant 的 R、G、B 通道数值分别设置为 30、2、50，颜色为粉红色。Alpha Over Life 参数不变。

图 6-268

Sphere 球形范围模块的 Constant 范围数值设置为 100，其他的参数维持不变。

如图 6-269 所示，选择 Size By Life 粒子生命尺寸模块，0 号控制节点的数值不变，1 号控制节点 Out Val 数值分别设置为 0、10、0，使粒子在生命最后拉长变细至消失。

如图 6-270 所示，现在爆炸特效已经完成。特效最后需要表现爆炸释放的能量，能量元素可以使用空气扭曲效果表现。

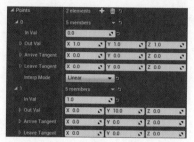

图 6-269

图 6-270

如图 6-271 所示，在 Blackhole 粒子系统编辑窗口中复制 overline-moveout 发射器，将靠右侧的发射器重新命名为 over-shockwave。使用键盘的左右方向箭头键将这个发射器移动到所有发射器的最右侧，使它在所有元素的最上层显示。

图 6-271

如图 6-272 所示，选择 over-shockwave 发射器的 Required 基础属性模块，在 Emitter 中的 Material 栏选中 shockwave 材质球。模块其他参数不变。

图 6-272

如图 6-273 所示，选择 Spawn 粒子生成速率模块，将粒子喷射行为 Count 数值设置为 25，使发射器一次喷射 25 个粒子。

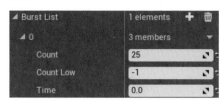

图 6-273

如图 6-274 所示，Lifetime 粒子生存时间模块中，将最小生存时间 Min 的数值设置为 0.5，最大生存时间 Max 的数值设置为 1，单个粒子生命在 0.5 ～ 1秒。

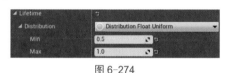

图 6-274

如图 6-275 所示，Start Size 粒子基础尺寸模块中，在属性窗口中将最大尺寸 Max 与最小尺寸 Min 的 X 轴、Z 轴数值设置为 200，Y 轴的数值设置为 200 和400，扭曲纹理覆盖范围比较大。

图 6-275

Color Over Life 粒子生命颜色模块中，颜色部分 R、G、B 通道的参数全部设置为 0，因为材质中没有控制颜色的表达式。

如图 6-276 所示，Alpha Over Life 的0 号控制节点中，将 Out Val 的初始数值设置为 0.5，使纹理扭曲效果弱一些。1号控制节点参数不变。

最后删除 Size By Life 粒子生命尺寸模块。

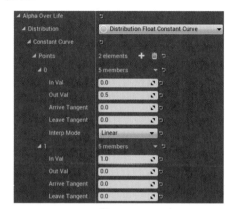

图 6-276

如图 6-277 所示，在场景中播放粒子系统，黑洞特效已经全部完成了。

图 6-277

271

第

7

章

实例解析：流星雨

本章通过流星雨案例学习如何使粒子的碰撞与行为生成模块。使用行为模块能更准确地控制粒子达到想实现的效果。多个粒子行为的交互应用可以提升读者对整个粒子系统的掌控能力。

特效设计分析：

本章的案例是流星雨特效。高温燃烧发红的陨石拖着尾巴带出一串燃烧的火焰和黑烟从天而降，落地后产生爆炸，将地面炸出冒火的坑洞，火花与碎石喷溅。

如图 7-1 所示是流星雨案例的最终效果，本章会涉及粒子发射器碰撞检测及粒子行为，很多知识点需要读者动脑研究原理。下面就跟随制作步骤来完成流星雨技能特效吧。

图 7-1

从本章开始将精简一些常用操作的解释，例如如何新建材质、新建表达式、新建粒子、新建模块、复制材质、复制粒子发射器等，如果有的读者还没有熟悉这些基础操作，可以回到前面章节学习，前面章节中对这些操作讲得很详细。精简叙述操作，是为了将更多的篇幅留给案例制作。

⬤ 7.1 陨石与冲击波模型素材

如图 7-2 所示，第一步需要制作陨石的模型与陨石前方类似空气摩擦的冲击波素材。

案例中使用陨石的纹理贴图和波浪形纹理，如图 7-3 所示。打开三维模型编辑软件 3ds Max，案例使用的是 3ds Max 2012 版本。

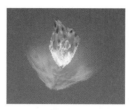

图 7-2

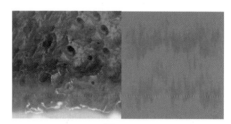

图 7-3

打开 3ds Max，在右侧的创建物体菜单栏中选择 Box，右下侧属性窗口分段选项将 Box 的长、宽、高设置为三段。在场景中间建立 Box 立方体，立方体自动划分为 3×3×3 的分段，如图 7-4 所示。

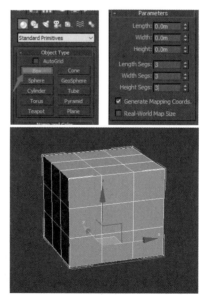

图 7-4

如图 7-5 所示，在修改器面板中，给这个 Box 添加 Noise 噪波修改器，参数可以以案例中的数值作参考，将立方体造型扭曲。

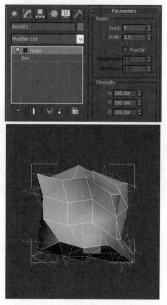

图 7-5

如图 7-6 所示，接着在修改器中增加 FFD 3×3×3 修改器，单击修改器命令前的小加号，打开修改层级菜单，选择 Control Points，在编辑窗口中使用缩放和移动工具将 Box 的造型调整到与示例中差不多。如图 7-7 所示，调整后选择模型，单击鼠标右键，找到 Convert To 命令中的 Convert To Editable Poly，将模型文件转变为可编辑多边形。

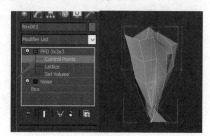

图 7-6

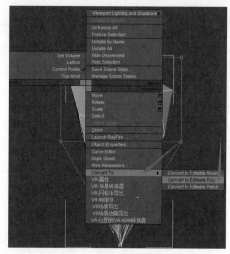

图 7-7

使用移动和旋转工具，将多边形移动到 3ds Max 世界坐标轴原点的位置。旋转模型角度，使模型尖头朝向 X 轴，如图 7-8 所示。

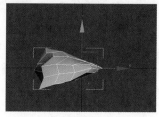

图 7-8

如图 7-9 所示，按 M 键调出材质窗口，找到陨石贴图，将陨石纹理贴图直接拖到 3ds Max 的材质编辑窗口中，纹理就加入到材质中了。

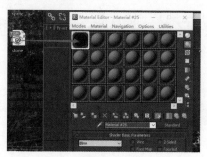

图 7-9

如图 7-10 所示，在场景中选择陨石模型，单击材质编辑器下面一排按钮的第三个，将纹理材质赋予陨石模型，这样就能在场景中看到模型被赋予材质后的状态了。

图 7-10

如图 7-11 所示，选择陨石模型，在修改器面板中给模型添加 UVW Map 修改器，将修改器 UV 贴图的适配类型设置为 Box 适配。陨石的纹理与模型贴合，而且看起来也没什么问题了。

图 7-11

如图 7-12 所示，找到 3ds Max 菜单栏 Customize 命令下 Units Setup 菜单，打开系统尺寸编辑窗口。

如图 7-13 所示，将系统尺寸设置为 Meters，以米为单位。打开 System Unit Setup，将系统尺寸单位同样设置为 Meters，以米为单位。完成后单击 OK 按钮回到 3ds Max 编辑窗口，按 P 键将选择的编辑视图切换到透视图，使用缩放工具对模型进行缩放，缩小至坐标中心的一点就行。

图 7-12

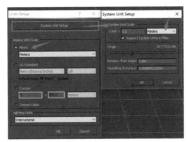

图 7-13

如果不将模型尺寸缩小，在案例制作时，陨石碰撞体积会非常大，导致两个物体碰撞判断空间过大。所以导出模型前一定要在 3ds Max 里将模型缩小些，如图 7-14 所示。

图 7-14

如图 7-15 所示，单击 3ds Max 的"文件"菜单，选择 Export 导出这个模型，默认选项为 FBX 格式。先选择文件导出路径，选择后会弹出 FBX 文件配置菜单，如图 7-16 所示，取消 Geometry 与 Animation 属性栏中的所有选项。如图 7-17 所示，在 Advanced Options 选项中打开 Units 属性栏，将自动尺寸 Automatic 选项取消，在尺寸类型中选择 Meters，单击 OK 按钮导出文件。

图 7-15

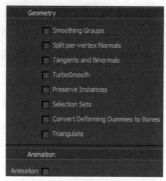

图 7-16

图 7-17

接下来制作陨石前方模拟空气摩擦的冲击波模型。

在 3ds Max 陨石模型文件中找到面板右侧创建物体面板，如图 7-18 所示，选择 Plane 面片。如图 7-19 所示，在下面属性窗口中将模型横向与纵向分段数值分别设置为横向 3 段，纵向 20 段。

图 7-18

图 7-19

如图 7-20 所示，按 F4 功能键可以打开或者关闭模型线条显示。在场景中对比陨石模型比例建立一个长条形面片模型，它的材质使用案例中的波浪形纹理。添加纹理贴图到材质编辑窗口前面已经介绍过了。

图 7-20

选择这个面片模型，如图 7-21 所示，在修改器面板中给它添加 Bend 弯曲修改器。如图 7-22 所示，右下侧属性窗口中将 Bend 修改器 Angle 弯曲角度设置为 360，将 Bend Axis 弯曲轴向设置为 X 轴。如图 7-23 所示，完成后可以看到面片变成了圆柱形。

图 7-21

图 7-22　　　　　　　图 7-23

接下来给它添加 FFD 3×3×3 修改器，打开修改器选项栏，选择控制点 Control Points，如图 7-24 所示。将编辑窗口中的面片调整为如图 7-25 所示的碗状形态。

图 7-24　　　　　　　图 7-25

如图 7-26 所示，选择面片模型，在层级控制面板中，选择 Affect Pivot Only，然后单击 Center to Object 按钮；如图 7-27 所示，将坐标定位到模型中心位置。退出层级面板，如图 7-28 所示，将面片模型转变为可编辑多边形，将它的位置与角度摆放到陨石前方如图 7-29 所示的位置。这个面片模型作为陨石掉落下来时的大气燃烧气流元素。

图 7-26　　　　　　　图 7-27

图 7-28　　　　　　图 7-29

删除陨石模型，选择 Export 导出面片模型为 FBX 格式，FBX 设置与陨石模型一样。

陨石模型作为面片模型比例的对比元素，在导出以前需要删除。一个 FBX 文件只能保留一个模型。如果一个 FBX 文件中有多个模型，导入虚幻引擎会出错。

● 7.2　流星与冲击效果材质球制作

打开 Unreal Engine 4 编辑器，在编辑器资源浏览窗口 Content 目录中新建一个项目文件夹，如图 7-30 所示，案例中将项目文件夹命名为 Meteors，在项目目录下建立材质、模型、粒子以及贴图 4 个子文件夹，分别存放这 4 类素材。

将我们制作的陨石与气流模型 FBX 文件导入到工程目录 Meshes 文件夹中，这个文件夹是专门用来存放模型元素的。

如图 7-31 所示，导入 FBX 模型时不要勾选导入窗口下方 Material 选项中的材质与纹理。

图 7-30　　　　　　　图 7-31

⏰ **注意**

需要导入多种格式文件到引擎时，不要同时导入，不同类型的资源同时导入时可能会引起引擎崩溃。例如，同时将 FBX 模型文件与贴图纹理同时导入，90% 几率引擎无响应。解决办法是先导入所有的 FBX 文件，再导入所有的纹理贴图。相同类型文件导入是正常的。

如图 7-32 所示，将需要用到的贴图元素全部导入到 Texture 文件夹中，现在不用看得很清楚，后面会一个一个向材质中添加。

图 7-32

在 Materials 文件夹中新建材质球并命名为 Meteors，双击材质球打开编辑窗口。

由于是实体模型，不需要制作透明通道，材质混合类型 Blend Mode 设置为 Opaque，Shading Model 光照模式设置为 Unlit。

如图 7-33 所示，在材质编辑窗口添加纹理表达式，纹理表达式的贴图使用陨石纹理。

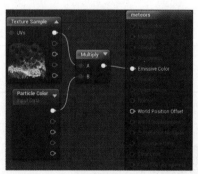

图 7-33

添加粒子颜色表达式，将粒子颜色与纹理表达式 RGB 混合通道进行乘法运算，结果连接材质的 Emissive Color 自发光通道。

这样最小化的可用材质就制作完成了，下面给材质添加纹理表达式（可选），添加噪波纹理。

如图 7-34 所示，添加两组 Panner 表达式连接有噪波贴图的纹理表达式。一组 Panner 表达式使用 X 轴纹理坐标平移，另一组使用 Y 轴纹理坐标平移。

将两组坐标平移的噪波纹理 Alpha 通道使用 Add 表达式相加。

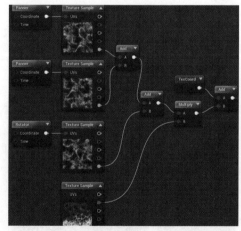

图 7-34

如图 7-35 所示，再次复制噪波纹理表达式，使用 Rotator 表达式旋转纹理坐标。将旋转与平移动态纹理使用 Add 表达式连接。

复制陨石纹理表达式，将纹理表达式 R 通道与这些动态噪波纹理的加法结果进行乘法运算。乘法的结果连接加法表达式 B 节点，添加 TexCoord 表达式，连接到加法表达式 A 节点，将加法表达式连接到陨石纹理表达式 UVs 节点。

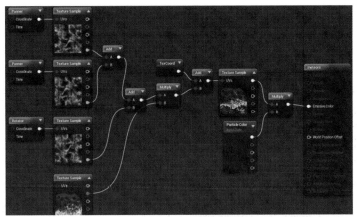

图 7-35

如图 7-36 所示，在材质预览窗口中可以看到陨石的纹理上有一些扭曲噪波，目的是表现高热陨石自身产生的热量扭曲，使纹理细节更丰富。

图 7-36

回到引擎主面板，在 Meteors 目录下 Textures 文件夹中，找到我们用于制作陨石前方气流的纹理贴图，双击打开这个纹理贴图，如图 7-37 所示，在编辑窗口右侧属性窗口 Texture 下拉栏中将纹理 X-axis 与 Y-axis 轴重复类型设置为 Clamp 类型，禁止贴图重复。

关闭纹理贴图属性面板退回引擎主面板，在材质文件夹中新建一个材质球并命名为 meteors-sprite。双击这个材质球打开编辑窗口。

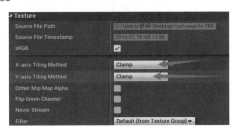

图 7-37

材质 Blend Mode 混合模式使用 Translucent 透明模式，Shading Model 光照模式设置为 Unlit 无光模式，最后勾选 Two Sided 双面显示。

在编辑窗口中添加纹理表达式，纹理表达式的图案选择波浪型气流纹理。添加另一个纹理表达式，这个纹理表达式纹理中添加黑白渐变的图案。

如图 7-38 所示，将波浪与渐变纹理表达式提取单通道进行乘法运算，乘法结果连接材质 Opacity 透明通道。

添加 Panner 坐标平移表达式，将 Panner 表达式 Y 轴数值设置为 1，连接波浪纹理表达式 UVs 节点。

279

添加粒子颜色表达式，将粒子颜色表达式 Alpha 通道连接 Panner 表达式 Time 节点中，使用粒子颜色模块 Alpha 通道数值调整纹理滚动的位置。

建立乘法表达式，连接 Particle Color 的 RGB 混合通道与两个纹理表达式的乘法结果，乘法表达式连接材质 Emissive Color 自发光通道。

这样连接是为了能使用粒子发射器的参数控制波浪纹理 Y 轴滚动，使每个粒子体生成时纹理都能有滚动动画。添加黑白渐变纹理是给波浪纹理做遮罩，使纹理滚动时淡出。

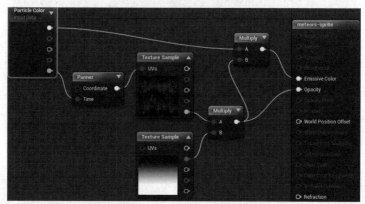

图 7-38

● 7.3 流星主体制作

回到引擎主面板，在 Meteors 目录 Particles 文件夹中新建一个粒子系统，将这个粒子系统命名为 Meteors，双击粒子系统打开编辑窗口。

将默认的粒子发射器重命名为 Meteors，在鼠标右键菜单中选择 Type Data 命令，选择 New Mesh Data，使发射器支持发射模型。

选择 Mesh Data 模块栏，在属性窗口中选择我们导入的陨石模型。

选择 Required 基础属性模块，先无视 Material 栏的材质，这里的材质栏影响不到模型自身的材质。如图 7-39 所示，将 Screen Alignment 屏幕对齐方式选择 PSA Velocity 速度对齐类型，其他参数不改动。

图 7-39

在粒子发射器中添加 Material 命令集中的 Mesh Materials 模型材质模块，单击属性窗口中的"加号"按钮，添加材质节点。如图 7-40 所示，0 号节点材质选择我们制作的陨石材质球。

图 7-40

如图 7-41 所示，选择 Spawn 粒子生成速率模块，将数据输入类型设置为限制数据类型，将最小生成数量 Min 的数值设置为 5，最大生成数量 Max 的数值设置为 8，数值不要太大，屏幕上同时有七八颗陨石就可以了。

图 7-41

如图 7-42 所示，在 Lifetime 生存时间模块中，将粒子生存时间 Constant 数值设置为 2，使每个粒子存活 2 秒。如果粒子生存时间短的话有些粒子还没落地就因生存时间结束而消失了。

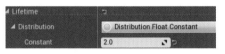

图 7-42

如图 7-43 所示，Start Size 基础尺寸模块中，将最大尺寸 Max 的数值全部设置为 80，最小尺寸 Min 的数值全部设置为 50，选择 Locked Axes 轴向锁定类型为 XYZ，锁定缩放轴是为使模型能按比例整体缩放。

图 7-43

如图 7-44 所示，Start Velocity 初始速度模块中，数据输入类型设置为固定常量类型，Constant 的 X 轴数值设置为 500，Y 轴数值归零，Z 轴数值设置为 -1500。速度模块用来调整陨石的下落方向。

图 7-44

如图 7-45 所示，打开 Color Over Life 模块，将数据输入类型设置为固定常量类型，R、G、B 通道的数值分别设置为 50、10、5，使陨石看起来仍然在燃烧。

图 7-45

Alpha Over Life 属性不用管，材质中没有连接 Particle Color 的 Alpha 节点，所以透明度部分无意义。

给发射器添加发射范围。在右键菜单 Location 命令中找到 Sphere 球形范围模块并添加到发射器中。如图 7-46 所示，将初始范围中的 Constant 数值设置为 500。

图 7-46

如图 7-47 所示，回到引擎主面板，将 Meteors 粒子系统拖到场景窗口上空，观察陨石从上往下掉落。

图 7-47

由于粒子模型尺寸较大，还需要调整场景地面 Floor 的属性。

如图 7-48 所示，在 World Outliner 属性窗口中选择地面 Floor 元素。如图 7-49 所示，在下面 Details 属性面板中，将 Scale 缩放属性 X 轴与 Y 轴数值设置为 3，Z 轴数值不变。将地面的长度与宽度提升至之前的 3 倍大小。

图 7-48

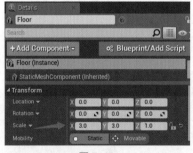

图 7-49

现在可以随时切换到引擎主面板的场景窗口观察粒子效果了。

回到粒子编辑面板，需要使陨石在下落的过程中有旋转。

在陨石粒子发射器模块右键菜单中找到 Rotation Rate 命令集，添加 Init Mesh Rotation Rate 模块到发射器。

如图 7-50 所示，将属性窗口中最大旋转圈数 Max 与最小旋转圈数 Min 的 X 轴与 Y 轴数值全部归零，只需要模型做 Z 轴旋转。Z 轴 Max 数值设置为 2，最多旋转两圈，Min 数值设置为 0.5，最少旋转半圈。

图 7-50

由于陨石本身是发光体，还需要给粒子发射器添加光源，使陨石在下落时能够照亮周围的物体。

如图 7-51 所示，给粒子发射器添加 Light 模块，将 Light 模块属性中光照强度数值设置为 500，光照范围数值设置为 150，光线曝光数值归零，陨石成为光源物体。

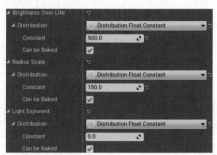

图 7-51

在发射器右键菜单命令中找到 Collision 命令并添加 Collision 碰撞检测模块，使用默认模块参数，粒子碰撞到物体就消亡。

在鼠标右键菜单中找到 Event 命令集，发射器添加 Event Generator 模块。这是粒子行为判断模块。

单击属性中的"加号"按钮，添加行为控制节点。如图 7-52 所示，将 Type 类型设置为 Collision 碰撞判断，Custom

Name 设置为发射器名称 meteors。

图 7-52

行为模块的作用是要判断当粒子体碰撞到物体后需要做出什么样的反应。如图 7-53 所示，模块添加到发射器中，是用来判断陨石碰撞到物体后，即将进行的下一步行为。

流星雨的第一个元素制作完成了，如图 7-54 所示，在场景中可以看到从天而降的陨石了。现在显得很单调，不过不要着急，接下来制作第二个元素，陨石前方的气流。

图 7-53

图 7-54

在粒子编辑窗口，复制 meteors 发射器，将右侧的发射器重命名为 meteors-sprite，如图 7-55 所示。

删除 meteors-sprite 发射器中的 Event Generator 行为模块、Start Velocity 初始速度、Sphere 球形范围、Light 灯光与 Init Mesh Rotation Rate 模型旋转这几个模块，这些模块对气流元素来说并没有作用。

图 7-55

选择 Mesh Data 模块，将模型替换为碗状气流模型，如图 7-56 所示。

图 7-56

如图 7-57 所示，在 Mesh Materials 模块中选择材质为 meteors-sprite 的气流材质。

图 7-57

选择 Spawn 模块，如图 7-58 所示，将粒子生成速率数值设置为 50，使发射器每秒生成 50 个粒子体。

图 7-58

如图 7-59 所示，在 Lifetime 生存时间模块中，将最小时间 Min 的数值设置为 0.25，最大时间 Max 的数值设置为 0.5。

图 7-59

如图 7-60 所示，Start Size 初始尺寸模块，将最大尺寸 Max 的数值全部设置为 8，最小尺寸 Min 的数值全部设置为 3。由于是模型类型，所以需要锁定 X、Y、

283

Z 轴，使粒子等比例缩放。

图 7-60

如图 7-61 所示，Color Over Life 粒子生命颜色模块中，将颜色部分的数据输入类型设置为固定常量类型，将 Constant 的 R、G、B 数值分别设置为 50、8、1，使元素为高亮红色。

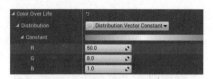

图 7-61

打开下面的 Alpha Over Life 属性栏，这里的数值是用来设置材质中纹理的位移的。

如图 7-62 所示，将 0 号节点 Out Val 数值设置为 -0.9，将 1 号节点 Out Val 数值设置为 1，可以看到纹理有波动了。

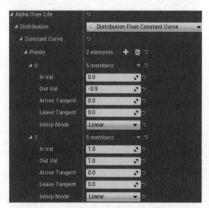

图 7-62

如图 7-63 所示，单击鼠标右键，在弹出菜单中选择 Location 命令集，给发射

器添加 Emitter Start Location 模块，这个模块的作用是使用指定粒子发射器发射的粒子作为发射源。

在 Emitter Name 中填入陨石发射器的名字 meteors，使陨石发射器发射出来的粒子作为这个发射器的源。

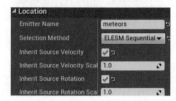

图 7-63

Selection Method 类型选择 ELESM Sequential，使粒子呈队列排列。

勾选 Inherit Source Velocity 跟随并继承源发射器速度，勾选 Inherit Source Rotation 跟随并继承源发射器旋转角度。

如图 7-64 所示，加入这个元素后，陨石在掉落下来时前方可以看见有空气波动了。再来给陨石制作拖尾。前面章节学过制作拖尾的内容，读者边回忆边跟着制作会加深印象。

图 7-64

首先需要建立材质，在流星雨工程目录 Materials 文件夹中建立新材质，命名为 meteors-trail。双击材质球打开编辑窗口。

在材质基础属性窗口将 Blend Mode

混合模式设置为 Translucent，将 Shading Model 光照模式类型设置为 Unlit 无光模式，勾选 Two Sided 双面显示。

案例中使用的是冲击波纹理，冲击波纹需理朝向左侧，也就是朝向 X 轴。

请记住，如果需要给 Ribbion Data 或者 Animtrail Data 类型制作拖尾纹理，请在图像处理软件中将图案方向调整到向左（X 轴）。

如图 7-65 所示，在材质编辑窗口中添加 Texture Sample 表达式，并将冲击波纹理添加到表达式中。

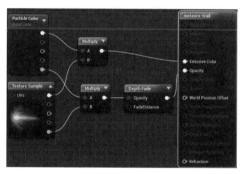

图 7-65

添加粒子颜色表达式到编辑窗口中，另外添加两个乘法表达式与一个 Depth Fade 表达式。

将纹理表达式与粒子颜色表达式 RGB 混合通道进行乘法运算，乘法结果连接材质 Emissive Color 自发光通道。

将纹理表达式与粒子颜色表达式 Alpha 通道与乘法表达式连接，乘法结果连接 Depth Fade 表达式 Opacity 节点过滤，连接 Depth Fade 表达式到材质 Opacity 透明通道。这样拖尾材质就完成了。

回到粒子编辑窗口，复制 meteors-sprite 发射器，将靠右侧的发射器命名为 meteors-trail，如图 7-66 所示。

图 7-66

删除 Mesh Data 模块，在右键菜单 Type Data 命令中添加 New Ribbon Data 到 meteors-trail 中。

如图 7-67 所示，选择 Ribbon Data 模块，将 Max Trail Count 数值设置为 20，最多同屏显示 20 条拖尾。Max Particle in Trail Count 数值设置为 1000，这是能够支持的最大粒子数量，数量过少有些陨石后面就看不到拖尾了。

图 7-67

删除 Emitter Start Location 和 Collision 这两个模块。

在 Required 模块属性中将 Screen Alignment 设置为 PSA Square 类型。

禁用 Spawn 粒子生成模块。右键菜单中给发射器添加 Spawn 命令集中的 Spawn Per Unit 模块。这个模块控制每个父粒子生成多少子粒子。

如图 7-68 所示，将 Unit Scalar 数值设置为 1000，粒子每移动 1000 个单位距离生成一条拖尾粒子，打开 Spawn Per Unit 下拉属性栏，将 Constant 的数值设置为 1，使每个粒子体都会生成一条拖尾。

图 7-68

打开鼠标右键菜单，找到 Trail 命令集中的 Source 模块并添加到发射器。

如图 7-69 所示，将资源类型设置为 PET 2SRCM Particle 粒子类型，Source Name 名称设置为 meteors，指定拖尾出现在陨石粒子中。

图 7-69

图 7-71

如图 7-70 所示，Lifetime 粒子生命模块，将数据输入类型设置为固定常量类型，将 Constant 的数值设置为 0.5，这里的粒子生存时间控制拖尾长度。

图 7-70

Start Size 粒子初始尺寸模块，将数据输入类型设置为固定常量类型，Constant 的 X 轴数值设置为 50 就可以了。Y 轴和 Z 轴数值归零，这里 Y 与 Z 轴无意义。

Color Over Life 粒子生命颜色模块，不改变颜色部分的数值。如图 7-71 所示，打开 Aplha Over Life 透明度部分属性栏，将 0 号节点的 Out Val 数值设置为 1，将 1 号节点 Out Val 数值设置为 0，给粒子制作淡出效果。

在模块右键菜单中找到 Size 命令集，给发射器添加 Size By Life 粒子生命尺寸模块。给这条拖尾做缩小消失的动态。如图 7-72 所示，0 号节点的 Out Val 数值全部设置为 1；将 1 号节点 Out Val 数值全部设置为 0，使拖尾尺寸随着生存时间变得越来越小，最后消失。

在场景中观察，如图 7-73 所示，现在每个陨石后面都带有一条小尾巴了。

图 7-72

图 7-73

如果觉得拖尾跟随不紧，闪动厉害的话，可以在 Spawn Per Unit 模块中将 Unit Scalar 粒子间隔属性数值调小，如图 7-74 所示。数值小，补间粒子会变多，资源消耗也会变大。这种直线形拖尾没有必要使用大量粒子补间。

图 7-74

流星拖尾烟火元素制作过程如下。

陨石部分的主要元素表现得差不多了，接下来要制作陨石落下时后面拖着长长的火焰与烟雾元素。由于烟雾被火焰元素燃烧遮盖，所以需要优先制作烟雾层，再在烟雾层上建立火焰层。

在引擎主面板 Meteors 目录 Materials 材质文件夹中建立一个新材质球，由于选用的烟雾图案是 8×8 的序列纹理，为了方便记忆，将材质命名为 smoke8×8，这样能一眼看出材质的主要性质。后面的项目中如果有需要也可以重复利用这个材质制作元素。

我们准备了两张纹理贴图，图 7-75 是烟雾的叠加纹理，图 7-76 是 8×8 烟雾动态序列。

 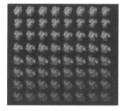

图 7-75　　　　　图 7-76

双击 smoke8×8 材质球打开编辑窗口。在材质属性中，将混合模式设置为

Translucent 透明类型，光照模式设置为 Unlit 无光类型，启用材质双面显示 Two Sided。

将 8×8 序列纹理表达式与烟雾叠加纹理表达式单通道连接乘法表达式进行运算。

烟雾叠加纹理 UVs 节点连接 TexCoord 表达式，并将 TexCoord 表达式属性中横向、纵向划分参数都设置为 8，与序列纹理数量匹配。

将 Particle Color 表达式 RGB 混合通道与序列纹理表达式 RGB 使用乘法表达式连接，乘法结果连接材质自发光通道。

粒子颜色表达式 Alpha 通道与两个纹埋单通道的乘法结果进行相乘，将这个乘法的结果连接到另一个乘法表达式 A 节点，在属性窗口中将这个乘法表达式 B 节点的数值手动设置为 2。这个乘法表达式是作为开关使用的，这样是将纹理与粒子颜色表达式的 Alpha 通道亮度提升至 2 倍。

乘法结果连接 Depth Fade 表达式 Opacity 节点进行过滤，过滤结果连接材质 Opacity 透明通道。单击工具栏中的 Apply 按钮应用材质。

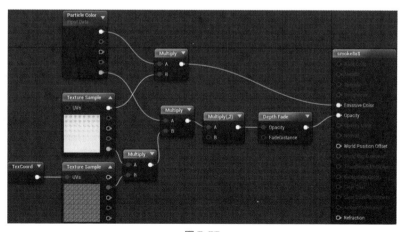

图 7-77

烟雾的材质完成了，打开流星雨粒子系统编辑窗口，复制 meteors-sprite 发射器，将复制出来的发射器更名为 meteors-smoke，如图 7-78 所示，然后移动 meteors-smoke 发射器到发射器组最右侧，暂时将烟雾发射器放在最上层显示。

图 7-78

删除 meteors-smoke 发射器模块中的 Mesh Data、Mesh Materials、Collision 这三个模块，烟雾元素中它们起不到任何作用。

打开 meteros-smoke 发射器 Required 基础属性模块，如图 7-79 所示，材质栏中选择刚才制作的材质球 smoke8×8，屏幕对齐方式选择 PSA Square 类型。

图 7-79

下面的 Sub UV 属性栏中，如图 7-80 所示，纹理读取方式设置为 Linear Blend 线性混合模式，将纹理的横向与纵向数值都设置为 8，材质是 8×8 纹理序列。

图 7-80

在右键菜单中找到 SubUV 命令集，给发射器添加 Sub Image Index 模块。如图 7-81 所示，在属性窗口中打开 0 号节

点与 1 号节点，将 1 号节点 Out Val 数值设置为 63。从 0 号至 63 号纹理，共计读取 64 张序列图案。

图 7-81

在 Emitter Start Location 模块中，取消勾选 Inherit Source Rotation，不继承粒子体旋转。如图 7-82 所示，将 Inherit Source Velocity Scale 的数值设置为 -0.05，使粒子体有略微反向移动。

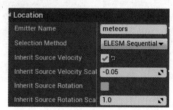

图 7-82

Spwan 粒子生成速率这个模块控制整个场景中烟雾粒子的数量，数值小了会显得烟雾稀疏，数值大了会造成黑压压的一片。如图 7-83 所示，案例中的数值设置为 200，看起来比较适中。具体数值可以根据需要自行调整。

图 7-83

如图 7-84 所示，在 Lifetime 粒子生存时间模块中，将属性中最小生存时间 Min 数值设置为 1.5，最大生存时间 Max

的数值设置为 2，序列纹理有 64 帧，粒子生存时间过短会显得烟雾运动过于急促。

图 7-84

如图 7-85 所示，在 Start Size 粒子基础尺寸模块属性中，将最大粒子尺寸 Max 的 X 轴数值设置为 150，最小粒子尺寸 Min 的 X 轴数值设置为 100。由于屏幕对齐方式是 PSA Square，所以尺寸属性只需调整 X 轴就可以了。

图 7-85

保留 Start Velocity 初始速度模块，目的是使烟雾粒子跟随陨石运动时，自身也有一些扩散动态。如图 7-86 所示，案例将 Max 最大速度的数值全部设置为 20，Min 最小速度的数值全部设置为 –20。

图 7-86

如图 7-87 所示，在 Color Over Life 粒子生存时间模块中，将颜色部分数据输入类型设置为常量曲线类型，添加两个控制节点。

0 号控制节点 In Val 数值设置为 0，Out Val 的 R、G、B 通道数值分别设置为 1、0.5、0，初期烟雾呈黄色。

1 号控制节点 In Val 数值设置为 1，Out Val 的 R、G、B 通道数值全部设置为 –1，使烟雾颜色由黄色向黑色渐变。

Alpha Over Life 透明度部分设置如图 7-88 所示，制作淡出效果。

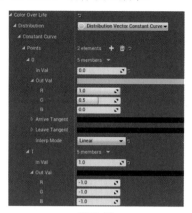

图 7-87

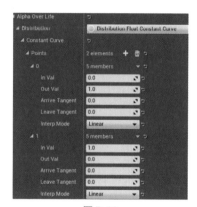

图 7-88

打开鼠标右键菜单，添加 Start Rotation 模块到发射器中，使发射器以随机角度生成粒子。如图 7-89 所示，将最小角度 Min 数值设置为 –1，最大角度 Max 数值设置为 1。

图 7-89

最后，单击鼠标右键菜单找到 Size 命令集中的 Size By Life 模块并添加到发射器。如图 7-90 所示，将 0 号控制节点 In Val 数值设置为 0，Out Val 数值全部设置为 1。将 1 号节点 In Val 数值设置为 1，

Out Val 数值全部设置为 3。制作粒子体的膨胀动画。

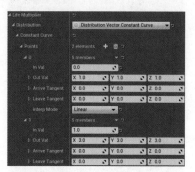

图 7-90

如图 7-91 所示，现在场景中的陨石后面会拖着长长的黑烟了。下面要制作的是陨石火焰拖尾元素。

图 7-91

案例给火焰元素准备了如图 7-92 所示的 4×4 的序列纹理贴图，烟雾叠加纹理仍然使用如图 7-93 所示的纹理。

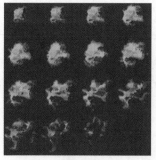

图 7-92

在流星雨项目目录 Materials 材质文件夹中复制 smoke8×8 这个材质球，将

复制出的材质球重命名为 fire4×4，表示这是 4×4 的序列材质。双击 fire4×4 材质球打开材质编辑界面。

图 7-93

修改材质基础属性，如图 7-94 所示，将混合模式类型设置为 Additive 高亮叠加，其他参数保持不变。

图 7-94

如图 7-95 所示，将编辑窗口中序列纹理表达式中的烟雾序列替换为 4×4 的火焰序列纹理，将连接烟雾叠加纹理表达式的 TexCoord 表达式属性窗口中横向与纵向数值全部设置为 4。

删除 Depth Fade 左侧开关组乘法表达式。

将 Depth Fade 表达式的 Opacity 节点连接粒子颜色 Alpha 通道与纹理图案乘积的乘法表达式。

添加 Lerp 线性插值表达式，将属性窗口中 A 与 B 数值分别设置为 1、1.25，留出 0.25 差值。

将连接 Depth Fade 的乘法表达式连接 Lerp 表达式 Alpha 节点，将 Lerp 表达式结果连接材质折射 Refraction 与法线 Normal 通道。

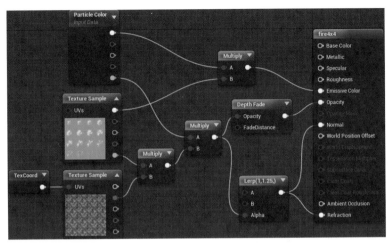

图 7-95

火焰材质球就制作完成了。打开 meteors 粒子系统编辑窗口，复制 meteors-smoke 发射器，将复制出来靠右侧的发射器重命名为 meteors-fire，如图 7-96 所示。

图 7-96

选择 meteors-fire 发射器 Required 模块，材质栏选中 fire4×4 材质球。如图 7-97 所示，打开下面的 Sub UV 属性栏，将横向与纵向纹理重复数值都设置为 4。

图 7-97

选择 Sub Image Index 模块，如图 7-98 所示，将 1 号节点 Out Val 数值设置为 15。材质纹理只有 16 张图，这里的数值设置 15 就可以了，其他参数不变。

删除 Start Velocity 初始速度与 Size By Life 生命尺寸这两个模块。

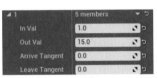

图 7-98

如图 7-99 所示，选择 Emitter Start Location 模块，禁用速度继承与旋转继承选项，其他属性参数不修改。

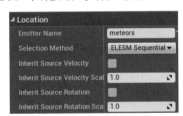

图 7-99

Spawn 粒子生成速率模块中，如图 7-100 所示，将生成速率设置为每秒生成 300 个粒子，满足场景中所有陨石模型拖尾所需粒子数量。

图 7-100

Lifetime 粒子生存时间中，如图 7-101

所示，将最小生存时间 Min 数值设置为 0.35，最大生存时间 Max 数值设置为 0.75。

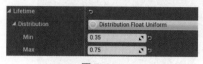

图 7-101

Start Size 初始尺寸模块中，如图 7-102 所示，将最大尺寸 Max 的 X 轴数值设置为 200，最小尺寸 Min 的 X 轴数值设置为 150，不需要随机尺寸差距过大。

图 7-102

Color Over Life 模块颜色中，如图 7-103 所示，将 0 号节点 R、G、B 通道的数值分别设置为 80、20、5。如图 7-104 所示，1 号节点 R、G、B 通道数值全部设置为 -10。Alpha Over Life 透明度部分属性数值不改动。

图 7-103

图 7-104

如图 7-105 所示，有了火焰拖尾的出现，流星雨更有感觉了。最后给陨石的拖尾轨迹后方加一些星星点点的元素，丰富动态细节。

我们制作的这个材质，后面会重复利用到。在流星雨工程目录材质文件夹中新建材质球，将新材质球命名为 spark，双击材质球打开编辑面板。

图 7-105

在材质基础属性窗口中将混合模式设置为 Additive 高亮叠加，光照模式设置为 Unlit 无光，勾选材质双面显示。

如图 7-106 所示，在编辑面板中添加 Particle Color 表达式，连接粒子颜色表达式 RGB 混合通道到材质 Emissive Color 通道。

查找添加 Radial Gradient Exponential 表达式。连接粒子颜色表达式 Alpha 通道与 Radial Gradient Exponential 表达式到乘法表达式。

新建 Depth Fade 表达式，连接乘法表达式结果到 Depth Fade 表达式 Opacity 节点，将 Depth Fade 表达式连接材质 Opacity 通道。

添加一维常量并赋值 100，将它连接到 Radial Gradient Exponential 表达式的 Density 节点，使渐变圆形变为实体圆形。单击工具栏中的 Apply 应用材质。

打开 meteors 粒子系统编辑窗口，新建粒子发射器并将其命名为 meteors-spark。

选择 meteors-spark 发射器 Required 模块，在 Material 材质栏中选择 spark 材质球。

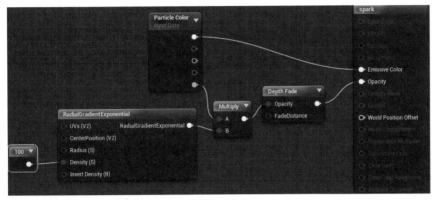

图 7-106

选择 Spawn 粒子生成速率模块，如图 7-107 所示，将 Constant 的数值设置为 100，每秒发射 100 个粒子供屏幕中所有陨石使用。

图 7-107

复制 meteors-smoke 发射器中的 Start Rotation、Emitter Start Location 这两个模块到 meteors-spark 发射器中。粒子预览窗口中可以看到大致效果了。

在 Lifetime 生存时间模块中，如图 7-108 所示，将最小生存时间 Min 数值设置为 1，最大生存时间 Max 数值设置为 2，粒子体生存时间长一些。

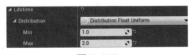

图 7-108

Start Size 初始尺寸模块，如图 7-109 所示，在属性中将最大尺寸 Max 的 X 轴数值设置为 10，最小尺寸 Min 的 X 轴数值设置为 5。

Start Velocity 初始速度模块，如图 7-110 所示，在属性窗口中将最大速度 Max 数值全部设置为 50，最小速度 Min 数值全部设置为 -50，使粒子有正负 50 个单位的随机运动。

图 7-109

图 7-110

在 Color Over Life 粒子生命颜色模块中，如图 7-111 所示，将数据输入类型设置为固定常量类型，将 Constant 属性 R、G、B 通道数值分别设置为 200、50、10，粒子为高亮红色。Alpha Over Life 属性数值不改动。

图 7-111

在右键菜单中给发射器添加 Sphere 球形范围模块，如图 7-112 所示，将属性栏中 Constant 数值设置为 50，使粒子在周围 50 个单位的范围内生成，不再是集中到一个点发射。

图 7-112

最后给发射器添加 Size By Life 生命尺寸模块，0号节点使用默认数值不改动，1 号节点 Out Val 数值全部设置为 0，使粒子体缩小消失，如图 7-113 所示。

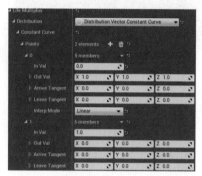

图 7-113

如图 7-114 所示，这里流星雨的陨石部分就制作完成了，下面将要制作陨石碰撞物体后爆炸。

图 7-114

● 7.4 流星雨爆炸部分制作

制作碰撞元素的第一步是要制作出撞击痕迹。先制作这个元素的原因是可以根据痕迹的位置与大小确定爆炸威力以及碎片力度，痕迹元素会作为最原始的参照物。

在流星雨的工程目录中找到材质文件夹，在材质文件夹中复制 meteorstrail 材质球，将复制的材质球命名为 earthcrack。案例使用如图 7-115 所示的纹理，裂痕中心有未烧尽的残留火焰。

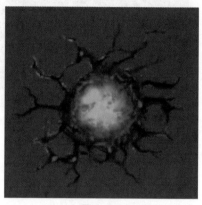

图 7-115

双击 earthcrack 材质球打开材质编辑窗口，由于是复制的材质球，所以只替换纹理表达式中的贴图就可以很方便地修改为现在需要的材质了，如图 7-116 所示。

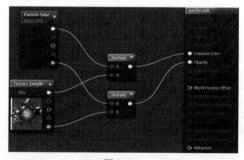

图 7-116

删除 Depth Fade 表达式是因为地裂纹理需要紧贴地面，如果使用了 Depth Fade，表达式会虚化两个物体间交叉部分的纹理。

打开 meteors 粒子系统，在编辑窗口中新建一个发射器，将新建的粒子发射器命名为 earthcrack。使用键盘的方向箭头键把发射器移动到所有发射器的最左边，使这个发射器的显示层级在最下方，被所有发射器的元素遮挡。

选择 earthcrack 发射器 Required 模块，材质选择栏中选中 earthcrack 材质球，如图 7-117 所示。

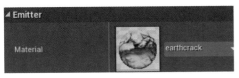

图 7-117

如图 7-118 所示，选择 Spawn 粒子生成速率模块，将 Constant 的数值设置为 0，不使用这个模块给粒子指定生成数量，使用其他模块控制粒子数量。也可以直接禁用这个模块。

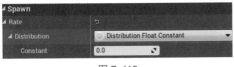

图 7-118

打开鼠标右键菜单，找到 Event 命令集，添加 Event Receiver Spawn 行为接收生成模块到发射器。这个模块接收指定的模块行为控制粒子生成数量。

如图 7-119 所示，在这个模块中的 Spawn Count 属性栏中将 Constant 数量设置为 1，每次检测到指定行为就生成一个粒子。

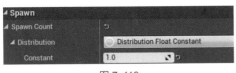

图 7-119

如图 7-120 所示，在 Source 属性栏中将行为类型设置为 Collision 碰撞类型，在 Event Name 行为名称中输入

meteors，也就是在陨石粒子发射器 Event Generator 模块 Custom Name 中输入的名称。行为发起与行为接收这两个模块中的名称要与行为类型对应。

图 7-120

由于陨石发射器中行为类型是 Collision，所以行为接收模块的类型选择 Collision，与行为发起模块类型对应。

删除 Start Velocity 初始速度模块。

选择 Lifetime 模块，如图 7-121 所示，将数据输入类型设置为固定常量类型，Constant 数值设置为 2，每个地裂元素都会存在 2 秒。

图 7-121

如图 7-122 所示，Start Size 基础尺寸模块中，将最大尺寸 Max 的 X 轴数值设置为 600，最小尺寸 Min 的 X 轴数值设置为 500，大小数值尺寸间隔 100 个单位。

图 7-122

如图 7-123 所示，选择 Color Over Life 生命颜色模块，颜色部分将数据输入类型设置为固定常量类型，Constant 的 R、G、B 通道数值全部设置为 1，纹理颜色为贴图本身颜色。

图 7-123

打开 Alpha Over Life 透明度部分，将控制节点添加至三个，如图 7-124 所示，0 号节点 In Val 数值设置为 0，Out Val 数值设置为 1，撞击开始就显示裂痕。

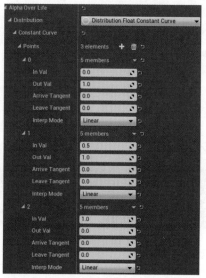

图 7-124

1 号节点 In Val 数值设置为 0.5，Out Val 数值设置为 1，透明度从粒子生命开始到粒子生命一半不衰减。

2 号节点 In Val 设置为 1，Out Val 数值设置为 0，粒子生命一半到结束的这段时间纹理透明度开始衰减至消失。

粒子生存时间有两秒，痕迹生成时会在原地固定一秒不变化，在剩下的一秒内淡出。

在鼠标右键菜单中找到 Orientation 命令，添加 Lock Axis 模块到发射器，地裂痕迹要贴合地面，需要将纹理显示朝向固定在 Z 轴，不跟随摄像机移动，如

图 7-125 所示。

图 7-125

从其他的发射器中复制 Start Rotation 模块到 earthcrack 发射器中，使地面裂痕有随机方向的纹理变化。

如图 7-126 所示，场景中观察流星落到地面后是否可以正常生成地裂痕迹，如果有问题，先检查 Spawn 模块，查看是不是有数值没有归零，Size 模块是不是尺寸不对，然后检查 Event Receiver Spawn 模块粒子生成数量有没有问题，对应行为类型是不是有问题，行为名称是不是有写错。

图 7-126

地面裂痕有了，还需要制作裂痕周围的元素。地面被陨石冲击，在地面产生扩散冲击波，陨石掉落的地面有烧灼痕迹。从优先级上来看的话，需要先制作烧灼痕迹元素。

案例给烧灼元素选择了如图 7-127 所示的放射状纹理贴图，在引擎主面板 Meteors 工程目录中存放材质的文件夹，复制 earthcrack 材质球，将复制出的新材质球命名为 blast1，双击这个材质球打开材质编辑窗口。

如图 7-128 所示，只需要替换纹理表达式中的贴图，单击工具栏中的 Apply 按钮应用材质。

图 7-127

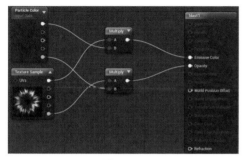

图 7-128

打开 Meteors 粒子系统编辑窗口，复制 earthcrack 发射器，将复制出来靠左侧的发射器命名为 blast1，如图 7-129 所示。

图 7-129

在 blast1 发射器 Required 模块材质栏中选择 blast1 材质球。

选择 Event Receiver Spawn 行为接收生成模块，如图 7-130 所示，将 Constant 数值设置为 2，每次接收到设定行为后生成两个粒子。

图 7-130

具体应用数量读者也可以自己一边试一边摸索，看起来合适就好。

如图 7-131 所示，选择 Start Size 模块，将最大尺寸 Max 的 X 轴数值设置为 250，最小尺寸 Min 的 X 轴数值设置为 100。

图 7-131

删除 Color Over Life 模块，然后在鼠标右键菜单 Color 命令集中添加一个 Color Over Life 模块到发射器。这样做的目的是可以沿用部分模块的默认参数，减少操作步骤。

如图 7-132 所示，将颜色部分的数据输入类型设置为固定常量类型，然后将 Constant 的 R、G、B 颜色通道数值全部归零，使纹理颜色为黑色，作为烧灼痕迹。

图 7-132

如图 7-133 所示，在发射器中添加 Size By Life 粒子生命尺寸模块，将模块的控制节点增加至三个。

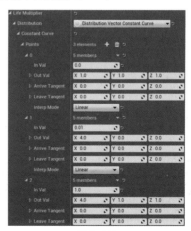

图 7-133

0 号节点数值保持默认数值。1 号节点 In Val 数值设置为 0.01，Out Val 的 X 轴数值设置为 4，粒子生成的瞬间由 1 倍扩大至 4 倍尺寸。

2 号节点 In Val 数值设置为 1，Out Val 的 X 轴数值设置为 4。粒子生成瞬间扩大 4 倍后就贴地不动了，直至生命结束消失。

如图 7-134 所示，地面烧灼痕迹制作完成后，再来制作撞击产生的冲击波。

图 7-134

第一步是为元素制作材质。在工程目录材质文件夹中复制 blast1 材质球，将复制的材质球命名为 blast2。双击 blast2 材质球打开材质编辑窗口。

案例使用了扩散冲击波纹理，将这个纹理贴图替换纹理表达式中的贴图，如图 7-135 所示。

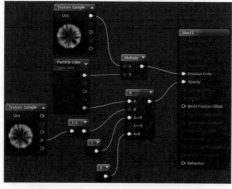

图 7-135

粒子颜色表达式与纹理表达式 RGB 混合通道连接乘法表达式，乘法结果连接材质自发光通道。

添加 If 条件判断表达式到编辑窗口，添加两个常量表达式，一个常量表达式赋值为 1，另一个常量表达式赋值为 0。

赋值为 1 的表达式连接到 If 表达式 A>=B 判断节点，赋值是 0 的常量表达式连接到 If 表达式 A<B 判断节点。

复制纹理表达式，表达式单通道连接 Oneminus（1-x）表达式，将 1-x 表达式计算的结果连接 If 表达式 B 节点，粒子颜色表达式 Alpha 通道连接 If 表达式 A 节点。If 表达式使用粒子颜色 Alpha 通道数值与纹理表达式颜色作为判断条件。

最后将 If 表达式连接材质 Opacity 透明通道。删除多余的表达式并单击工具栏 Apply 按钮应用材质。

回到粒子编辑窗口，复制 blast1 发射器，将新复制的发射器移动到 earthcrack 发射器右侧，如图 7-136 所示。并将其重命名为 blast2。这个发射器用来制作冲击波元素。

图 7-136

选择 blast2 发射器 Required 模块，材质栏中选择 blast2 材质球，其他参数不改动。

如图 7-137 所示，选择 Event Receiver Spawn 模块，将 Spawn Count 的 Constant 数值设置为 3，接收到指定行为时一次性发射 3 个粒子。

如图 7-138 所示，Lifetime 粒子生存时间模块中，将数据输入类型设置为限制数据类型，最小生存时间 Min 数值设置为 0.35，最大生存时间 Max 数值设置为 0.5，冲击波出现时间不用很久。

图 7-137

图 7-138

选择 Start Size 粒子基础尺寸模块，如图 7-139 所示，将最大尺寸的 X 轴参数设置为 500，最小尺寸的 X 轴数值设置为 200，间隔大些，同时生成的粒子尺寸就不会一样。

图 7-139

选择 Color Over Life 生命颜色模块，如图 7-140 所示，将颜色部分的数据输入类型设置为限制数据类型，Max 栏的 R、G、B 数值分别设置为 30、8、1，Min 栏的数值全部归零，颜色在这两组数值间随机跳动。Alpha Over Life 透明度部分的数值不做改动。

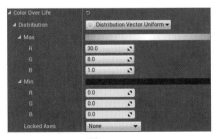

图 7-140

选择 Size By Life 模块，如图 7-141 所示，0 号节点的数值保持默认。1 号节点 In Val 数值设置为 0.4，Out Val 的 X 轴数值设置为 3。

2 号节点 In Val 数值设置为 1，Out Val 的 X 轴数值设置为 4。粒子生成时迅速扩大至 3 倍尺寸，在生命后半程只扩大 1 倍，模拟阻力影响。

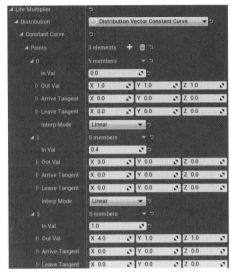

图 7-141

如图 7-142 所示，扩散冲击波制作完成，下面制作陨石砸在地面后燃烧的余烬。

图 7-142

如图 7-143 所示，案例挑选了 4×8 的火焰序列纹理，序列纹理动态表现比普通纹理要好。

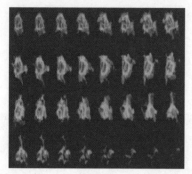

图 7-143

在 meteors 工程目录材质文件夹中新建材质球，将新材质球命名为 fire4×8，双击材质球打开材质编辑窗口。

将 fire4×8 的材质混合模式设置为 Translucent，光照模式设置为 Unlit，勾选材质双面显示。

如图 7-144 所示，添加 Particle Color 与 Particle SubUV 两个表达式到编辑窗口，将火焰序列纹理添加到 Particle SubUV 表达式。

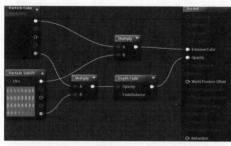

图 7-144

将这两个表达式 RGB 混合通道连接乘法表达式，将乘法结果连接材质自发光通道。

将这两个表达式 Alpha 通道连接另一个乘法表达式。

添加 Depth Fade 表达式，在属性窗口中将 Fade Distance Fefault 数值设置为 50。

将连接两个表达式 Alpha 通道的乘

法表达式连接 Depth Fade 表达式 Opacity 节点，Depth Fade 表达式连接材质透明通道。单击 Apply 按钮应用材质。

打开 meteors 粒子系统编辑窗口，复制 blast2 发射器，如图 7-145 所示，将靠右侧的发射器重命名为 finalfire。这个发射器作为残余的火焰。

图 7-145

选择 finalfire 发射器 Required 模块，材质选项中选择 fire4×8 序列纹理材质，如图 7-146 所示。

图 7-146

往下打开 Sub UV 属性，纹理滚动类型选择 Linear 线性类型，横排与纵排数值对应序列纹理数量。案例中序列纹理是横排 8 张，竖排 4 张，共计 32 张图，如图 7-147 所示。

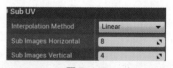

图 7-147

删除 Lock Axis 模块。

禁用 Spawn 模块。

如图 7-148 所示，选择 Event Receiver Spawn 模块，将数据输入类型设置为限制数据类型，最小生成数量 Min 数值设置为 5，最大生成数量 Max 数值设置为 10，使每个触发行为生成的火焰数量都不一样。

如图 7-149 所示，在 Lifetime 模块中，

将数据输入类型设置为限制数据类型，最小生存时间 Min 数值设置为 1，最大生存时间 Max 数值设置为 1.5。

图 7-148

图 7-149

纹理只有 32 张图，粒子生存时间长一点儿，将使动态节奏变缓。

添加 Sub Image Index 模块到发射器中。如图 7-150 所示，0 号控制节点的数值全部归零，1 号控制节点 In Val 数值设置为 1，Out Val 数值设置为 31。

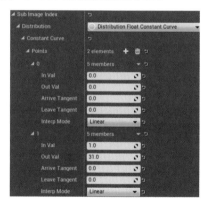

图 7-150

如图 7-151 所示，选择 Start Size 基础尺寸模块，数据输入类型设置为限制数据类型，最大尺寸 Max 的 X 轴数值设置为 200，最小尺寸 Min 的 X 轴数值设置为 50。

图 7-151

如图 7-152 所示，选择 Color Over Life 粒子生命颜色模块，颜色部分数据输入类型设置为固定常量类型，案例中将 R、G、B 数值分别设置为 10、3、1，使火焰颜色与陨石火焰拖尾颜色一致。

图 7-152

将 Alpha Over Life 的数据输入类型设置为固定常量类型，将 Constant 的数值设置为 1，使粒子一直显示。

纹理序列中有火焰消失的动态，所以这里让粒子一直显示就行了，不用担心纹理的淡出。

给发射器添加 Location 命令集中的 Cylinder 圆柱范围模块，如图 7-153 所示，Start Radius 起始范围数值设置为 100。打开 Start Height 起始高度属性，将数值设置为 0，将圆柱范围设置为平面圆形。

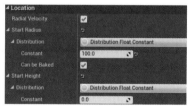

图 7-153

在鼠标右键菜单中找到 Velocity 命令集，添加 Start Velocity 模块到发射器。如图 7-154 所示，将数据输入类型设置为限制数据类型，最大速度 Max 的 Z 轴数值设置为 50，最小速度 Min 的 Z 轴数值设置为 10，使火焰在 Z 轴上下方向以 10 ～ 50 个速度单位移动。

图 7-154

如图 7-155 所示，陨石撞击到地面后会出现坑洞、烧灼的黑色地面、地面冲击波以及陨石残留燃烧的火焰这些元素，接下来制作陨石掉落在地面后撞碎的碎石。

图 7-155

打开粒子系统编辑窗口，找到 meteors 发射器，复制发射器，将复制出来靠左侧的发射器名称改为 stone，如图 7-156 所示。

图 7-156

将 stone 发射器 Required 模块中的 Screen Alignment 对齐方式设置为 PSA Square 模式，模块其他参数不动。

删除 Event Generator 模块，从其他发射器复制 Event Receiver Spawn 模块到 Stone 发射器中。如图 7-157 所示，将模块 Spawn Count 数据输入类型设置为限制数据类型，最小生成数量 Min 数值设置为 8，最大生成数量 Max 数值设置为

15。每次指定行为被检测到时发射 8～15 个粒子。这个数值读者可以依据一块陨石能够碎裂成多少块小石头自己估量。

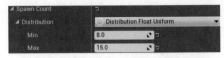

图 7-157

Spawn 模块的数值全部归零。

删除 Light 模块，碎石不作光源。

如图 7-158 所示，Start Size 模块中，将最大尺寸 Max 数值全部设置为 20，最小尺寸 Min 数值全部设置为 10，碎片尺寸不要大过陨石。

图 7-158

如图 7-159 所示，在 Start Velocity 模块中，将数据输入类型设置为限制数据类型，最大速度 Max 数值设置为 500、500、1000，最小速度 Min 数值设置为 −500、−500、500。

图 7-159

如图 7-160 所示，在 Color Over Life 模块中，将颜色部分的数据输入类型设置为常量曲线类型，添加控制节点至三个。

0 号节点 Out Val 数值分别设置为 100、10、0。

1 号节点 In Val 设置为 0.5，Out Val 数值全部设置为 1。

2 号节点 In Val 设置为 1，Out Val 数值全部设置为 1。

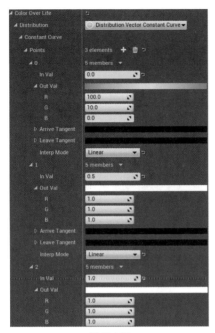

图 7-160

这样设置颜色的意义是使碎石以高温燃烧的金色变为普通碎片颜色，最后以普通碎片颜色消失。

Alpha Over Life 数值不改动，材质没有连接粒子颜色 Alpha 节点，所以没有意义。

给发射器添加 Sphere 球形范围模块，如图 7-161 所示，将初始范围中的 Constant 数值设置为 30，使粒子在 30 个单位的范围内发射。取消勾选 Negative Z，粒子只在半球范围发射。

图 7-161

在右键菜单 Rotation 命令集中添加 Init Mesh Rotation 模块到发射器，如图 7-162 所示，将最小旋旋转 Min 数值全部设置为 -1，最大旋转 Max 数值设置为 1。

图 7-162

给发射器添加 Const Acceleration 模块，如图 7-163 所示，将 Z 轴数值设置为 -2000，模拟重力作用使碎石粒子向下掉落到地面。

图 7-163

如图 7-164 所示，将 Init Mesh Rotation Rate 模块最大旋转 Max 数值全部设置为 1，最小旋转 Min 数值全部设置为 0。碎片最多旋转一圈，最少不旋转。

图 7-164

如图 7-165 所示，在 Collision 碰撞模块中，Damping Factor 反弹属性的最大反弹量 Max 的数值全部设置为 0.35，最小反弹量 Min 的数值全部设置为 0.1，数值越大落地反弹越高。由于元素是碎石，所以没有必要使它的反弹力度过大。

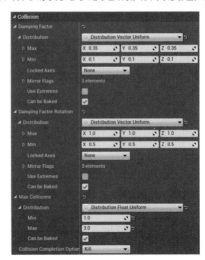

图 7-165

Damping Factor Rotation 属性控制物体继承的旋转速度，将 Max 最大旋转继承的数值全部设置为 1，最小旋转继承 Min 的数值全部设置为 0.5。

在 Max Collision 下拉属性栏中，将最小碰撞次数 Min 数值设置为 1，最大碰撞次数 Max 数值设置为 3。当粒子达到设定的碰撞次数后，使用 Collision Completion Option 类型处理。默认处理类型为 Kill，删除粒子。

如图 7-166 所示，现在的陨石碰撞到地面后会生成 8～15 块碎石。碎石还可以附带一些火焰随着碎石一起弹射，下面来给碎石后面做些燃烧的火焰拖尾。

图 7-166

打开 Meteors 粒子系统编辑面板，复制 stone 发射器，将复制出来靠右侧的发射器命名为 stone-fire，如图 7-167 所示。

图 7-167

删除 Mesh Data 模型类型模块、Mesh Materials 模型材质模块、Event Receiver Spawn 行为接收生成模块、Init Mesh Rotation 初始模型方向模块、Collision 碰撞模块、Const Acceleration 加速度模块、Sphere 球形发射区域模块、Start Velocity 初始速度模块和 Init Mesh Rotation Rate 模型旋转速率模块。这个发射器不用模型类型，很多设置模型类型的模块没有作用了，需要删除。

如图 7-168 所示，选择 stone-fire 发射器 Required 模块，材质栏选择 fire4×4 序列材质球。

图 7-168

如图 7-169 所示，Sub UV 栏将纹理读取类型设置为线性混合类型，横排与纵排纹理数量设置为 4。

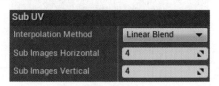

图 7-169

由材质名称可以方便地知道纹理序列的排列方式。

将 meteors-fire 发射器中的 Sub Image Index 子 UV 纹理、Start Rotation 基础旋转角度和 Emitter Start Location 发射器坐标这三个模块复制到 stone-fire 发射器中。

选择 Emitter Start Location 模块，如图 7-170 所示，将属性窗口中 Emitter Name 名称设置为 stone，使用碎石粒子作为火焰发射源。

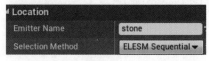

图 7-170

如图 7-171 所示，选择 Spawn 粒子生成速率模块，将 Rate 数值设置为

1000。Rate 数量用于调整整个场景碎石火焰拖尾的总量。如果数值小了某些碎石后面不会出现火焰拖尾。

图 7-171

如图 7-172 所示，在 Lifetime 模块中，将最小生存时间 Min 数值设置为 0.5，最大生存时间 Max 数值设置为 0.85，序列读取时间稍微紧凑。

图 7-172

如图 7-173 所示，在 Start Size 基础尺寸模块中将最大尺寸 Max 数值全部设置为 100，最小尺寸 Min 数值全部设置为 30，尺寸大小区分开。

图 7-173

如图 7-174 所示，选择 Color Over Life 模块，颜色部分的数据输入类型设置为固定常量类型，将 R、G、B 通道数值分别设置为 10、2、0，颜色匹配场景中的火焰颜色。

图 7-174

Alpha Over Life 透明度部分数值不修改。

颜色参数方面读者可以自行设置。使用的纹理贴图不一样，调整的数值就会有区别，这里的数值是在案例中使用的，只与案例中的纹理匹配。

给发射器添加 Size By Life 模块，如图 7-175 所示，属性中保留 0 号控制节点的默认数值，将 1 号控制节点 Out Val 数值全部归零，使拖尾火焰由大变小。

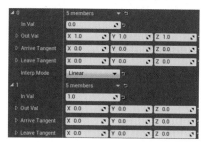

图 7-175

如图 7-176 所示，现在碎石崩裂后边会拖出残留火焰了。制作爆炸前，还要将其他一些小元素制作出来。这一步制作陨石撞击的火花元素。

图 7-176

复制 stone-fire 发射器，如图 7-177 所示，将复制出来靠右侧的发射器重命名为 spark-gold，此发射器用来制作金色火花元素。

图 7-177

如图 7-178 所示，选择 spark-gold 发

射器 Required 模块，材质栏选择 spark 材质球。屏幕对齐方式设置为 PSA Velocity 速度对齐方式。

图 7-178

如图 7-179 所示，Sub UV 属性中的数值全部恢复为默认数值。

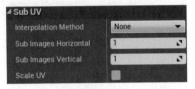

图 7-179

删除 Sub Image Index、Start Rotation 与 Emitter Start Location 这三个模块。

从其他发射器中复制 Event Receiver Spawn 行为接收生成模块到 spark-gold 发射器中。将 Spawn 模块的 Rate 数值归零。

如图 7-180 所示，打开 Event Receiver Spawn 行为接收成生模块，将数据输入类型设置为限制数据类型。最小生成数量 Min 数值设置为 10，最大生成数量 Max 数值设置为 15。

图 7-180

如图 7-181 所示，在 Lifetime 模块属性中，将最小生存时间 Min 数值设置为 0.3，最大生存时间 Max 数值设置为 0.5，粒子生存时间不宜过长。

图 7-181

由于是速度对齐类型，可以将粒子拉长。选择 Start Size 模块，如图 7-182 所示，将最大尺寸 Max 数值分别设置为 10、200、0，最小尺寸 Min 数值分别设置为 10、10、0，区别在 Y 轴尺寸，控制粒子体长度。

图 7-182

如图 7-183 所示，在 Color Over Life 颜色模块属性中，将 Constant 数值分别设置为 150、50、10，粒子高亮金黄色。Alpha Over Life 数值不做修改。

图 7-183

如图 7-184 所示，给发射器添加 Sphere 球形范围模块，在属性窗口中将 Constant 范围数值设置为 100，取消勾选 Negative Z，在半球范围发射。启用 Velocity 属性，将 Velocity Scale 速度的数值设置为 30，以 30 倍的基础速度发射。

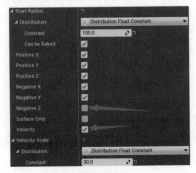

图 7-184

最后给发射器添加 Drag 拉力模块，如图 7-185 所示，将拉力模块 Constant 数值设置为 4，以 4 倍拉力使发射的粒子减速。

图 7-185

如图 7-186 所示，场景中可以观察到陨石碰撞地面后出现的金黄色粒子了。现在满屏幕都是黄色，没有颜色层次，还需要在金黄色中加入些补色。

图 7-186

打开 meteors 粒子系统编辑窗口，复制 spark-gold 发射器，如图 7-187 所示，将复制出来的任意一个发射器重命名为 spark-blue，这两个火花元素显示层级在同一层，所以修改任意一个都可以，案例中将靠右侧的进行重命名。

图 7-187

选择 spark-blue 发射器 Event Receive Spwan 模块，设置 Spwan Count 生成数量属性，如图 7-188 所示，最小生成数量 Min 数值设置为 2，最大生成数量 Max 数值设置为 5。

选择 Color Over Life 模块，如图 7-189 所示，将颜色部分 Constant 常量数值 R、G、B 通道数值分别设置为 5、50、100，粒子高亮蓝色。其他参数不修改。

图 7-188

图 7-189

我们修改了两个模块数值就达到需要的效果了。如图 7-190 所示，现在金色火花中有蓝色火花的存在，颜色也有层次感了。

图 7-190

完成前期辅助元素之后，下面来制作撞击的爆炸效果。案例给爆炸部分选择了比较常见的 6×6 爆炸纹理与火焰叠加纹理图案，如图 7-191 所示。读者可以在各大 CG 论坛找到这些纹理贴图，不同的纹理图案制作的最终效果也各不相同。

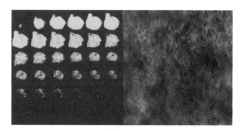

图 7-191

在 meteors 工程目录的材质文件夹中新建一个材质球，新材质球命名为 explode，双击材质球打开材质编辑窗口。

如图 7-192 所示，将材质基础属性混合模式设置为 Translucent，透明模式能显示更多纹理细节，如使用 Additive 模式，纹理则会因叠加层过多而曝光。光照模式设置为 Unlit 无光模式，勾选材质双面显示。

图 7-192

如图 7-193 所示，在材质编辑窗口中添加 Particle SubUV 与 Particle Color 表达式，粒子子 UV 表达式中添加 6×6 爆炸序列纹理。

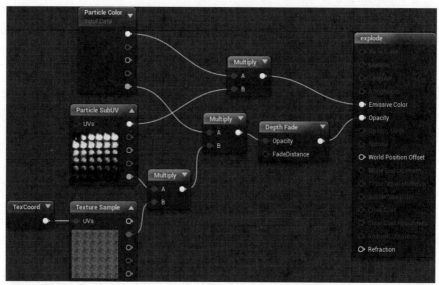

图 7-193

将两个表达式 RGB 混合通道连接到乘法表达式，乘法结果连接材质自发光通道。添加 Texture Sample 表达式，将火焰叠加纹理添加到表达式中。

给火焰叠加纹理表达式连接 TexCoord 表达式，TexCoord 属性窗口中将横向与纵向坐标数值都设置为 6，对应 6×6 爆炸序列纹理数量。

将粒子子 UV 与纹理表达式的单通道连接乘法表达式，将这个乘法表达式与 Particle Color 的 Alpha 通道相乘。乘法结果连接 Depth Fade 表达式 Opacity 节点，Depth Fade 表达式连接材质透明通道。

回到粒子编辑窗口，复制 spark-blue 发射器，如图 7-194 所示，将靠右侧的发射器重命名为 explode，用这个发射器制作爆炸元素。

如图 7-195 所示，选择 explode 发射器 Required 模块，材质属性栏中选择 explode 爆炸纹理材质球。

图 7-194

图 7-195

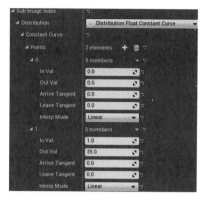

图 7-198

如图 7-196 所示，在下面 Sub UV 属性栏中，纹理读取类型选择 Linear 线性读取，横向与纵向分段数值都设置为 6，配合 6×6 的序列纹理。

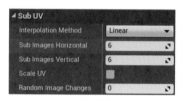

图 7-196

删除 Drag 模块。从陨石 meteors 发射器中复制 Light 灯光模块到 explode 发射器。

如图 7-197 所示，选择 Event Receiver Spawn 模块，将最小生成数量 Min 的数值设置为 4，最大生成数量 Max 数值设置为 8。每次撞击会生成 4～8 个爆炸纹理。

图 7-197

从其他发射器中复制 Sub Image Index 模块到 explode 发射器。

打开 Sub Image Index 模块属性窗口。如图 7-198 所示，1 号控制节点 Out Val 数值设置为 35，纹理图案有 36 张，从 0 读取到 35，一共 36 帧图案。

如图 7-199 所示，Lifetime 模块中将最小生存时间 Min 数值设置为 0.5，最大生存时间 Max 数值设置为 1，36 帧序列图片读取时间控制在 1 秒左右是比较好的。

图 7-199

在 Start Size 模块中，如图 7-200 所示，将最大尺寸 Max 的 X 轴数值设置为 500，最小尺寸 Min 的 X 轴数值设置为 300。粒子纹理的尺寸与表现爆炸强烈程度成正比。

图 7-200

删除 Sphere 球形范围模块，在右键菜单 Location 命令集中，添加 Cylinder 圆柱范围模块。

如图 7-201 所示，将发射范围数值设置为 100，使爆炸控制在 100 个单位尺寸的范围内。柱形高度 Start Height 的 Constant 数值设置为 500。

取消勾选 Negative Z，粒子发射范围只在柱形正 Z 轴范围而不会在柱形下半部分出现。

309

图 7-201

如图 7-202 所示，选择 Color Over Life 模块，颜色部分 R、G、B 数值分别设置为 10、3、1。根据火焰整体颜色配色。

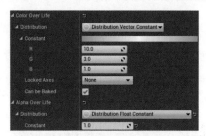

图 7-202

Alpha Over Life 数据输入类型设置为固定常量类型，将 Constant 的数值设置为 1，使粒子一直显示。

删除 Size Over Life 模块。

从其他发射器中复制 Start Rotation 模块到 explode 发射器。

如图 7-203 所示，添加 Start Velocity 基础速度模块，在属性窗口中将最大速度 Max 数值分别设置为 10、10、300，最小速度 Min 数值分别设置为 -10、-10、100。使 X 与 Y 轴有偏移速度，Z 轴向上的移动明显，爆炸后火焰有上升。

图 7-203

如图 7-204 所示，场景中观察粒子效果，陨石掉落在地面会爆炸了。现阶段爆炸只有金黄色，要使颜色分出层次，还需要添加些暗色元素。

图 7-204

在粒子编辑窗口中复制 explode 发射器，如图 7-205 所示，将靠左侧的发射器命名为 explode-black，字面意思是黑色爆炸，这个元素纹理会被金黄色爆炸遮挡。

图 7-205

删除 explode-black 发射器的 Light 模块，它不再作为光源了。

如图 7-206 所示，将 Event Receiver Spawn 模块的最小值设置为 3，最大值设置为 5，比主体爆炸粒子数量少一些。

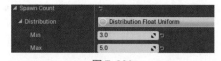

图 7-206

如图 7-207 所示，在 Lifetime 模块中，将最小生存时间 Min 数值设置为 1，最大生存时间 Max 数值设置为 1.5，持续的时间比爆炸长，序列播放速度也会因时间拖长而节奏慢一些。

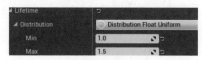

图 7-207

如图 7-208 所示，在 Color Over Life

生命颜色模块中，将颜色部分 R、G、B 通道数值全部归零，使纹理以黑色显示。其他数值不做改动。

图 7-208

如图 7-209 所示，有黑色爆炸纹理出现在金色火焰背后，看上去爆炸的颜色层次有了。

图 7-209

接下来要制作的是地面爆炸处的飘散火焰元素。制作一些不同的火焰元素使爆炸效果看起来细节更多。

在工程目录的材质文件夹中找到 explode 材质球，复制这个材质球，将复制的材质球重命名为 explode fire4×4，看名字就知道这是纹理序列 4×4 的图案。

案例中使用如图 7-210 所示的 4×4 序列纹理贴图作为主要纹理材质。双击 explode fire4×4 材质球打开材质编辑窗口。

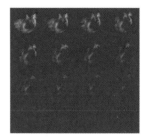

图 7-210

如图 7-211 所示，将 Particle SubUV 表达式中的纹理替换为图 7-210 中的 4×4 的纹理序列。

在 TexCoord 表达式属性窗口中将横向与纵向数值都设置为 4，使连接的火焰叠加纹理表达式能与序列数量匹配。

单击工具栏中的 Apply 按钮应用材质。

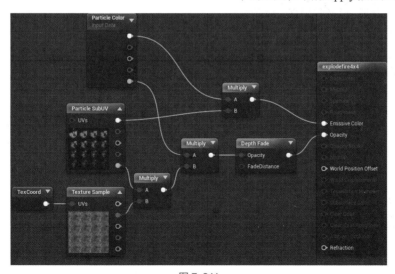

图 7-211

回到粒子编辑窗口，如图 7-212 所示，复制 explode 发射器，将靠右侧的发射器改名为 explodefire，起好名字能够方便查找与修改，不要使用中文，拼音英文都行。

图 7-212

删除 Light 与 Start Velocity 这两个模块。

如图 7-213 所示，在 explodefire 发射器 Required 模块材质栏中选择 explode fire4×4 材质球。

在下面 Sub UV 属性栏中，如图 7-214 所示，横向与纵向纹理读取数值都设置为 4，纹理是 4×4 的序列图案。

图 7-213

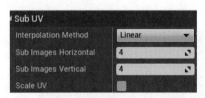

图 7-214

选择 Event Receiver Spawn 行为接收生成模块，如图 7-215 所示，将生成数量最小值 Min 数值设置为 5，最大生成数量 Max 数值设置为 10。

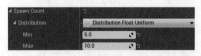

图 7-215

在 Lifetime 模块中，如图 7-216 所示，

将最小生存时间 Min 数值设置为 0.3，最大生存时间 Max 数值设置为 0.6，加速序列纹理播放。

图 7-216

如图 7-217 所示，在 Start Size 模块中，将最大尺寸 Max 的 X 轴数值设置为 500，最小尺寸 Min 的 X 轴数值设置为 300，具体尺寸可以根据制作的实际需求改动。

图 7-217

删除 Cylinder 模块，在右键菜单 Location 命令集中添加 Sphere 球形范围模块到发射器。如图 7-218 所示，初始范围属性中，将 Constant 的数值设置为 100。

图 7-218

取消勾选 Negative Z 。将 Velocity 速度选项启用。如图 7-219 所示，在速度缩放数值栏中，将 Constant 数值设置为 3。

图 7-219

Color Over Life 模块中，如图 7-220 所示，案例中将颜色部分 Constant 的 R、G、B 通道数值分别设置为 50、10、1，配合火焰颜色。Alpha Over Life 不修改。

图 7-220

如图 7-221 所示，Sub Image Index 模块中，保持 0 号控制节点数值不变，将 1 号节点 Out Val 数值设置为 15，因为序列图只有 16 张。

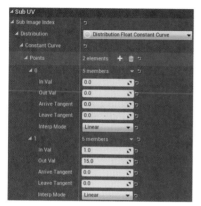

图 7-221

如图 7-222 所示，在场景中观察特效，可以看到爆炸时有飞溅的火花在靠近地面的地方出现了。

图 7-222

爆炸主体部分完成了，但现在的爆炸看起来冲击力还不够，爆炸发生时缺少高亮曝光点，而曝光点是表现冲击力与瞬时强度的直接元素。

如图 7-223 所示，案例中这种散碎的纹理作为爆炸的曝光点纹理。在流星雨工程目录 Materials 文件夹中复制 meteors-trail 材质球，将复制出来的材质球命名为 highlight，双击材质球打开材质编辑面板。

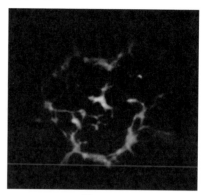

图 7-223

由于是高亮曝光，需要将材质的混合模式设置为 Additive 高亮叠加模式，Shading Model 设置为 Unlit 模式。

如图 7-224 所示，在材质编辑窗口中将 Texture Sample 表达式中的图案替换为案例所选择的曝光点纹理，单击工具栏 Apply 按钮应用材质。

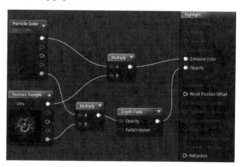

图 7-224

打开 Meteors 粒子系统编辑窗口，如图 7-225 所示，复制 explodefire 发射器，将靠右侧的发射器重命名为 highlight，用这个发射器制作曝光点元素。

图 7-225

选择 highlight 粒子发射器的 Required 模块,如图 7-226 所示,在材质栏中选择 highlight 材质球。

在下面 Sub UV 属性栏中,如图 7-227 所示,将序列读取类型设置为 None,横向与纵向数值设置为 1,参数恢复到正常状态。

图 7-226

图 7-227

删除 Sub Image Index 与 Sphere 模块。

如图 7-228 所示,将 Event Receiver Spawn 行为接收生成模块 Spawn Count 的数值设置为 2,发射器接收指定行为时生成两个粒子元素。Constant 数值越大生成的粒子越多。

图 7-228

如图 7-229 所示,在 Lifetime 模块中,将数据输入类型设置为固定常量类型,Constant 的数值设置为 0.1,曝光点存在时间不能过长,0.1 ~ 0.15 秒是最好的。

图 7-229

如图 7-230 所示,Start Size 模块中,将数据输入类型设置为固定常量类型,将 Constant 栏 X 轴数值设置为 2200,使曝光点比爆炸大一点儿。

图 7-230

Color Over Life 粒子生命颜色模块中,如图 7-231 所示,修改 Constant 的 R、G、B 通道数值,将三通道数值分别设置为 200、50、10,显示高亮红色。曝光点只出现一瞬间,颜色亮点儿没关系,数值不要设置过于巨大,数值大过头了会导致全屏泛光。

图 7-231

如图 7-232 所示,在发射器中添加 Size By Life 生命尺寸模块,给粒子体制作缩放效果。

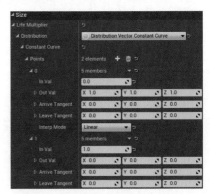

图 7-232

0 号节点的数值使用默认参数不变。

1 号节点 In Val 数值设置为 1,Out Val 数值全部归零。曝光点出现一瞬间后缩小消失。

如图 7-233 所示,场景中可以观察

到爆炸瞬间有曝光点出现了，高亮曝光使人眼前一亮，这种效果会使人感觉到爆炸的冲击力。

图 7-233

流星雨爆炸部分的主体已经制作完成了，还需要给主体增加些辅助元素丰富细节。

案例使用如图 7-234 所示的冲击波纹理制作爆炸产生的空气罩。在引擎主面板 meteors 工程目录的材质文件夹中，复制 highlight 材质球，并将复制出来的新材质球重命名为 shock。双击材质球打开材质编辑面板。

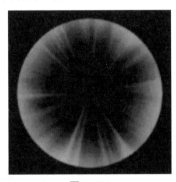

图 7-234

如图 7-235 所示，将编辑窗口纹理表达式中的纹理替换为冲击波纹理。

删除纹理表达式与粒子颜色表达式 RGB 混合通道相连的乘法表达式。

将粒子颜色表达式 RGB 通道直接连接材质自发光通道。

添加 Lerp 线性插值表达式，在属性窗口中将 Lerp 表达式 A 与 B 节点默认数值分别设置为 1、1.1。

将粒子颜色与纹理表达式 Alpha 通道的乘法结果连接 Lerp 表达式 Alpha 节点。将 Lerp 表达式连接材质折射与法线通道。

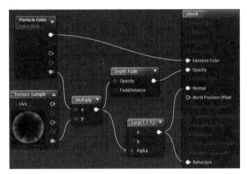

图 7-235

回到粒子编辑窗口，复制 highlight 发射器，如图 7-236 所示，将复制出来靠左侧的发射器改名为 shock，使用这个发射器制作空气罩。

图 7-236

选择 shock 发射器 Required 模块，材质栏选择刚才制作的 shock 材质球，模块其他参数保持不变。

Event Receiver Spawn 模块的 Constant 数量单位参数，如图 7-237 所示，将数值设置为 3，接收到指定行为后发射三个粒子。数值越大，空气罩颜色越浓。

图 7-237

如图 7-238 所示，将 Lifetime 模块的 Constant 数值设置为 0.2，使空气罩出现时间比曝光点略长。

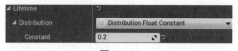

图 7-238

选择 Start Size 初始尺寸模块，如图 7-239 所示，将 Constant 常量 X 轴数值设置为 650，使初始尺寸比爆炸稍大一些。

图 7-239

删除 Color Over Life 模块，并重新添加全新的 Color Over Life 模块到发射器。

如图 7-240 所示，在颜色部分的属性栏中，将数据输入类型设置为固定常量类型，将 Constant 的 R、G、B 通道数值分别设置为 0、0.2、1，颜色呈蓝色。

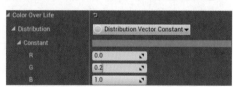

图 7-240

流星雨大部分是火焰颜色，在非火焰元素表现上可以制作些冷色系元素。

由于是新建的 Color Over Life 模块，所以 Alpha Over Life 属性栏中默认是淡出效果。使用模块的初始属性，可以简化操作流程。

如图 7-241 所示，选择 Size By Life 生命尺寸模块，0 号节点数值不改变，将 1 号节点的 Out Val 数值全部设置为 2，粒子扩大至 2 倍。

如图 7-242 所示，爆炸的空气罩制作完成了。在这个特效最后，需要制作由爆炸能量产生的扭曲效果。

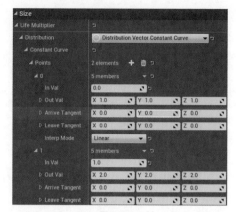

图 7-241

图 7-242

如图 7-243 所示，案例选择的冲击波纹理在黑洞案例中使用过，使用类似的纹理也可以完成效果。

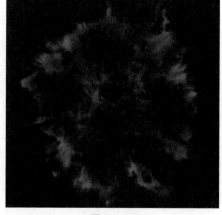

图 7-243

在 meteors 工程目录材质文件夹中复制 shock 材质球，将复制出来的材质球重命名为 shockwave。这个材质球作为扭曲材质。双击材质球打开材质编辑窗口。

如图 7-244 所示，在编辑窗口中将 Texture Sample 表达式的纹理替换为冲击波纹理，取消材质自发光通道接入。

Particle Color 表达式 Alpha 节点通过 Depth Fade 表达式过滤，连接材质透明通道。

粒子颜色与纹理图案表达式 Alpha 通道进行乘法运算，乘法结果连接 Lerp 表达式 Alpha 节点，将 Lerp 属性中 A 与 B 数值分别设置为 1、1.15，Lerp 表达式连接材质反射与法线通道。

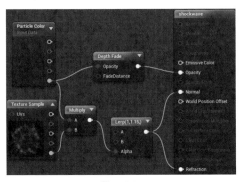

图 7-244

回到粒子编辑窗口，如图 7-245 所示，复制 shock 发射器，将靠右侧的发射器改名为 shockwave，这个发射器制作空气扭曲元素。

图 7-245

选择 shockwave 发射器 Required 模块，在 Material 属性栏中选择 shockwave 材质球。模块其他参数不改动。

选择 Event Receiver Spawn 模块的

粒子生成数量，如图 7-246 所示，设置 Constant 数值为 3。数值越大，生成的粒子越多，由于纹理叠加的关系，扭曲也就越厉害。

图 7-246

如图 7-247 所示，在 Lifetime 模块中将粒子生存时间 Constant 数值设置为 0.5，扭曲存在时间不能过长，经过一系列的调试，发现扭曲元素出现半秒效果是最好的。

图 7-247

如图 7-248 所示，在 Start Size 模块中，将常量 Constant 的 X 轴数值设置为 1200，扭曲纹理原始尺寸为 1200 个单位。

图 7-248

如图 7-249 所示，Color Over Life 模块的颜色部分将数值全部归零，Alpha Over Life 透明度部分不修改。

图 7-249

如图 7-250 所示，现在场景中观看到的就是流星雨特效的最终效果了。

图 7-250

小结

　　本章通过流星雨案例学习如何使用粒子的碰撞与行为生成模块。使用行为模块能够更准确地控制粒子达到想实现的效果。多个粒子行为的交互应用可以提升读者对整个粒子系统的掌控能力。

　　第 8 章会涉及游戏角色的动作与特效绑定，学习标准的技能制作流程能够在实际工作中少走弯路。

第

8

章

实例解析：斩击

本章使用带有动画的角色模型，表现的是角色抬刀到斩下的一个斩击动作。本书没有介绍如何制作动画的章节，角色动画的制作是另一门大的学科。读者如果需要带有动画的角色模型，可以在网上各大 CG 论坛寻找，或者请动画专家帮忙制作。

●◐ 8.1 导出带动作的 3D 角色模型

案例中人物角色与武器是分开的两个单独模型。将角色与武器放在同一个 Max 文件中是制作角色动画的需要，不然光靠角色空手挥舞是不好制作的。

导出动画到引擎时，要将角色与武器分别导出。如图 8-1 所示，是 3ds Max 中角色的动画，动画已经完成斩击动作，需要将角色模型与动画导出为 FBX 格式文件。

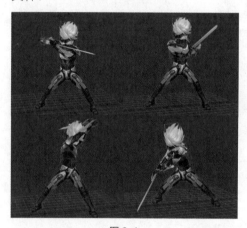

图 8-1

导出文件前在 3ds Max 编辑窗口右侧找到创建面板，如图 8-2 所示，在 Helpers 类型中选择 Dummy 虚拟体按钮，然后在场景中建立一个虚拟体，如图 8-3 所示，将这个虚拟体使用移动工具移动到 3ds Max 世界坐标轴原点位置。

按 F3 功能键将模型线框显示。找到并选中角色骨骼的中心点（腰部棱形骨骼），使用工具栏  链接工具，单击鼠标左键选中骨骼中心点，按住鼠标左键，拖动鼠标到虚似体上放开鼠标，将骨骼中心点链接到虚拟体。注意顺序，是将角色骨骼的中心点链接到虚拟体，

而不是将虚拟体链接到中心点，如图 8-4 所示。

图 8-2

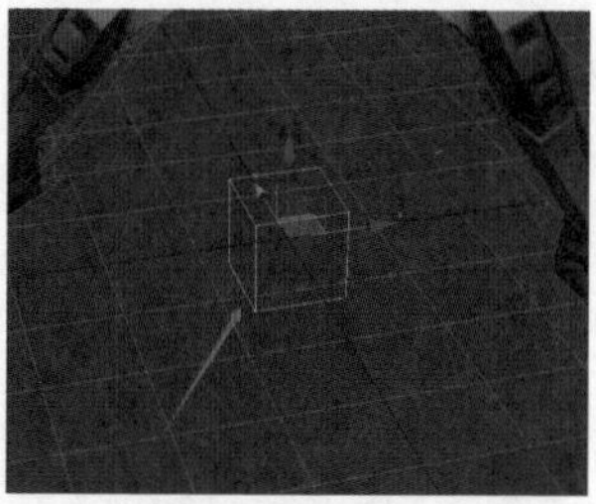

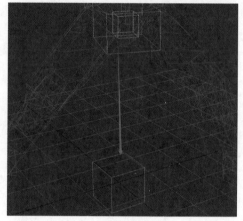

图 8-3

图 8-4

链接完成后，先删除角色武器（不是隐藏），如图 8-5 所示，在编辑窗口单击鼠标右键，在弹出菜单中选择 Unfreeze All 命令使模型和骨骼解冻。

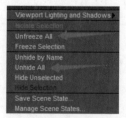

图 8-5

再次单击鼠标右键，选择 Unhide All 命令，取消所有隐藏物体。确定只有唯一的角色模型和骨骼后，选择菜单栏 Export 导出文件。

导出的模型需要是单独个体，如果模型是由多个模型组合而成就不符合规范了。

案例中人物和武器是两个单独模型，所以需要删除武器单独导出人物，如图 8-6 所示。

图 8-6

如图 8-7 所示，在 FBX 导出面板中勾选 Animation 栏下面的 Animation，角色模型带有动画，所以要将模型与动画一同导出。单击面板上的 OK 按钮导出文件。

图 8-7

角色模型顺利导出后，接下来导出武器。不保存这个 3ds Max 文件，重新打开 3ds Max 文件。单击鼠标右键选择 Unhide All 命令取消隐藏所有的物体。

再次单击右键，选择 Unfreeze All 命令取消冻结所有物体。

删除武器模型以外的全部物体。将武器自身的坐标轴移动到武器把手位置（坐标轴定位操作方式在流星雨与黑洞中都有讲）。如图 8-8 所示，将武器正面朝向 Front 前视图的 X 轴。

图 8-8

准备就绪后导出模型，如图 8-9 所示，导出 FBX 格式时不勾选 Animation，武器是作为静态模型文件导出的。如图 8-10 所示，将角色身体与武器的纹理贴图准备好，接下来就要将文件导入引擎了。

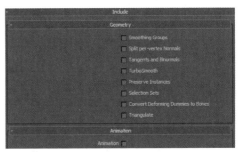

图 8-9

图 8-10

8.2 导入模型到虚幻引擎

打开虚幻4编辑器，案例在 Content 总目录下建立了名为 Slash 的工程目录，作为斩击特效存放路径。

如图 8-11 所示，在 Slash 目录下分别创建 4 个文件夹，分别存放纹理贴图、材质、粒子系统以及模型文件。首先将格式为 FBX 的角色模型文件导入到 meshes 文件夹中。如图 8-12 所示，由于角色模型带有动画，所以导入时需要启用导入面板上方的 Import Mesh 和 Import as Skeletal 选项，将模型与骨骼文件导入。

图 8-11

图 8-12

Import Animations 也要启用，将动画也导入。

最后取消勾选下方 Import Materials 与 Import Textures 选项，不导入默认的材质与纹理贴图。

如图 8-13 所示，导入模型文件后会在文件夹中生成 4 个文件，分别是模型文件、动画文件、物理骨架和基础骨骼。案例中对导出的角色 FBX 文件命名为 body，所以图中会有 body 这个默认命名。

图 8-13

第二步将武器导入。如图 8-14 所示，在 FBX 文件导入窗口中取消勾选 Import as Skeletal、Import Materials 和 Import Textures 三个选项，单击 Import All 按钮导入模型。

图 8-14

角色文件与武器文件属性不同，角色是带有骨骼和动画的文件，而武器是普通模型文件。同时导入可能会出现问题，所以将不同类型的文件分批导入。

模型导入后，再将角色与武器的纹理贴图导入到 Slash 目录 Textures 文件夹中。

在 Materials 文件夹中新建材质球，命名为 body。这个材质用给角色模型。

双击材质球打开编辑窗口，不修改

材质基础属性。如图 8-15 所示，在编辑窗口中添加 Texture Sample 表达式，将角色的贴图纹理添加到纹理表达式中。

将纹理表达式 RGB 通道连接材质基础颜色与自发光颜色通道。单击工具栏中的 Apply 按钮完成材质制作。

如图 8-16 所示，在工程目录 Meshes 文件夹中，找到人物的模型文件。双击模型文件，打开模型编辑窗口，在模型编辑面板左上角材质球的选项中，如图 8-17 所示，选择刚才制作的 body 材质球。角色模型的材质就显示了。

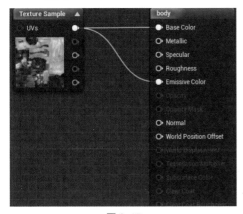

图 8-15

图 8-16

关闭模型编辑面板，接下来制作武器的材质球。复制 Materials 文件夹中的 body 材质球，将复制出来的材质球重命名为 weapon。双击 weapon 材质球打开编辑窗口，如图 8-18 所示，将纹理表达式中的贴图换成武器贴图，单击 Apply 按钮应用材质。

图 8-17

如图 8-19 所示，在 Meshes 文件夹中找到武器模型，双击武器模型图标打开模型编辑窗口。如图 8-20 所示，在模型编辑窗口右侧材质栏中选择 weapon 材质球，武器的材质也能显示了。

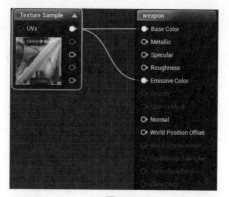

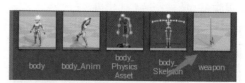

图 8-18　　　　　　　　　　　　　　　　图 8-19

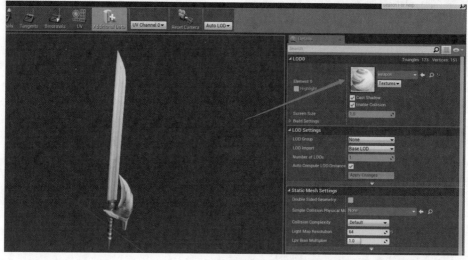

图 8-20

关闭模型编辑窗口，回到引擎主面板中，如图 8-21 所示，找到 Meshes 文件夹中的 body_Anim 动画文件，双击这个文件打开动画编辑面板。

图 8-21

如图 8-22 所示，面板左侧窗口是骨骼树和动画控制面板，中间是动画预览窗口，中间以下是时间线与播放控制平台，右侧是属性窗口与动画文件选择窗口。我们给角色制作技能都是在动画编辑面板中做特效的挂载和预览。

角色模型与动画资源已经导入到位了，接下来制作斩击特效挂载到角色身上，使角色动画播放时特效也能实时匹配。

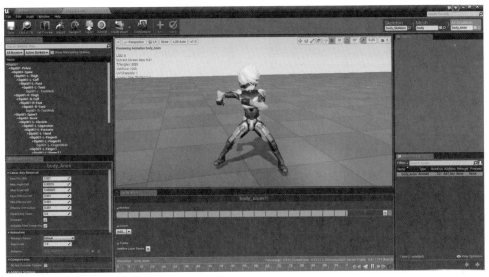

图 8-22

● 8.3　制作技能（整套技能的制作）

由于人物角色与武器是单独的个体，需要先将人物角色与武器匹配。在 Slash 工程目录 Particles 文件夹中新建一个粒子系统，将新粒子系统命名为 weapon。双击粒子系统图标打开粒子编辑窗口。

将默认粒子发射器重命名为 weapon。给发射器添加 Type Data 命令集中的 New Mesh Data 模块，将发射器转变为模型发射器类型。

如图 8-23 所示，选择 Mesh Data 模块，在属性窗口中选择 weapon 武器模型，使发射器发射模型作为粒子体。

图 8-23

在粒子预览窗口中可以看到，不添加 Mesh Materials 模块材质也能正常显示。原因是我们导入模型，制作完材质球以后，在模型编辑窗口中将材质球指定给了模型，所以这里就省掉了给模型指定材质的一步。

删除 Start Velocity 模块，武器不需要自身移动。

选择 Required 基础属性模块，如图 8-24 所示，模块中最重要的是勾选 Use Local Space 选项，否则武器不会跟随角色动画路径移动。

在 Spawn 模块中，将 Rate 的 Constant 数值归零，如图 8-25 所示，在下面 Burst 属性中添加一个发射行为。将 0 号节点 Count 数值设置为 1，使发射器在开始时只发射一个粒子。我们没有设置发射器的循环次数，发射器会无限循环。

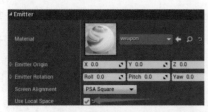

图 8-24

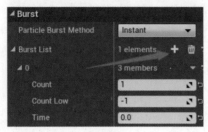

图 8-25

如图 8-26 所示,在 Lifetime 模块中,将数据输入类型设置为固定常量类型,Constant 的数值设置为 1,将粒子生存时间固定为 1 秒,与循环时间对应,做到无缝衔接。

图 8-26

如图 8-27 所示,在 Start Size 模块属性窗口中,将数据输入类型设置为固定常量类型,Constant 的数值全部设置为 1,使用模型自身尺寸。

图 8-27

删除 Color Over Life 模块,模型材质球没有使用粒子颜色表达式,颜色模块无作用。

回到引擎主面板,双击 Slash 目录下 Meshes 夹中的 body_Anim 角色动画文件打开角色动画编辑窗口。如图 8-28 所示,在动画编辑窗口左侧 Skeleton Tree

骨骼窗口中找到角色右手骨骼 Bip001-R-Hand,在这条骨骼栏上单击鼠标右键,选择 Add Socket 命令给这条骨骼添加一个插槽。如图 8-29 所示,将这个插槽命名为 weapon。

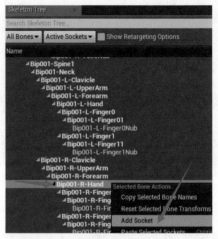

图 8-28

图 8-29

选中 weapon 插槽,如图 8-30 所示,在动画预览窗口中使用移动工具,选择自身坐标轴(坐标轴显示立方体),将角色手上的 weapon 插槽移动到角色手心位置。添加武器后发现位置不对,就仍需要调整插槽位置,直到位置正确。

图 8-30

接下来在动画时间线上单击鼠标右键，如图 8-31 所示，在弹出菜单栏中选择 Add Notify State 命令，在展开命令中选择 Timed Particle Effect，添加时长控制的粒子特效。如图 8-32 所示，将添加特效的时间轴两侧滑块向时间线两侧拖动，直到特效时间轴占满整条时间线，如图 8-33 所示。

图 8-31

图 8-32

图 8-33

选择时间线上的 Timed Particle Effect 特效时间条，如图 8-34 所示，在右侧属性窗口粒子选择栏中选择添加 weapon 粒子系统。

在下面 Socket Name 插槽名称中填写刚才添加的 weapon 插槽名字。

如果面板右侧的 Details 属性窗口不是出现的添加粒子选项，那么一定是没有选中绿色的特效时间轴。

单击动画预览窗口下方的播放控制按钮，播放动画时就能看见角色

手中的武器了，如图 8-35 所示。

图 8-34

图 8-35

⚠提示

如果武器没有跟随角色手部位置移动，请检查 weapon 粒子系统中 Required 模块有没有勾选 Use Local Space。

如果武器出现位置不对，请检查插槽位置是否正确，使用移动与旋转工具对插槽位置与方向进行调整。

如果武器没有出现，请检查右侧属性窗口中是不是选择了正确的粒子系统，插槽名称是否填写正确。

如果武器出现时间过短，请检查 weapon 粒子系统中粒子生存时间是不是过短。

接下来给角色制作斩击前蓄力的地面效果。案例使用了如图 8-36 所示的纹理作为拖尾图案。

图 8-36

打开 3ds Max，按 M 键调出材质编辑窗口，将上图纹理添加到材质球中。如图 8-37 所示，3ds Max 创建面板中选择 Plane 建立面片模型。如图 8-38 所示，在属性窗口中将面片模型的长度分段 Length Segs 数值设置为 1，宽度分段 Width Segs 数值设置为 30。如图 8-39 所示，将纹理材质赋予面片模型观察效果。

图 8-37

图 8-38

图 8-39

打开修改器面板，如图 8-40 所示，给面片模型在 Modifier List 中添加 Bend 弯曲修改器。如图 8-41 所示，将 Bend 的 Angle 属性数值设置为 360，使弯曲角度为 360°。

将 Bend Axis 弯曲轴设置为 X 轴，此时面片模型被弯曲成了圆柱形，如图 8-42 所示。

图 8-40

图 8-41

图 8-42

在修改器中添加 FFD 2×2×2 修改器，如图 8-43 所示，选择 FFD 层级下 Control Points 控制点，使用 R 键缩放工具选择面片上方 4 个控制点进行缩放，如图 8-44 所示，调整为上宽下窄样式。

图 8-43

图 8-44

完成后在模型上单击鼠标右键，选择 Convert To 命令中的 Convert To

Editable Poly，将模型转换为可编辑多边形，如图 8-45 所示。

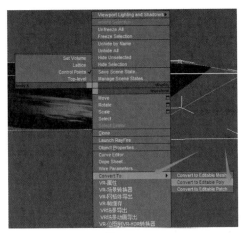

图 8-45

如图 8-46 所示，打开"层级"面板，单击 Affect Pivot Only 按钮，随后单击 Center to Object 按钮。如图 8-47 所示，将坐标轴复位到模型的中心位置。

图 8-46　　　　　　图 8-47

如图 8-48 所示，选择创建面板。使用 W 移动工具将模型归位到 3ds Max 世界坐标轴原点的位置，最后移动模型 Z 轴，将模型放置在地面坐标之上，如图 8-49 所示。

单击 3ds Max 文件菜单栏 Export，将模型导出为 FBX 格式。如图 8-50 所示，导出时不勾选 Geometry 栏中其他选项，取消勾选 Animation 选项。

图 8-48

图 8-49

图 8-50

导入模型和纹理到工程目录下对应的文件夹中，如图 8-51 所示，导入模型时取消勾选 Import as Skeletal，取消勾选 Import Materials 和 Import Textures 这两个选项。

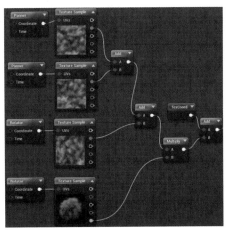

图 8-51

将导入的模型与纹理都重新命名为 earth-trail。

在工程目录 Materials 文件夹中新建材质球，将新材质球命名为 earth-trail。统一名称可以方便查找。不同的文件夹中可以使用相同的名称。

双击 earth-trail 材质球打开材质编辑面板。

如图 8-52 所示，材质基础属性中混合模式选择 Translucent，光照模式选择 Unlit 无光，打开 Two Sided 双面显示。

图 8-52

如图 8-53 所示，在材质编辑窗口中建立粒子颜色表达式和纹理表达式，将 earth-trail 纹理贴图添加到纹理表达式中。

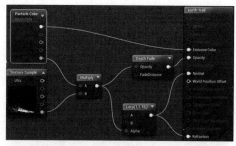

图 8-53

连接粒子颜色表达式 RGB 混合通道到材质自发光通道。

将粒子颜色表达式与纹理表达式 Alpha 节点连接乘法表达式，乘法结果连接 Depth Fade 表达式 Opacity 节点。Depth Fade 表达式连接材质透明通道。

添加 Lerp 表达式，将 Lerp 表达式

属性窗口中 A 与 B 的数值分别设置为 1、1.15。

将粒子颜色表达式与纹理表达式的乘法结果连接 Lerp 表达式 Alpha 节点。

最后将 Lerp 连接材质折射与法线通道，单击工具栏 Apply 按钮完成材质的制作。

如图 8-54 所示，在 Slash 工程目录 Particles 文件夹中建立一个新粒子系统并命名为 earth-trail，双击这个粒子系统打开发射器编辑窗口。

图 8-54

将默认的粒子发射器重命名为 earth-trail，在发射器模块区空白位置单击鼠标右键，在弹出菜单中选择 Type Data 命令集中的 New Mesh Data，将发射器设置为模型发射器。

在 Mesh Data 模块中选择 earth-trail 模型。

如图 8-55 所示，给发射器添加 Mesh Materials 模块，在属性窗口中单击"+"（加号）按钮给模块添加新的材质，选择我们制作的 earth-trail 材质球。

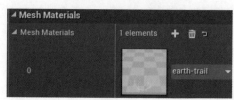

图 8-55

如图 8-56 所示，选择 Required 基础属性模块，在 Duration 属性中将

Emitter Duration 的数值设置为 2。Emitter Duration Low 最小发射时间参数也设置为 2，Emitter Loops 参数设置为 1，发射器不循环。

图 8-56

如图 8-57 所示，在 Spawn 模块 Rate 属性中，将 Constant 数值设置为 30，使发射器每秒发射 30 个粒子。

图 8-57

Lifetime 生存时间模块中，如图 8-58 所示，将数据输入类型设置为限制数据类型，最小生存时间 Min 数值设置为 0.5，最大生存时间 Max 数值设置为 0.65。

图 8-58

Start Size 初始尺寸模块要根据实际需要调整，如图 8-59 所示，案例中将最大尺寸 Max 的 X、Y、Z 轴数值分别设置为 0.3、0.3、1，最小尺寸 Min 的 X、Y、Z 轴数值分别设置为 0.2、0.2、0.2，锁定了 X、Y 两个轴的尺寸比例。

图 8-59

删除 Start Velocity 初始速度模块。

如图 8-60 所示，选择 Color Over Life 模块，颜色部分数据输入类型设置为固定常量类型，Constant 的 R、G、B 通道数值分别设置为 0、0、0.1，颜色为暗蓝色。

图 8-60

Alpha Over Life 透明度部分，将控制节点添加至三个。如图 8-61 所示，0 号节点 In Val 与 Out Val 数值全部归零。

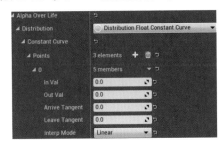

图 8-61

如图 8-62 所示，1 号节点 In Val 数值设置为 0.2，Out Val 数值设置为 0.2，这个元素需要 20% 的透明度显示。

2 号节点 In Val 数值设置为 1，Out Val 数值归零，制作淡出效果。

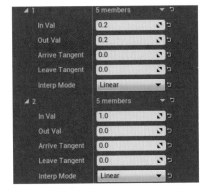

图 8-62

给发射器添加 Rotation 命令集中 Init Mesh Rotation 与 Init Mesh Rotation Rate 模块，要给粒子模型制作旋转效果了。

331

在 Start Rotation 模块中，如图 8-63 所示，将 Max 与 Min 属性中 X 和 Y 轴数值全部归零，Z 轴数值分别设置为 1 与 −1。

图 8-63

粒子模型类型有 X、Y、Z 三个轴的方向判断，我们只在 Z 轴上做随机角度。

在 Start Rotation Rate 模块中，与上面模型旋转模块意思一样，也只需要在 Z 轴上做旋转。如图 8-64 所示，将 X 与 Y 轴的数值全部归零，Z 轴最大旋转设置为 −5，最小旋转设置为 −3。如果粒子方向转反了，将负数数值调整为正数即可。

图 8-64

如图 8-65 所示，给发射器添加 Size By Life 模块，将控制节点增加到三个。0 号节点 Out Val 数值分别设置为 5、5、0.5。

1 号节点 In Val 数值设置为 0.5，Out Val 数值设置为 1、1、0.5。

2 号节点的 In Val 设置为 1，Out Val 数值设置为 0.3、0.3、0.5，使粒子模型由外至内收缩，Z 轴高度保持不变。

在 Slash 工程目录 Meshes 文件夹中打开角色动画 body_Anim，进入动画编辑窗口，如图 8-66 所示，在预览窗口下方的时间线栏右侧，单击"加号"按钮增加一条动画时间层。

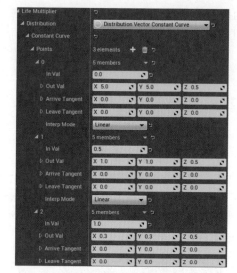

图 8-65

图 8-66

如图 8-67 所示，在左侧骨骼名称窗口中，选择 Dummy001 这个骨骼（3ds Max 导出角色模型前，在世界坐标轴中心建立的虚拟体）。添加插槽并命名为 earth-trail，将插槽定位在角色脚下。

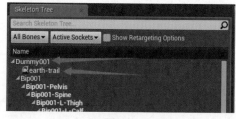

图 8-67

如图 8-68 所示，在预览窗口下面新建的 2 号时间线上建立一个 Timed Particle Effect，选中 2 号时间线上的粒子效果层，在右侧属性窗口粒子栏中，选择 earth-trail 粒子系统。

如图 8-69 所示，插槽名称填写 earth-trail。

图 8-68

图 8-69

经过反复播放调整，如图 8-70 所示，将粒子效果的播放时间定位在 0～42 帧，这样角色从初始到抬手动作的动画区间，脚下会出现粒子纹理效果。后面在 earth-trail 粒子系统中制作其他元素时，可以直接在动画编辑器中看到实时效果。

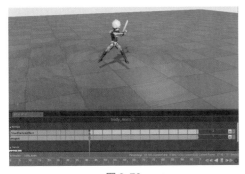

图 8-70

现在角色脚下环绕的效果只有贴地的平面效果，接下来在平面之上制作立体效果。

打开 earth-trail 粒子系统编辑窗口，复制 earth-trail 发射器，并将靠右侧的发射器更改为 earth-trail-purple，如图 8-71 所示。修改元素颜色与动态。

图 8-71

选择 earth-trail-purple 发射器 Spawn 粒子生成速率模块，如图 8-72 所示，将 Constant 数值设置为 20，粒子数量发射略少。

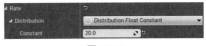

图 8-72

在 Lifetime 模块中，如图 8-73 所示，将最小生存时间 Min 数值设置为 0.3，最大生存时间 Max 数值设置为 0.5，粒子生存时间短，表现急促。

图 8-73

如图 8-74 所示，选择 Color Over Life 模块，颜色部分将 Constant 的 R、G、B 通道数值分别设置为 0.01、0、0.02，使粒子纹理为暗紫色。Alpha Over Life 透明度部分，如图 8-75 所示，保留 0 号节点数值不变。如图 8-76 所示，1 号节点 In Val 数值设置为 0.5，Out Val 数值也设置为 0.5，2 号节点数值不变。

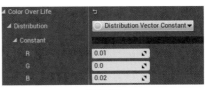

图 8-74

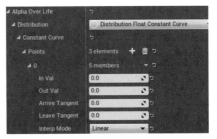

图 8-75

图 8-76

如图 8-77 所示，在 Size By Life 模块中，删除其中一个控制节点，只保留两个控制节点。0 号控制节点的 In Val 数值设置为 0，Out Val 的 X、Y、Z 轴数值全部设置为 3。

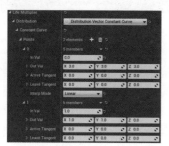

图 8-77

1 号节点 In Val 数值设置为 1，Out Val 数值设置为 1、1、0，模型由大至小，由高至低缩放。

如图 8-78 所示，角色动画编辑窗口中可以观看效果，人物的脚下有蓝紫色旋转气流了。

图 8-78

下面给角色制作一层护罩效果。

在 Slash 工程目录 Materials 文件夹中新建一个材质球，将这个材质球命名为 body-shell，双击材质球打开材质编辑窗口。

在材质基础属性窗口中，混合模式设置为 Translucent，光照模式设置为 Unlit，勾选材质双面显示。

如图 8-79 所示，案例中给护罩元素使用空圆形纹理，使用残缺半圆纹理来制作可以在粒子叠加时表现更多细节。

图 8-79

如图 8-80 所示，表达式编辑窗口中使用基础粒子材质制作方式连接，只不过基础连接方式中添加了 Depth Fade 表达式，淡化物体之间的接缝。

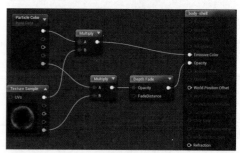

图 8-80

Depth Fade 表达式属性窗口中将 Fade Distance Default 数值设置为 10。

在 Slash 工程目录 Particles 文件夹中新建一个粒子系统，将这个粒子系统命名为 body-shell。双击 body-shell 粒子系统打开粒子编辑窗口。

将默认的粒子发射器重命名为 body-shell，用这个发射器制作圆形外壳。

删除 Start Velocity 初始速度模块。

选择 body-shell 发射器 Required 模块，材质栏中选择 body-shell 材质球。

如图 8-81 所示，在下面 Duration 属性栏中将 Emitter Duration 数值设置为 1.5。

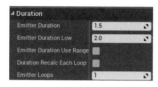

图 8-81

Emitter Duration Low 数值设置为 2。

Emitter Loops 属性设置为 1。

如图 8-82 所示，选择 Spawn 模块，将 Constant 生成速率数值设置为 200，发射器每秒发射 200 个粒子体。数值越大，外壳越厚。

图 8-82

如图 8-83 所示，选择 Lifetime 生存时间模块，最小生存时间 Min 数值设置为 0.05，最大生存时间 Max 数值设置为 0.1，粒子体生存时间短，同屏显示的粒子数量也不会很多，不用担心资源问题。

图 8-83

如图 8-84 所示，在 Start Size 基础尺寸模块中，将数据类型设置为固定常量类型，Constant 属性的 X 轴数值设置为 200。

图 8-84

如图 8-85 所示，选择 Color Over Life 模块，颜色部分将数据类型设置为限制数据类型，Max 的 R、G、B 通道数值分别设置 0.25、0、1，纹理显示紫色。Min 的 R、G、B 通道数值全部归零，粒子纹理在紫色与黑色间随机选择。

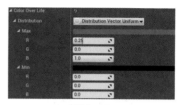

图 8-85

如图 8-86 所示，Alpha Over Life 透明度部分，将控制节点增加至三个。

0 号节点 In Val 与 Out Val 数值全部归零。

1 号节点 In Val 数值设置为 0.25，Out Val 数值设置为 1。

2 号节点 In Val 数值设置为 1，Out Val 数值设置为 0。纹理淡入时节奏较快，淡出时节奏较慢。

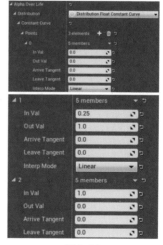

图 8-86

在发射器中添加 Location 命令集中的 Sphere 球形范围模块，如图 8-87 所

示，将初始范围中的 Constant 数值设置
为 10，使粒子在球形范围内在 10 个单位
的范围中随机发射。

图 8-87

添加 Rotation 命令集中的 Start Rotation
模块到发射器，如图 8-88 所示，将最小
旋转 Min 数值设置为 -1，最大旋转 Max
数值设置为 1。

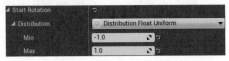

图 8-88

圆形外壳元素就制作完成了，现在
要将这个元素添加到角色动画的预览窗
口，以方便后续调整与其他元素制作。

在 Slash 工程目录 Meshes 文件夹
中，打开 body_Anim 文件进入动画编辑
窗口，在左侧 Skeleton Tree 窗口下找到
Dummy001 骨骼，在 Dummy001 下建立
新插槽，将这个插槽命名为 bodyshell，
如图 8-89 所示。

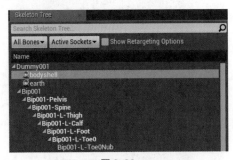

图 8-89

如图 8-90 所示，选择 bodyshell 插
槽，在预览窗口中使用移动工具将插槽
移动到角色上半身位置，暂时定位插槽
位置。粒子特效导入后，再来调整插槽

图 8-90

最终位置。

如图 8-91 所示，在时间线编辑窗口
任意一层单击右侧"加号"按钮建立新
的时间层，在新建的时间层上单击鼠标
右键，如图 8-92 所示，选择 Add Notify
State 命令的 Timed Particle Effect，添加
粒子播放时间层。

图 8-91

图 8-92

选择粒子播放时间层，如图 8-93
所示，在编辑窗口右侧属性窗口中添加
bodyshell 粒子系统，在插槽名称 Socket
Name 栏填写 bodyshell。名字一定不要
填错。

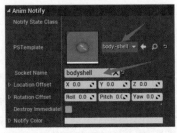

图 8-93

经过反复播放对比，如图 8-94 所示，案例中将 body-shell 粒子播放层的播放时间调整到时间线 0 ～ 1/2 总时间线位置。需要反复播放动画来调整粒子效果匹配。

如果插槽位置不对，还需要手动调整插槽位置对应特效位置。

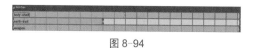

图 8-94

如图 8-95 所示，现在角色身外出现了半透明的黑色外壳，还需要继续丰富外壳的视觉效果。

图 8-95

在 Slash 目录 Materials 文件夹中复制 body-shell 材质球，将复制出来的材质球命名为 body-shock。双击 body-shock 材质球打开材质编辑窗口。

如图 8-96 所示，将纹理表达式中的贴图替换为圆形放射状纹理。

在编辑窗口中添加 Lerp 表达式，将 Lerp 属性窗口中 A 与 B 的数值分别设置为 1、1.05。

将连接 Particle Color 与 Texture Sample 表达式 Alpha 通道的乘法表达式连接 Lerp 表达式 Alpha 节点，将 Lerp 输出结果连接材质折射与法线通道。单击工具栏中的 Apply 按钮应用材质。

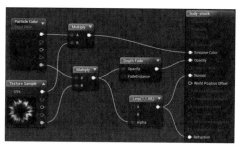

图 8-96

打开 body-shell 粒子系统进入编辑窗口，复制 body-shell 发射器，将复制出来靠左侧的发射器重命名为 body-shock，如图 8-97 所示。

图 8-97

选择 body-shock 发射器 Required 模块，材质栏选择 body-shock 材质球，其他参数不修改。

如图 8-98 所示，选择 Spawn 模块，将粒子生成速率 Constant 数值设置为 50，每秒生成 50 个粒子体。

图 8-98

如图 8-99 所示，Lifetime 模块中，将最小生存时间 Min 数值设置为 0.05，最大生存时间 Max 数值设置为 0.2，使粒子存在时间短一些，有急促感。

图 8-99

如图 8-100 所示，Start Size 模块中，将最大尺寸 Max 的 X 轴数值设置为 300，最小尺寸 Min 的 X 轴数值设置为 100，Y 和 Z 轴的数值忽略。

如图 8-101 所示，选择 Color Over Life 模块，颜色部分的数据输入类型设置为固定常量类型，将 R、G、B 通道数值分别设置为 0.25、0、1，纹理显示为紫色。

图 8-100

图 8-101

如图 8-102 所示，Alpha Over Life 透明度部分，保留 0 号与 2 号节点数值，只对 1 号节点数值改动。

将 1 号节点 In Val 数值设置为 0.5，Out Val 数值设置为 0.5。

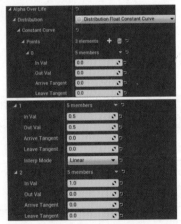

图 8-102

删除 Sphere 模块。

给发射器添加 Size By Life 模块。如图 8-103 所示，将 0 号控制节点 Out Val 数值全部设置为 3。

1 号节点 Out Val 的数值全部归零，使粒子表现收缩。由于粒子生存时间非常短，表现快速吸入的视觉效果。

图 8-103

如图 8-104 所示，在动画预览窗口中播放可以看到外壳层中出现了由外至内吸收的放射状纹理，接下来要增加暗色表现，使颜色有层次。

图 8-104

在 body-shell 粒子系统中复制 body-shock 发射器，如图 8-105 所示，将靠左侧的发射器重命名为 body-shock-black，作为暗色的底色元素。

图 8-105

选择 body-shock-black 发射器 Spawn 模块，将 Constant 的数值设置为 30，数量要比紫色波动纹理少。

图 8-106

选择 Lifetime 生存时间模块，将最小生命 Min 数值设置为 0.2，最大生命 Max 数值设置为 0.3，持续时间比紫色波动长，动态也稍慢一些。

图 8-107

如图 8-108 所示，Start Size 模块中，将最大尺寸 Max 的 X 轴数值设置为 300，最小尺寸 Min 的 X 轴数值设置为 200。

图 8-108

如图 8-109 所示，Color Over Life 模块中，颜色部分将 Constant 的 R、G、B 通道数值全部归零。粒子纹理显示黑色。

图 8-109

如图 8-110 所示，回到动画编辑器中观察效果，紫色吸收纹理外围出现了黑色纹理，使得由外往内收的纹理的体积感更为明显。再来就需要在这个环形外壳的内部增加一些效果了。

图 8-110

如图 8-111 所示，案例使用 1×4 排列的闪电纹理序列贴图。将贴图文件导入引擎贴图文件夹中。

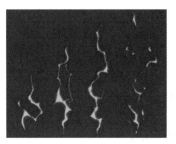

图 8-111

在 Slash 工程目录 Materials 文件夹中复制 body-shell 材质球，将复制的材质球重命名为 highlight1×4。双击 hightlight1×4 材质球打开编辑窗口。

如图 8-112 所示，在编辑窗口中将 Texture Sample 表达式删除，添加 Particle SubUV 表达式到编辑窗口代替纹理表达式使用。选中 1×4 闪电序列纹理加入到 Particle SubUV 表达式中。单击工具栏中的 Apply 按钮应用材质。

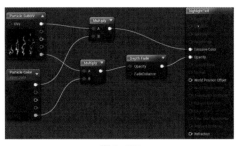

图 8-112

打开 body-shell 粒子系统，复制 body-shell 发射器，将复制出来靠右侧的发射器重命名为 highlight-dark，如图 8-113 所示。先制作暗色闪电。

图 8-113

选择 highlight-dark 发射器 Required 模块，材质栏选择 highlight1×4 闪电序列材质球。

339

如图 8-114 所示，将屏幕对齐方式设置为 PSA Rectangle 类型，我们需要将粒子拉长。

图 8-114

如图 8-115 所示，在下面 Sub UV 属性栏中将序列读取方式设置为 Linear Blend 线性混合类型，横向数值设置为 4，纵向数值设置为 1，与序列纹理材质匹配。

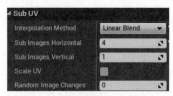

图 8-115

如图 8-116 所示，在 Spawn 生成速率模块中，将 Constant 的数值设置为 30。案例中数值仅作为基本参考，读者可以自行修改。

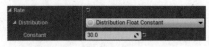

图 8-116

删除 Sphere 模块。

给发射器添加 Sub Image Index 模块读取粒子序列。由于序列纹理只有 4 组图案，所以只需要将 1 号节点 Out Val 数值设置为 3 即可，如图 8-117 所示。

选择 Start Size 模块，由于屏幕对齐方式是 PSA Rectangle，粒子允许被拉长，所以这个模块中可以使 X 与 Y 轴的数值随机些。Z 轴数值无意义，粒子没有厚度。

图 8-117

如图 8-118 所示，将最大尺寸 X、Y 轴的数值分别设置为 100、300，最小尺寸的 X、Y 轴分别设置为 20、20，粒子生成时宽度与长度会随机化。

图 8-118

如图 8-119 所示，在 Lifetime 模块中，将最小时间 Min 数值设置为 0.1，最大时间 Max 数值设置为 0.25，闪电类型元素曝光时间绝对不能够过长。

图 8-119

如图 8-120 所示，选择 Color Over Life 模块，颜色部分将数据输入类型设置为固定常量类型，R、G、B 通道数值全部归零。

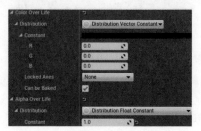

图 8-120

Alpha Over Life 透明度部分将数据输入类型也设置为固定常量类型，将 Constnat 数值设置为 1。

如图 8-121 所示，动画编辑器中可以看见圆形壁障内部出现黑色闪电元素了。由于特效现在表现的都是暗色调，缺少亮色提升画面层次，所以现在需要给这个特效制作亮色元素提升画面层次。

图 8-121

打开 body-shell 粒子系统编辑窗口，复制 highlight-dark 发射器，将复制出来靠右侧的重命名为 highlight，如图 8-122 所示。

图 8-122

选择 highlight 发射器 Required 模块，如图 8-123 所示，将 Screen Alignment 屏幕对齐方式设置为 PSA Velocity 速度对齐方式，其他参数不改动。

图 8-123

如图 8-124 所示，在 Spawn 粒子生成速率模块中，将 Constant 数值设置为 20，数量比黑色闪电粒子元素少，点缀即可。

图 8-124

如图 8-125 所示，在 Lifetime 模块中，将最小生存时间 Min 数值设置为 0.05，最大生存时间 Max 数值设置为 0.2。

图 8-125

如图 8-126 所示，选择 Start Size 模块，将最大尺寸 X、Y 轴数值设置为 50、400，最小尺寸 X、Y 轴数值设置为 50、50，速度对齐方式可以将粒子拉长。

图 8-126

如图 8-127 所示，在 Color Over Life 模块中将 Constant 的 R、G、B 通道数值分别设置为 10、20、50，显示高亮蓝色。Alpha Over Life 透明度部分不改动。

图 8-127

给发射器添加 Location 命令集中的 Sphere 球形范围模块，如图 8-128 所示，将模块初始范围中的 Constant 数值设置为 50。

图 8-128

启用 Velocity 速度选项，如图 8-129

341

所示，将 Velocity Scale 速度栏 Constant 数值设置为 0.25，由于发射器是速度对齐方式，所以设定速度后粒子才能看见。速度数值给 0.25 只是意思一下，使粒子能正常显示。

图 8-129

最后在发射器中添加 Light 灯光模块，如图 8-130 所示，将光照强度栏数值设置为 300，照明范围数值设置为 100。闪电是光源，能够照亮周围环境。

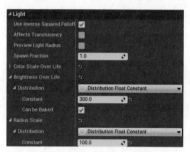

图 8-130

如图 8-131 所示，从角色预览动画中可以观察到，抬刀到斩击前有 2 秒左右的蓄力时间，利用蓄力时间，可以在角色手上和武器上增加一些辅助元素。

图 8-131

下面使用 3ds Max 软件制作吸收光线轨迹模型。如图 8-132 所示，案例中给模型准备了轨迹纹理贴图。

图 8-132

如图 8-133 所示，打开 3ds Max，在物体创建面板选择 Plane 面片模型，将模型分段设置为横向 1 段，纵向 30 段。

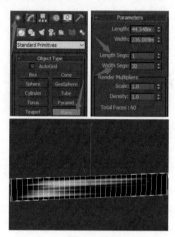

图 8-133

在 Front 视图中建立长条形面片模型，将我们准备的轨迹纹理贴图赋予模型，方便在调整模型时能直观地看到效果。

修改器面板中，给模型添加 FFD 2×2×2 修改器。如图 8-134 所示，选中 FFD 修改器的 Control Points 控制点，将模型调整为如图 8-135 所示的梯形形态。

图 8-134

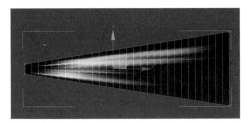

图 8-135

如图 8-136 所示，在修改器中给模型添加 Bend 弯曲修改器。如图 8-137 所示，将修改器 Angle 属性数值设置为 200，弯曲轴 Bend Axis 设置为 X 轴弯曲。

图 8-136

图 8-137

如图 8-138 所示，打开 Bend 修改器的 Gizmo 调整框，使用移动和旋转工具调整 Gizmo 框体，将模型调整到如图 8-139 所示或差不多的形态。这个面片模型就是吸收轨迹的路径。

如图 8-140 所示，在"层级"面板中选择 Affect Pivot Only 按钮调整模型坐

标轴位置。如图 8-141 所示，坐标轴定位在轨迹模型前部，最后移动面片模型到 3ds Max 世界坐标轴中心。

图 8-138　　　　　　图 8-139

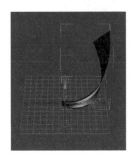

图 8-140　　　　　　图 8-141

完成后将模型导出为 FBX 格式文件。如图 8-142 所示，导出时取消 Animation 与 Geometry 栏所有的已勾选选项。

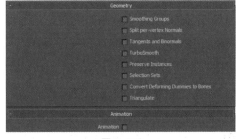

图 8-142

面片模型导入虚幻引擎 Slash 目录 Meshes 文件夹中，将文件名命名为 wind-trail。

纹理贴图导入 Slash 目录 Textures 文件夹中，将纹理贴图命名为 wind-trail。双

击这个纹理贴图，打开贴图编辑窗口。

在纹理编辑窗口的右侧属性窗口中，如图 8-143 所示，将 Texture 选项中的 X-axis Tiling Method 与 Y-axis Tiling Method 类型设置为 Clamp 限制类型，禁止纹理重复显示。要做一次性的 UV 滚动动画，纹理就不能重复显示。

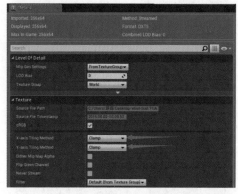

图 8-143

在 Slash 工程目录 Materials 文件夹中新建材质球，将新材质球命名 wind-trail。双击 wind-trail 材质球打开材质编辑窗口。

设置材质基础属性，将混合模式设置为 Translucent 类型，光照模式设置为 Unlit 类型，打开 Two Sided 双面显示。

如图 8-144 所示，在编辑面板中添加两个 Texture Sample 表达式，将轨迹纹理贴图添加到纹理表达式中。

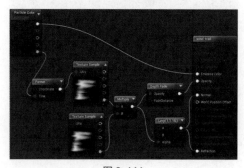

图 8-144

建立粒子颜色表达式，将 RGB 混合通道连接到材质的自发光通道。

在其中一个纹理表达式左侧连接 Panner 坐标平移表达式，在 Panner 属性窗口中将 X 轴数值设置为 1，Y 轴数值设置为 0。

粒子颜色表达式 Alpha 通道连接 Panner 表达式 Time 节点中，利用粒子系统透明度模块数值控制 Panner 表达式的滚动距离。

将两个纹理表达式 Alpha 通道连接乘法表达式。目的是将纹理偏移范围控制在原始轨迹图案范围内，不超出原始纹理的显示范围。

乘法表达式连接 Depth Fade 表达式，Depth Fade 表达式连接材质透明通道。

添加 Lerp 线性插值表达式，将属性窗口中 A 点与 B 点数值分别设置为 1、1.15。

将 Lerp 表达式结果连接材质折射与法线通道，给纹理添加扭曲效果。

回到引擎主面板，在工程目录 Particles 文件夹中新建粒子系统，将新粒子系统命名为 hand-effects。双击 hand-effects 粒子系统打开编辑窗口。

将默认粒子发射器重命名为 wind-trail-dark，先制作暗色吸收效果。

删除 Start Velocity 模块，不需要粒子自行移动。

选择 Required 模块，忽略材质栏，如图 8-145 所示，在 Duration 属性栏中，将 Emitter Duration 数值设置为 1.25。Emitter Duration Low 数值设置为 2。Emitter Loops 数值设置为 1，不循环。

图 8-145

在发射器模块区单击鼠标右键，在弹出菜单中找到 Type Data 命令集，选择 New Mesh Data，将发射器设置为模型类型。

选择 Mesh Data 模块，如图 8-146 所示，属性窗口 Mesh 栏选择 wind-trail 模型为发射器的粒子体。

图 8-146

在鼠标右键菜单中找到 Material 命令集，添加 Mesh Materials 模块到发射器。

如图 8-147 所示，在属性窗口中单击 "+"（加号）按钮给模型添加材质。0 号节点选择 wind-trail 材质球。

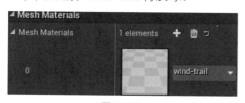

图 8-147

Spawn 模块中，如图 8-148 所示，将 Constant 的数值设置为 50，使发射器每秒发射 50 个粒子体。

图 8-148

选择 Lifetime 生存时间模块，如图 8-149 所示，最小生存时间 Min 数值设置为 0.3，最大生存时间 Max 数值设置为 0.65，单个粒子生存时间不要超过 1 秒，时间长了显得运动慢，拖节奏。

图 8-149

选择 Start Size 基础尺寸模块，如图 8-150 所示，最大尺寸 Max 数值全部设置为 3，最小尺寸 Min 数值全部设置为 0.5。

图 8-150

不修改 Locked Axes 类型，可以对模型三个轴随机拉伸。

选择 Color Over Life 模块，如图 8-151 所示，颜色部分数据输入类型设置为固定常量类型，R、G、B 通道数值全部归零，使纹理显示黑色。

图 8-151

Alpha Over Life 部分的作用不再是调整粒子透明度，而是调整材质中 Panner 表达式的数值。

如图 8-152 所示，将 0 号节点 Out Val 数值设置为 0.9，下面 1 号节点 Out Val 数值设置为 -0.9，观察粒子预览窗口形态。如果纹理不是吸收而是向外扩散，就将两个控制节点 Out Val 数值相互调换。

添加 Rotation 命令集中 Init Mesh Rotation 模块到发射器。如图 8-153 所示，将最大角度 Max 数值全部设置为 1，最

小角度 Min 数值全部设置为 -1，模型初
始角度随机化。

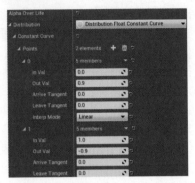

图 8-152

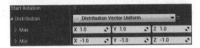

图 8-153

打开引擎主面板 Slash 目录 Meshes
文件夹中 body_Anim 动画文件，如图
8-154 所示，在编辑窗口左侧 Skeleton
Tree 窗口中找到 Bip001-R-Hand 右手手
掌骨骼，在这个骨骼栏单击鼠标右键，
在弹出菜单中选择 Add Socket 添加插槽，
并将插槽命名为 hand-effects。

图 8-154

选择 hand-effects 插槽，如图 8-155
所示，在动画预览窗口中使用移动工具，
将插槽移动至角色手心位置，与武器插
槽位置对齐。

图 8-155

如图 8-156 所示，单击时间线右侧
"加号"按钮，添加新的时间层。如图 8-157
所示，在新时间层添加 Timed Particle
Effect 命令。如图 8-158 所示，将新建的
粒子时间设置到 0 ～ 1.5 秒位置，鼠标
移动到粒子时间线上可以看到持续时间
提示。

图 8-156

图 8-157

图 8-158

选择新建的粒子时间线，如图 8-159
所示，在右侧属性窗口中选择 hand-
effect 粒子系统，在 Socket Name 栏填写
hand-effects 插槽名称，将粒子系统挂载
到设定的插槽中。

图 8-159

如图 8-160 所示，播放动画，预览窗口中可以看到角色准备出刀的这段时间内有聚气效果了。

图 8-160

回到 hand-effects 粒子系统编辑窗口，刚刚只是完成了暗色调聚气元素，暗色之上还需要有亮色的聚气轨迹。

复制 wind-trail-dark 粒子发射器，将靠右侧的发射器重命名为 wind-trail，如图 8-161 所示。

图 8-161

选择 Spawn 模块，如图 8-162 所示，将 Constant 数值设置为 15，发射器每秒生成 15 个粒子体。

图 8-162

在 Lifetime 模块属性中，如图 8-163 所示，将最小生存时间 Min 数值设置为 0.2，最大生存时间 Max 数值设置为 0.45，生存时间短会显得动画急促，比黑色轨迹运动速度快。

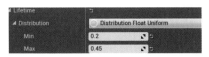

图 8-163

选择 Start Size 模块，如图 8-164 所示，将 Max 尺寸数值全部设置为 1，Min 尺寸数值全部设置为 0.1，模型尺寸比暗色轨迹小。

图 8-164

Color Over Life 模块只调整颜色部分的数值，如图 8-165 所示，将颜色部分 Constant 的 R、G、B 通道数值分别设置为 10、50、100，纹理呈高亮蓝色。

图 8-165

如图 8-166 所示，在动画编辑窗口中播放动画，可以观察到有蓝色的聚气条带了。粒子系统绑定了骨骼插槽，会跟着角色手部移动。

图 8-166

下面给主角的武器添加光晕，制作光晕从刀柄慢慢升起，移动到刀尖处拉长变细消失。

如图 8-167 所示，是案例挑选的光晕纹理，将纹理导入到 Slash 工程目录 Textures 文件夹中，将它命名为 flare。

在 Slash 目录 Materials 文件夹中复制 body-shell 材质球，将复制出的材质球重命名为 flare。双击 flare 材质球打开编辑窗口。

图 8-167

如图 8-168 所示，只需要将纹理表达式中的贴图替换为光晕纹理就完成这个材质的制作了。

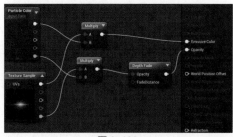

图 8-168

打开 hand-effects 粒子系统编辑窗口，在粒子发射器右侧的空白处单击鼠标右键新建粒子发射器 New Particle Sprite Emitter 。如图 8-169 所示，将新建的发射器重命名为 flare。

图 8-169

选择 flare 发射器 Required 模块，如图 8-170 所示，材质栏选择 flare 材质球，屏幕对齐方式设置为 PSA Rectangle 矩形类型，使粒子体能够被拉伸。

图 8-170

勾选 Use Local Space，光晕需要跟随角色动画的路径移动。

如图 8-171 所示，在下面 Duration 属性中，将 Emitter Duration 发射时间数值设置为 2。

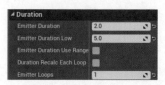

图 8-171

Emitter Duration Low 数值设置为 5。Emitter Loops 循环次数设置为 1。

选择 Spawn 模块，将 Rate 的 Constant 数值设置为 0。

如图 8-172 所示，在下面 Burst List 中建立新的喷射行为，Count 栏数值设置为 1，发射器只发射 1 个粒子体。

图 8-172

如图 8-173 所示，在 Lifetime 模块中将数据输入类型设置为固定常量类型，Constant 的数值设置为 1.6，粒子体存在时间为 1.6 秒。

图 8-173

案例中的所有模块参数都是在动画编辑窗口中反复对照得出的结果，读者在制作过程中也需要边对比，边调整模块参数。

选择 Start Size 模块，如图 8-174 所示，将数据输入类型设置为固定常量类型，Constant 数值全部设置为 100，统一粒子体尺寸。

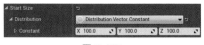

图 8-174

选择 Start Velocity 基础速度模块，如图 8-175 所示，将数据输入类型设置为固定常量类型，将 X 与 Y 轴数值设置为 0，Z 轴数值设置为 20，粒子以 20 个单位速度向上方移动。

图 8-175

如图 8-176 所示，Color Over Life 模块中，将颜色部分与透明度部分的数据输入类型全部设置为固定常量类型。

颜色部分 R、G、B 通道数值分别设置为 50、5、100，颜色为高亮粉色。Alpha 部分 Constant 数值设置为 1，使粒子一直显示。

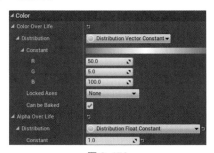

图 8-176

在发射器中添加 Velocity/Life 模块，这个模块用来改变粒子生命中的速度变化。

如图 8-177 所示，将模块中的控制节点增加至三个。

0 号节点 In Val 数值设置为 0，Out Val 的 Z 轴数值设置为 3。粒子生成时为 3 倍基础速度。X 与 Y 轴数值没有意义，Start Velocity 模块中没有设置 X 与 Y 轴

的速度。

1 号节点 In Val 数值设置为 0.8，Out Val 的 Z 轴数值设置为 2。粒子生成时 3 倍速度，到生命 3/4 处降至 2 倍初始速度。

2 号节点 In Val 数值设置为 0.9，Out Val 的 Z 轴数值归零，粒子生命结束前速度停止。

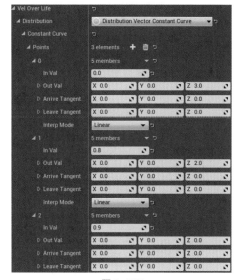

图 8-177

在模块区空白处单击鼠标右键，在弹出菜单中选择 Size 命令集，添加 Size By Life 模块到 flare 发射器。

如图 8-178 所示，将 Size By Life 模块控制节点增加至 5 个。

0 号节点 In Val 与 Out Val 数值全部设置为 0。

1 号节点 In Val 数值设置为 0.2，Out Val 数值全部设置为 1。

2 号节点 In Val 数值设置为 0.8，Out Val 数值全部设置为 1。

3 号节点 In Val 数值设置为 0.85，Out Val 数值分别设置为 15、0.1、0.5，将粒子体在生命后半段拉长。

4 号节点 In Val 数值设置为 1，Out

Val 数值分别设置为 20、0、0，粒子在生命最后拉长变细直至消失。

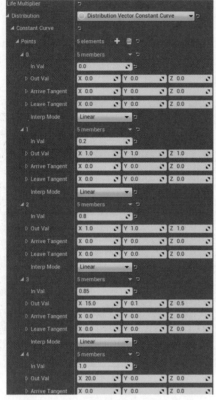

图 8-178

最后给这个粒子发射器添加 Light 模块，使用 Light 模块的默认参数即可，不做调整。

打开 body_Anim 动画编辑窗口，如图 8-179 所示，在预览窗口中观察到角色抬手时，有粉色的光晕由刀柄至刀尖在移动，到达刀尖的同时拉伸变细最后消失。

图 8-179

最后在这个粒子系统中制作些星星点点元素，使角色抬手时有一些小颗粒。

在 Slash 工程目录 Materials 文件夹中新建名为 spark 的材质球。

将材质球制作为如图 8-180 所示的样式。这种 spark 粒子材质前面已经讲解多次，这里就简略带过。

完成材质制作后，打开 hand-effects 粒子系统。复制 flare 发射器，将复制出来靠右侧的发射器重命名为 spark，如图 8-181 所示。

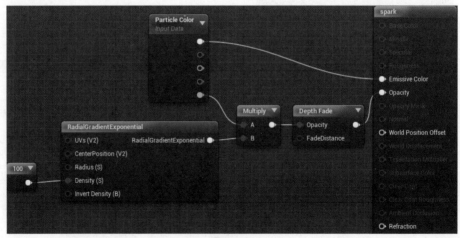

图 8-180

图 8-181

选择 spark 发射器 Required 模块，材质栏选择 spark 材质球。

如图 8-182 所示，将屏幕对齐方式设置为 PSA Square 类型。取消勾选 Use Local Space。

删除 Light 模块，这个发射器不作为光源。

在 Spawn 模块中，删除 Burst 属性的喷射行为，将 Rate 属性栏 Constant 数值设置为 20，每秒发射 20 个粒子体，如图 8-183 所示。

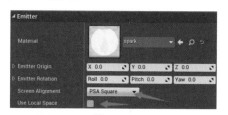

图 8-182

图 8-183

如图 8-184 所示，将 Lifetime 模块的数据输入类型设置为限制数据类型，最小生存时间 Min 数值设置为 0.5，最大生存时间 Max 数值设置为 1。

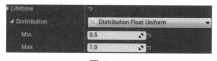

图 8-184

选择 Start Size 模块，如图 8-185 所示，将数据输入类型设置为限制数据类型，最大尺寸 Max 的 X 轴数值设置为 3，最小尺寸 Min 的 X 轴数值设置为 1。粒子体在 1 ～ 3 个单位尺寸中随机生成。

图 8-185

选择 Start Velocity 模块，如图 8-186 所示，将数据输入类型设置为限制数据类型，最大速度 Max 数值全部设置为 20，最小速度 Min 数值全部设置为 -20，粒子在此范围内做随机运动。

图 8-186

在发射器中添加 Location 命令集中的 Sphere 球形范围模块，指定发射范围。如图 8-187 所示，在属性窗口中将 Constant 数值设置为 10。其他参数不改动。

图 8-187

在 Size By Life 模块中，单击"垃圾桶"按钮删除所有的控制节点。

单击"+"（加号）按钮重新添加两个控制节点。如图 8-188 所示，0 号节点 Out Val 数值全部设置为 1。

1 号节点 In Val 数值设置为 1，Out Val 数值全部归零，粒子缩小至消失。

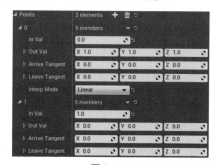

图 8-188

如图 8-189 所示，在动画预览窗口

中观察效果。现在聚气轨迹元素中有跟随手部运动的圆形小颗粒了。感觉离特效的完成又近了一步。

图 8-189

到现在为止都是在制作劈砍前的辅助效果，下面就来制作劈砍的光效。

表现劈砍效果是离不开刀光特效的，下面制作跟随角色劈砍动作出现的刀光路径特效。刀光路径的制作原理和吸收轨迹一样，同样依靠 Particle Color 表达式的某个通道数值控制纹理 UV 滚动。

首先需要制作刀光的模型。案例选择了如图 8-190 所示的轨迹纹理作为刀光元素的贴图纹理。

图 8-190

打开 3ds Max，如图 8-191 所示，在创建面板中建立一个 Plane 面片模型，将模型的分段设置为 1×30。

图 8-191

如图 8-192 所示，在 Front 编辑视图中建立面片模型，将挑选的纹理贴图添加到材质球中并将材质赋予面片模型。

图 8-192

打开修改器面板，如图 8-193 所示，给面片模型添加 Bend 弯曲修改器，选择 Bend 修改器的 Gizmo 层级；如图 8-194 所示，将 Bend 属性中 Angle 数值设置为 250，Bend Axis 弯曲轴向设置为 X 轴方向。

使用旋转工具在编辑面板中调整面片模型的黄色 Gizmo 外框，向 Z 轴方向旋转 90°，如图 8-195 所示，面片模型就呈扇形状态了。

图 8-193　　　　　　图 8-194

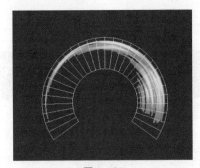

图 8-195

在面片模型上单击鼠标右键，如图 8-196 所示，在弹出菜单中选择 Convert To

命令中的 Convert To Editable Poly，将模型转变为可编辑多边形。

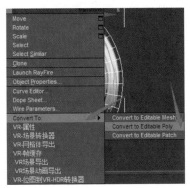

图 8-196

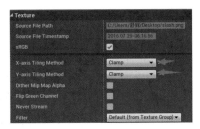

图 8-198

如图 8-197 所示，在 Front 视图中使用移动工具将模型移动到世界坐标轴中心，面片纹理正面对齐 X 轴方向。调整完成后导出模型为 FBX 格式。FBX 格式选项中使用导出静态模型的方式即可。

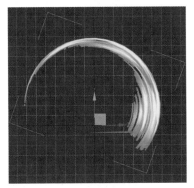

图 8-197

将模型与纹理贴图分别导入 Unreal Engine 4 存放模型与贴图的文件夹中，案例中将模型与贴图的文件名都重命名为 slash。

双击 Textures 文件夹中的 slash 纹理贴图，如图 8-198 所示，在图片编辑窗口右侧属性窗口中将纹理重复类型 X 与 Y 都设置为 Clamp 类型，这种类型不会重复显示纹理图案。

在 Slash 工程目录 Materials 文件夹中新建一个材质球，案例中新材质球命名为 slash-uv，以方便记忆这是 UV 滚动材质。双击 slash-uv 材质球打开材质编辑面板。

材质基础属性中将混合模式设置为 Translucent 类型，光照模式设置为 Unlit 类型，勾选材质双面显示。

如图 8-199 所示，在编辑窗口中建立两个纹理表达式，将刀光轨迹纹理添加到表达式中。

建立 Particle Color 表达式，将 RGB 混合通道连接材质自发光通道。

建立 Panner 表达式，将 Particle Color 表达式 Alpha 通道连接 Panner 表达式的 Time 节点。

在 Panner 表达式属性窗口中，将 X 轴滚动数值设置为 -1，从左至右滚动，Y 轴数值归零。

将 Panner 连接到纹理表达式 UVs 节点中。

两个纹理表达式 Alpha 通道连接乘法表达式，乘法结果连接 Depth Fade 表达式的 Opacity 节点，将 Depth Fade 表达式连接材质透明通道。单击工具栏中的 Apply 按钮完成材质制作。

在工程目录 Particles 文件夹中新建一个粒子系统，新的粒子系统命名为 slash。双击 slash 粒子系统打开粒子编辑窗口。

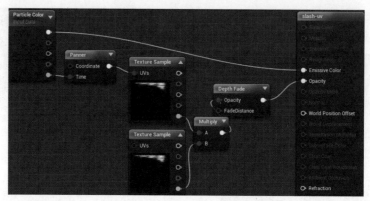

图 8-199

将默认的发射器重命名为 slash-uv-blue，首先制作蓝色的刀光主体。

在粒子发射器中添加 New Mesh Data 模块，使发射器能够发射模型。如图 8-200 所示，在 Mesh Data 模块中选择 slash 模型。

图 8-200

在发射器中添加 Mesh Materials 模块，如图 8-201 所示，单击"+"（加号）按钮新建材质并选择 slash-uv 材质球作为刀光粒子纹理。

图 8-201

删除 Start Velocity 模块，不需要粒子自身位移。

选择 Required 基础属性模块，忽略材质栏，已经指定了粒子使用的材质。

如图 8-202 所示，勾选 Use Local Space 选项，要在动画编辑窗口中调整刀光的角度，就一定要勾选粒子自身坐标，不然怎么调整插槽角度都没办法改变默认朝向。

图 8-202

如图 8-203 所示，在 Duration 属性中，将发射时间与最短发射时间的数值都设置为 1。

图 8-203

Emitter Loops 循环次数数值设置为 1，不循环。

在 Spawn 模块属性窗口中，将 Rate 速率数值设置为 0。如图 8-204 所示，在 Burst 属性栏中添加喷射行为，将 Count 的数值设置为 1，只发射 1 个粒子体。

图 8-204

如图 8-205 所示，在 Lifetime 模块中将数据输入类型设置为常量类型，Constant 数值设置为 0.3，刀光出现 0.3 秒，时间拖长了显得很慢。

图 8-205

在 Start Size 模块调整模型尺寸，如图 8-206 所示，将数据输入类型设置为固定常量类型，Constant 的 X、Y、Z 轴数值分别设置为 4、2、1.2，将刀光的造型调整为长圆弧。

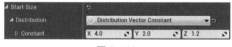

图 8-206

如图 8-207 所示，选择 Color Over Life 模块，颜色部分将数据输入类型设置为常量类型，R、G、B 三通道数值分别设置为 30、80、150。纹理颜色为高亮蓝色。

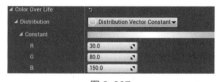

图 8-207

Alpha Over Life 透明度部分的数值是调整 Panner 表达式 Time 部分的参数，在默认的两个控制节点中，Out Val 数值是用来调整刀光 UV 纹理滚动的。

经过反复对比测试，发现参数在 -0.6 ～ 0.7 时，纹理可以完整地滚动一次。

如图 8-208 所示，将 0 号节点 Out Val 数值设置为 -0.6；如图 8-209 所示，将 1 号节点 Out Val 数值设置为 0.7。

图 8-208

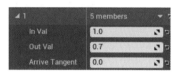

图 8-209

由于使用的纹理差异会导致具体数值不确定，需要经过反复测试，提取动态表现最好的两组数值。

如图 8-210 所示，在粒子编辑器的预览窗口中可以看到纹理 UV 能够正常跟随模型路径流动了，接下来要把它挂载到角色动画编辑器中。

图 8-210

在 Slash 工程目录 Meshes 文件夹中，双击 body_Anim 进入动画编辑窗口，如图 8-211 所示，在左侧 Skeleton Tree 窗口 Dummy001 根骨骼下建立名为 slash 的插槽。如图 8-212 所示，在时间线任意一层添加特效时间线 Timed Particle Effect。

图 8-211

图 8-212

在 Timed Particle Effect 属性窗口中选择 slash 粒子系统并使 slash 为对应插槽。

图 8-213

在时间线上将 Timed Particle Effect 特效栏移动至与角色斩击动画完全匹配。

选择 Skeleton Tree 窗口中的 slash 插槽，如图 8-214 所示，在动画编辑窗口中使用移动与旋转工具调整插槽的位置与角度，使刀光与角色劈砍路径完全重合。

图 8-214

这是需要耐心的过程，调整位置与角度，能与角色动画完全配合后，开始下一步，完善刀光特效表现。

打开 slash 粒子系统编辑窗口，复制 slash-uv-blue 发射器，将复制出来靠左侧的发射器重命名为 slash-uv-dark，如图 8-215 所示。

图 8-215

选择 slash-uv-dark 发射器 Lifetime 模块，如图 8-216 所示，将 Constant 的数值设置为 0.4，使刀光粒子生存时间稍长，纹理滚动的时间略慢，与刀光主体错开位置。

在 Start Size 模块中，如图 8-217 所示，将 X 轴的数值设置为 4.5，使模型 X 轴范围比主体刀光略宽一些。

图 8-216

图 8-217

如图 8-218 所示，选择 Color Over Life 模块，颜色部分将 R、G、B 通道数值分别设置为 0、0、0.25，数值很小，纹理颜色为暗蓝色。

图 8-218

如图 8-219 所示，在粒子预览窗口中可以看见亮色刀光主体之后有暗蓝色纹理，提升画面颜色层次。

虽然现在的纹理颜色层次有些区别，但主体与背景颜色都是蓝色，颜色不够丰富。需要在蓝色基础上添加些其他颜色。

图 8-219

如图 8-220 所示，复制 slash-uv-dark 发射器，将复制的发射器重命名为 slash-uv-gold。将新发射器使用键盘方向箭头键移动到所有发射器最右侧，使它的显示优先级最高。

图 8-220

如图 8-221 所示，将 slash-uv-gold 发射器 Lifetime 数值设置为 0.3，与主体刀光的生存时间匹配，它的作用是给主体颜色添加金色。

图 8-221

选择 Color Over Life 模块，如图 8-222 所示，颜色部分将 R、G、B 通道的数值分别设置为 30、5、1，颜色为金色。

图 8-222

如图 8-223 所示，在动画编辑窗口中播放动画，可以看到角色挥刀过程有斩击光效了。

图 8-223

最后一步，给角色制作斩击特效的打击点。

在 Slash 工程目录 Materials 文件夹中复制 flare 材质球，将复制的材质球重命名为 slash-trail。案例使用了上人下小的冲击波纹理作为材质贴图使用，如图 8-224 所示。

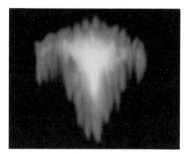

图 8-224

双击 slash-trail 材质球打开材质编辑界面。

在材质基础属性中将 Blend Mode 混合类型设置为 Additive 高亮叠加。

如图 8-225 所示，在编辑窗口中将纹理表达式属性窗口中的贴图替换为上图冲击波纹理贴图。单击工具栏中的 Apply 按钮应用材质。

在 Slash 工程目录 Particles 文件夹中新建粒子系统，将新建的粒子系统命名为 stuck。双击 stuck 粒子系统打开粒子编辑窗口。

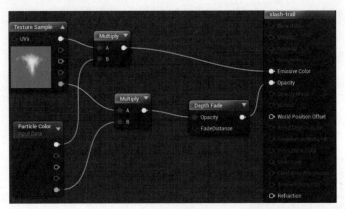

图 8-225

将粒子系统中默认的发射器重命名为 slash-trail。

选择 Required 模块,在 Emitter 栏的 Material 材质栏选择 slash-trail 材质球。

如图 8-226 所示,将 Emitter Origin 坐标轴 Z 轴数值设置为 -200,在标准坐标轴下方 200 个单位处,作为发射源位置。屏幕对齐方式设置为 PSA Velocity 速度对齐类型。

图 8-226

启用 Use Local Space 选项。不勾选这个选项是不能在动画编辑窗口中调整发射器方向的。

如图 8-227 所示,在 Duration 属性栏中将 Emitter Duration、Emitter Duration Low 和 Emitter Loops 数值全部设置为 1。

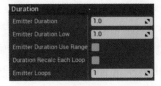

图 8-227

选择 Start Velocity 模块,如图 8-228 所示,将数据输入类型设置为固定常量类型,Z 轴数值设置为 2000,粒子从下至上以 2000 个单位的速度移动,这就是为什么我们要将粒子发射器的坐标轴向下移动 200 个单位的原因了,要表现斩击光从下至上的运动过程。

图 8-228

在 Spawn 模块中将 Rate 属性数值归零,关闭发射器持续发射。如图 8-229 所示,在 Burst 栏中添加一个喷射行为,Count 属性数值设置为 1,只发射 1 个粒子体。

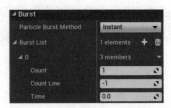

图 8-229

如图 8-230 所示,将 Lifetime 模块数据输入类型设置为固定常量类型,Constant 属性数值设置为 0.15,只需要出现一瞬间,快速从下至上掠过。

图 8-230

如图 8-231 所示，在 Start Size 模块中，最大尺寸 Max 的 X、Y 轴数值分别设置为 50、100，最小尺寸 Min 的 X、Y 轴数值分别设置为 50、50。将粒子体拉长，使它保留 50 个单位的宽度，50 ～ 100 个单位的长度。

图 8-231

删除 Color Over Life 模块。

给发射器添加 Color 命令集中的 Start Color 模块，如图 8-232 所示，将颜色部分的 R、G、B 通道数值分别设置为 30、50、100，使粒子纹理为高亮蓝色。

图 8-232

在发射器模块区单击鼠标右键，在弹出菜单中选择 Size 命令集中的 Size By Life 模块并添加到发射器。

如图 8-233 所示，在 Size By Life 模块中将控制节点增加至 3 个。

0 号控制节点 Out Val 数值分别设置为 3、1、1。粒子生命开始尺寸为 3 倍宽度，1 倍长度。

1 号节点 In Val 数值设置为 0.5，Out Val 数值分别设置为 2、6、1。粒子生命一半时宽度缩短至 2 倍，长度拉伸至 6 倍。

2 号节点 In Val 数值设置为 1，Out Val 数值分别设置为 0、8、1。粒子生命消亡阶段宽度归零，长度拉伸至 8 倍。

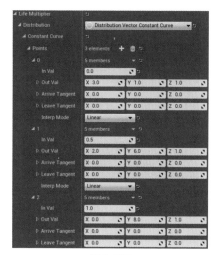

图 8-233

如图 8-234 所示，在粒子预览窗口中能观察到，粒子纹理从下至上快速移动，移动同时拉伸，最后变细至消失，模拟斩击光划过。

图 8-234

接下来制作打击点的曝光点元素。打击时瞬间出现强曝光可以造成强烈的视觉冲击，这种视觉冲击也就是所谓的打击感。

如图 8-235 所示，使用放射光纹理作为曝光点元素贴图。

图 8-235

在 Slash 工程目录 Materials 文件夹中复制 slash-trail 材质球，将复制出来的材质球重命名为 slash-highlight。双击这个材质球打开材质编辑面板。

如图 8-236 所示，只需要替换 Texture Sample 表达式中的纹理贴图为曝光点纹理就可以完成材质修改了。单击工具栏中的 Apply 按钮应用材质。

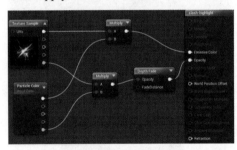

图 8-236

打开 Stuck 粒子系统编辑面板，在发射器编辑窗口中新建全新的粒子发射器。将新发射器命名为 slash-highlight，发射器默认在所有发射器最右侧，如图 8-237 所示。

图 8-237

选择 slash-highlight 发射器 Required 模块，在 Emitter 属性栏的材质栏选中 slash-highlight 材质球。

如图 8-238 所示，将屏幕对齐方式设置为 PSA Rectangle 类型，需要对粒子体 X 轴与 Y 轴拉伸。

图 8-238

勾选 Use Local Space 选项，发射器以自身坐标轴调整。

在 Duration 属性中，如图 8-239 所示，将 Emitter Duration、Emitter Duration Low 和 Emitter Loops 数值全部设置为 1。

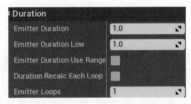

图 8-239

在 Delay 属性栏中，如图 8-240 所示，将 Emitter Delay 数值设置为 0.05，斩击光移动到粒子坐标中心时才显示曝光点，不能与斩击光同时出现。

图 8-240

删除 Start Velocity 模块。曝光点不移动。

选择 Lifetime 模块，如图 8-241 所示，将数据输入类型设置为固定常量类型，Constant 数值设置为 0.1，曝光点只存在一瞬间。

图 8-241

如图 8-242 所示，选择 Start Size 初始尺寸模块，将数据输入类型设置为常量类型，Constant 数值分别设置为 400、500、0，使初始粒子体尺寸大一些，后面好控制。

图 8-242

如图 8-243 所示，选择 Color Over Life 模块，将颜色部分 R、G、B 通道数值分别设置为 100、30、5，使纹理颜色为高亮金色。配色时需要在冷色调中适当加入一些暖色，颜色有冷暖对比才好看。Alpha Over Life 透明度部分数值不改动。

图 8-243

如图 8-244 所示，给发射器添加 Size By Life 模块。0 号节点 Out Val 数值分别设置为 2、2、1。

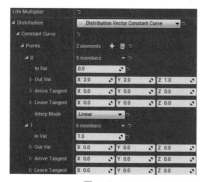

图 8-244

1 号节点 Out Val 数值全部归零，使

粒子体收缩消失。

最后在发射器中添加 Light 模块，使它作为光源照亮周围环境。

在 Light 模块中，只需要调整光照强度与光照范围这两个属性。如图 8-245 所示，案例中将亮度与范围数值都设置为 500，使曝光点激活时能照亮大片区域。

图 8-245

如图 8-246 所示，在粒子预览窗口中能看到图中效果，蓝色光线移动到坐标轴中心位置曝光点就出现了。

图 8-246

曝光点制作完成，下面制作受到打击后产生的粒子碎片。

复制 slash-highlight 发射器，将复制出的同名发射器重命名为 spark-blue。

如图 8-247 所示，选择 spark-blue 发射器 Required 模块，在 Emitter 属性栏的

材质栏中选择 spark 材质球。

图 8-247

屏幕对齐方式设置为 PSA Velocity 速度对齐方式。

取消 Use Local Space 选项。

删除 Light 灯光模块，这个发射器不作为光源。

如图 8-248 所示，选择 Spwan 粒子生成模块，在 Burst 粒子喷射行为属性中，将 Count 数值设置为 35，发射器一次性喷射 35 个粒子体。

图 8-248

如图 8-249 所示，选择 Lifetime 模块，将数据输入类型设置为限制数据类型，最小生存时间 Min 数值设置为 0.3，最大生存时间 Max 数值设置为 0.5，粒子生命不超过 0.5 秒。

图 8-249

如图 8-250 所示，在 Start Size 模块中，将数据输入类型设置为限制数据类型，最大尺寸 Max 数值分别设置为 5、100、0，最小尺寸 Min 数值分别设置为 5、5、0，拉伸粒子体长度。

图 8-250

如图 8-251 所示，添加 Start Velocity 模块到发射器，将最大速度 Max 数值分别设置为 150、150、800，最小速度 Min 数值分别设置为 -20、-50、10。使 X、Y 轴偏移量稍大，Z 轴向上喷射的最大速度保持与刀光切割速度相似。

图 8-251

如图 8-252 所示，Color Over Life 模块中，将颜色部分的数据输入类型设置为固定常量类型，R、G、B 通道数值分别设置为 5、20、50，纹理颜色为高亮蓝色。将 Alpha Over Life 透明度部分数据输入类型设置为常量类型，Constant 数值设置为 1。

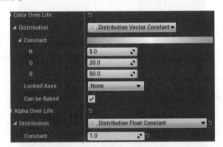

图 8-252

如图 8-253 所示，在发射器中添加 Size By Life 模块，将 1 号节点 Out Val 的数值全部归零，使粒子体缩小至消失。

如图 8-254 所示，最后在粒子发射器中添加 Drag 拉力模块，将拉力 Constant 数值设置为 3，使粒子飞出去时受到阻力而减慢速度。

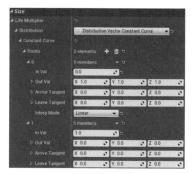

图 8-253

图 8-254

如图 8-255 所示，在粒子预览窗口中观察效果，刀光划过曝光点后出现一片向上方喷射的粒子，模拟物体被斩击击中后飞出来的碎片。

图 8-255

蓝色的碎片元素完成了，下面制作击中物体后向四周分散的碎片元素。

如图 8-256 所示，复制 spark-blue 粒子发射器，将复制出来靠右侧的发射器重命名为 spark-gold。

图 8-256

如图 8-257 所示，选择 Spawn 粒子生成数量模块，将 Burst 属性的 Count 数量设置为 15，发射器一次性发射 15 个粒子体。

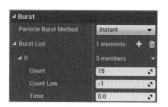

图 8-257

如图 8-258 所示，在 Lifetime 模块中，将最小生存时间 Min 的数值设置为 0.25，最大生存时间 Max 的数值设置为 0.5。

图 8-258

选择 Start Size 模块，如图 8-259 所示，最大尺寸 Max 数值分别设置为 5、100、0，最小尺寸 Min 数值分别设置为 5、20、0。Y 轴上的数值间隔变大，使粒子体拉长。

图 8-259

删除 Start Velocity 基础速度模块。

添加 Location 命令集中的 Sphere 球形范围模块到发射器。

如图 8-260 所示，将 Start Radius 初始范围的 Constant 数值设置为 10。

如图 8-261 所示，启用 Velocity 选项。将 Velocity Scale 属性的 Constant 数值设置为 50，使粒子以 50 倍速度向四周发射。

图 8-260

图 8-261

如图 8-262 所示，在 Color Over Life 生命颜色模块中，将颜色部分的 R、G、B 数值分别设置为 50、20、10，纹理颜色为高亮金色。Alpha Over Life 透明度部分数值不改动。

图 8-262

如图 8-263 所示，在粒子预览窗口中观察，刀光划过打击点时，有蓝色向上喷射与金色向四周喷射的粒子碎片出现，使打击点中间的效果更丰富。

图 8-263

还需要制作一组圆形粒子体。一个好的特效需要点、线和面来表现，现在"面"与"线"都有了，还缺少"点"元素。

复制 spark-blue 发射器，如图 8-264 所示，将复制出来靠右侧的发射器重命

名为 dots，作为"点"元素粒子形态。

图 8-264

如图 8-265 所示，选择 dots 发射器 Required 基础属性模块，在 Emitter 属性栏中将屏幕对齐方式设置为 PSA Square 类型，使粒子正面始终对着摄像机。

图 8-265

删除 Start Velocity 模块。

如图 8-266 所示，在 Spwan 生成速率模块中，将 Burst 的 Count 数值设置为 10，让发射器一次性发射 10 个粒子体。

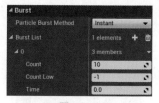

图 8-266

如图 8-267 所示，选择 Lifetime 模块，最小生存时间 Min 数值设置为 0.5，最大生存时间 Max 数值设置为 1，粒子体生命时长在 0.5 ~ 1 秒。

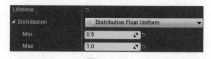

图 8-267

如图 8-268 所示，选择 Start Size 模块，在属性窗口中将最大尺寸 X 轴数值设置为 5，最小尺寸 X 轴数值设置为 2。由于屏幕对齐方式是 PSA Square 类型，只需要调整 X 轴数值就能等比缩放粒子。

图 8-268

如图 8-269 所示，在 Color Over Life 模块中，将颜色部分的 R、G、B 通道数值分别设置为 1、10、50，使这个元素的颜色比复制源发射器颜色暗些就可以了。

图 8-269

如图 8-270 所示，在发射器模块区添加 Location 命令集中的 Sphere 球形范围模块，将初始范围的 Constant 数值设置为 20。

图 8-270

如图 8-271 所示，勾选 Velocity 启用速度控制。Velocity Scale 属性栏中，将数据输入类型设置为限制数据类型，最小速度 Min 设置为 5，最大速度 Max 设置为 10，使粒子扩散的速度有差异。

图 8-271

最后在发射器中添加 Orbit 粒子位移旋转模块，在 Offset 属性下拉栏中，如图 8-272 所示，将位移参数 Max 数值分别设置为 0、50、0，Min 数值全部归零，使粒子围绕 Y 轴最多有 50 个单位的偏移。

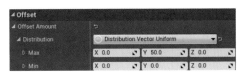

图 8-272

在下面的 Ratation Rate 属性中，如图 8-273 所示，将最大旋转圈数 Max 数值全部设置为 0.5，最小旋转圈数 Min 数值全部设置为 -0.5，使粒子在顺时针 180° 与逆时针 180° 中随机旋转。由于参数 1 代表 360°，所以 0.5 代表 180°。

图 8-273

如图 8-274 所示，在预览窗口中观察效果。线形粒子体发射后，斩击的打击点位置能留下一些圆形的粒子飘动，给人意犹未尽的感觉。

图 8-274

接下来制作打击点冲击波元素。如图 8-275 所示，案例使用冲击波纹理作为贴图纹理。

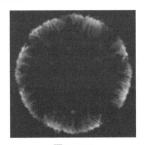

图 8-275

在 Slash 工程目录 Materials 文件夹中复制 slash-trail 材质球，将复制出来的新材质球命名为 slash-shock。双击 slash-shock 材质球打开材质编辑窗口。

将材质混合模式设置为 Translucent 透明模式。

如图 8-276 所示，在编辑窗口中将 Texture Sample 表达式的贴图纹理替换为冲击波纹理。

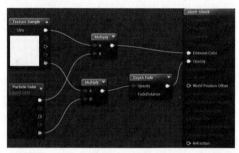

图 8-276

材质图例预览窗口的纹理显示白色，是因为贴图的 R、G、B 通道是全白的，只有 Alpha 通道有冲击波图案，所以不用奇怪，能正常使用。

打开 Stuck 粒子系统，复制 spark-gold 发射器，如图 8-277 所示，将靠右侧发射器命名为 slash-shock，该发射器用来制作打击点冲击波元素。

图 8-277

选择 slash-shock 发射器 Required 模块，如图 8-278 所示，在 Emitter 属性栏的材质栏中选择 slash-shock 材质球，将屏幕对齐方式设置为 PSA Square 模式。

在 Spawn 粒子生成模块中，如图 8-279 所示，将 Burst List 属性中 Count 数值设置为 2，使粒子发射器一次发射 2

个粒子体。

图 8-278

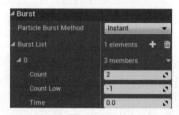

图 8-279

如图 8-280 所示，在 Lifetime 模块中，将最小生存时间 Min 数值设置为 0.35，最大生存时间 Max 数值设置为 0.65，使冲击波生命比球形 Dots 粒子要短。

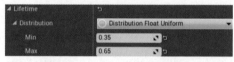

图 8-280

如图 8-281 所示，在 Start Size 模块中，将最大尺寸 Max 的 X 轴数值设置为 150，最小尺寸 Min 的 X 轴数值设置为 50，中间间隔 100 个单位，可以使粒子尺寸随机生成。

图 8-281

删除旧的 Color Over Life 模块，新添加 Color Over Life 模块，要使用模块中一些默认参数，所以需要删掉旧的。如图 8-282 所示，将颜色部分的数据输入类型设置为固定常量类型，R、G、B 通道的数值分别设置为 0.05、0、0.25，粒子纹理为暗紫色。

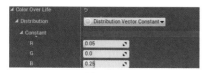

图 8-282

删除 Sphere 和 Drag 模块。

如图 8-283 所示，将 Size By Life 模块的控制节点增加至 3 个。0 号节点 In Val 数值设置为 0，Out Val 的 X 轴数值设置为 1。

1 号节点 In Val 数值设置为 0.35，Out Val 的 X 轴数值设置为 2.5。

2 号节点 In Val 数值设置为 1，Out Val 的 X 轴数值设置为 3，使粒子体扩散。

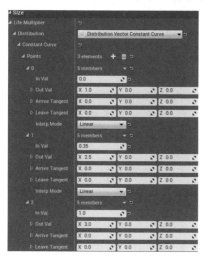

图 8-283

最后在发射器中添加 Rotation 命令集中的 Start Rotation 初始旋转角度模块，将最小角度 Min 数值设置为 -1，最大角度 Max 数值设置为 1，如图 8-284 所示。

图 8-284

如图 8-285 所示，在粒子预览窗口中可以看到暗紫色冲击波出现了。

图 8-285

在打击点元素最后来制作空气扭曲元素强调打击强度，也作为这个打击点特效的收尾。

案例使用如图 8-286 所示冲击波纹理，将纹理贴图导入 Slash 工程目录中存放贴图的文件夹中。

图 8-286

打开 Slash 工程目录 Materials 材质文件夹，复制 slash-trail 材质球，将复制的材质球重命名为 slash-shockwave。双击这个材质球打开材质编辑面板。

如图 8-287 所示，在纹理表达式属性窗口中将纹理贴图替换为图 8-286 所示冲击波纹理。删除粒子颜色表达式与纹理表达式 RGB 通道连接的 Multiply 表达式。

添加 Lerp 线性插值表达式到编辑窗口中，将 Lerp 表达式属性窗口中 A 与 B 数值分别设置为 1、1.25。

将纹理表达式与粒子颜色表达式 Alpha 通道的乘积连接 Lerp 表达式 Alpha 节点。

Lerp 表达式连接材质法线与折射通

道。单击工具栏中的 Apply 按钮应用材质。

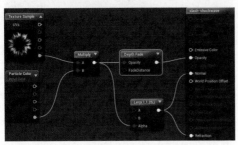

图 8-287

如图 8-288 所示，打开 Stuck 粒子系统编辑窗口，复制 slash-shock 发射器，并将靠右侧的发射器重命名为 slash-shockwave。

图 8-288

如图 8-289 所示，选择 slash-shockwave 发射器 Required 模块，在 Emitter 属性窗口 Material 材质栏中选择 slash-shockwave 材质球。

图 8-289

如图 8-290 所示，在 Spawn 模块属性窗口中，将 Burst 喷射属性 Count 数值设置为 5，使粒子发射器一次性发射 5 个粒子体。

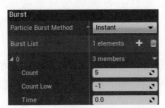

图 8-290

选择 Start Size 模块，如图 8-291 所示，在属性窗口中将最大尺寸 Max 的 X 轴数值设置为 400，最小尺寸 Min 的 X 轴数值设置为 50，间隔 350 个单位尺寸。

图 8-291

在 Color Over Life 模块中，颜色部分的数值无意义。如图 8-292 所示，Alpha Over Life 透明度部分，将 0 号节点 Out Val 数值设置为 0.5，使粒子生命开始时扭曲效果柔和一些。

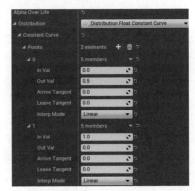

图 8-292

选择 Size By Life 模块，继续使用这三个控制节点。如图 8-293 所示，将 0 号节点 Out Val 的 X 轴数值设置为 0.5。

1 号节点 In Val 数值设置为 0.5，Out Val 的 X 轴数值设置为 1.8。

2 号节点 In Val 数值设置为 1，Out Val 的 X 轴数值设置为 2。粒子体为扩散状态。

到这一步打击点特效就制作完成了，接下来要将特效挂载到角色动画中。

找到 Slash 工程目录 Meshes 文件夹中的 body_Anim 文件，双击 body_Anim 打开动画编辑面板。

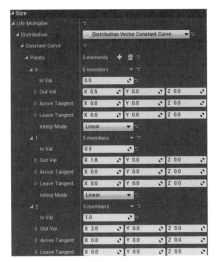

图 8 293

如图 8-294 所示，在左侧 Skeleton Tree 窗口 Dummy001 根骨骼下添加名为 stuck 的插槽。

图 8-294

如图 8-295 所示，在任意一条时间线上建立一个 Timed Particle Effect 粒子特效时间层，将这个时间层两端拉长，长度足够播放完粒子特效。

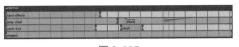

图 8-295

选中新建的粒子特效时间层，如图 8-296 所示，在右侧属性窗口中选择 stuck 粒子系统。

在 Socket Name 插槽名称中填写 stuck，即刚才新建的插槽名字。

图 8-296

单击"播放动画"按钮，在动画预览窗口中角色脚下有打击点效果了。如图 8-297 所示，需要在时间线上调整打击点动画出现的时间。

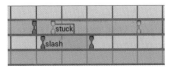

图 8-297

打击点特效时间层播放位置比刀光特效层略晚，请反复播放动画对比调节。

调整完特效播放位置，如图 8-298 所示，在左侧 Skeleton Tree 窗口选中 stuck 插槽。

图 8-298

如图 8-299 所示，在动画预览窗口中使用移动与旋转工具调整插槽的位置与角度，使打击点特效角度能够配合斩击的方向与角度。这一步同样需要对照角色动画反复对比，从各个方向将插槽的角度与动画匹配，使所有的特效能与角色动画完全匹配。

匹配工作完成后，这个角色的斩击技能就制作完毕了，8.4 节会讲到如何在正式场景中导入角色动画。

图 8-299

8.4 使用 Matinee 动画编辑器给角色添加动作行为

如图 8-300 所示，回到引擎主面板，将角色模型文件（非动画文件）从 Meshes 文件夹拖到场景编辑窗口中。

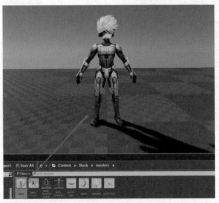

图 8-300

如图 8-301 所示，单击上方工具栏中 Matinee 动画编辑器按钮。如图 8-302 所示，选择 Add Matinee 命令新建动画时间线。

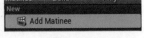

图 8-301 图 8-302

此时会打开时间线编辑窗口，如图 8-303 所示。在场景窗口中单击鼠标左键选中角色模型，然后在时间线窗口左侧 Tracks 窗口空白处单击鼠标右键，在弹出菜单中选择 Add New Empty Group 新建空组命令。案例中给这个空组命名为 Avatar。

图 8-303

　　如图 8-304 所示，建立完成后，可以看到名为 Avatar 的空时间组出现在编辑窗口中了。

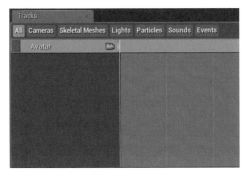

图 8-304

　　如图 8-305 所示，在 Avatar 时间组上单击鼠标右键，在弹出菜单中选择 Add New Animation Track 建立新的动画时间线。如图 8-306 所示，新建成功后会在 Avatar 层级下方出现 Anim 时间线层。

图 8-305

图 8-306

　　选中 Anim 时间层，按 Enter 键插入关键帧，此时弹出选择菜单，菜单中显示所有当前角色模型能使用的动作文件。

　　如图 8-307 所示，案例中的角色动作文件是 body_Anim，所以选择 body_Anim 动作文件加入到时间线中。

图 8-307

　　时间线的操作可以使用鼠标左键选择并拖动对象，鼠标中键滚轮滚动可以缩放可见区域的大小，鼠标右键调出选项菜单。

　　首先将时间线下方的红色小三角形滑杆拖动到动画的开始与结束处，使导入的角色动画能够完整播放。

　　红色滑杆代表时间线循环一次的总时长。绿色滑杆代表播放的时间段。一般红色与绿色滑杆都是在一起的。

　　如图 8-308 所示，中间的黑色竖线是时间线当前位置，使用鼠标左键拖动这条滑杆就能观察当前动画的状态以及在指定时间线位置插入动画等。

图 8-308

　　我们将动画加入到时间线后，如图 8-309 所示，单击上方工具栏中的 Play 按钮就能进行播放了，Play 按钮只播放一次，如果需要重复观察，请单击 Loop 按钮反复播放动画。

图 8-309

　　如图 8-310 所示，如果插入动画的时间位置不对，可以按住 Ctrl 键，然后

单击蓝色动画时间线前方红色三角形，按住鼠标左键拖到需要的位置即可。

图 8-310

　　如图 8-311 所示，播放动画，在预览窗口中看到最终效果。

图 8-311

小结

　　在这一章中，我们学习了如何使特效与角色动画融合，由不同的粒子特效添加到角色动画中整合形成完整的技能。这种特效与动画整合的技术在现在很多游戏里都是常用的，这样可以将角色动画和特效视作单独的整体对象去调用。

结　语

到这里这部教程就完结了，笔者编写这部教程前曾把教程章节划分得很细致，从初学入门到进阶原理讲得很全面。随着读者对于 Unreal Engine 4 的深入学习，原本很多重复的环节也开始简化，例如某些相同材质的制作、某些粒子系统的参数设置等。利用制作完成的资源进行复制修改，可以大大提升工作效率。

由于国内少有专门讲授虚幻引擎特效制作的教程，所以作者并没有多少参考资料，全部基于个人十几年的从业经验来编写本书，有不足之处还望读者指正海涵。

随着 VR（虚拟现实）技术的普及，虚幻引擎也会开始慢慢普及，毕竟它才是 VR 技术首选的引擎。希望读者跟着书中的案例制作完自己的作品后，能够动脑想想，利用这些原理，还能够制作出什么样的效果，培养举一反三的能力。

书中案例配有视频与讲解，案例中使用的纹理贴图与模型也有提供。读者制作案例时结合书中理论与视频教学内容，能够更快地熟悉虚幻引擎的使用方法与技巧。

UEgood

致力于 VR 虚拟现实、UI 交互、动漫影视游戏与艺术设计的机构